凝煉知識品味閱讀

間諜犯罪

危害國家安全的罪行

蕭銘慶 著

五南圖書出版公司 印行

自序

間諜犯罪行為對於國家安全造成嚴重的威脅與危害，然而，對於現實當中的間諜行為與活動，我們的瞭解卻是極其有限，也讓這個行業充滿諸多的未知與想像。傳統對於間諜的印象來自於電影當中的英國特務龐德（James Bond）的形象，充滿高超能力與神秘的色彩，有學者稱之為世界上「第二種最古老的職業」，最早的文獻記載可溯至西元前1274年拉美西斯法老與希泰族之間爆發的卡疊石之戰，其不僅在各項戰爭中發揮舉足輕重的角色，即便在承平時期，間諜行為亦從未消失，對於間諜活動的目標國造成的傷害，更是難以估計。

而在現今全球化的時代，各國之間的相互依賴程度更加緊密，間諜的犯罪活動亦更為擴大，從傳統的政治、軍事領域擴展至經濟、科技、社會、文化等範疇，目的即在蒐集各項情報，甚至進行破壞活動，爭取運作國有利的條件，減損目標國的利基優勢，嚴重損害其國家利益。可謂只要人類、組織或國家間存在競爭關係，間諜的身影必將不會消失，並以其特有的犯罪行為模式左右世局的發展，許多歷史上的間諜案例也顯示，其對當代或後續的歷史演進產生重大的影響，可謂具有極為重要的研究價值。

在此背景之下，為探究此一伴隨人類發展且又古老神秘的犯罪行為，並鑒於間諜行為造成極大的威脅與危害，本書將針對間諜犯罪行為的相關議題進行探討。內容包含：緒論、國內外重大間諜案例、我國間諜犯罪現況分析、間諜的類型、犯罪模式與運作過程、間諜行為的特性與常見手段、間諜行為的成因動機、間諜行為的犯罪學理論解釋、間諜行為的法制規範、間諜行為的防制策略，以及結論等共計十章，除探討諸多學理與研究之外，並結合國內外相關間諜案例加以印證說明，力求兼顧理論與實務取向。

然而，有關間諜行為相關議題的研究，目前國內仍相當有限，亦缺乏完整的官方統計數據與實證研究，加上間諜從事的情報工作具有明顯的秘密特性，故而此項犯行仍籠罩著神秘的面紗。期待透過本書的拋磚引玉，讓吾人對間諜犯罪行爲有更爲深入的瞭解，引發各界對間諜犯罪行爲相關議題的重視，並提供國內未來實務工作防制與學術研究的參考。對於此一歷史悠久又充滿濃厚神秘色彩的行爲，作者所見有如以管窺天，加上作者才疏學淺，文中難免有疏漏不足之處，尚祈各方先進不吝賜正指教。

蕭銘慶 謹序

2024年7月28日

目錄

第四章 間諜的類型、犯罪模式與運作過程 81

第五章 間諜行為的特性與常見手段 105

表目錄

圖目錄

第一章　緒論

間諜深刻影響人類歷史的發展，觀諸過往與當今的人類社會，竊取關鍵機密的間諜活動一直在世界各個角落發生，目的在於蒐集資訊提供給間諜效力的國家情報機關，經過處理分析過程後轉變爲有價值的知識，俾利幫助其效力的國家決策者從事政策制定。[1]隨著時代的演進，間諜在現今的國際交往互動競爭中，仍扮演著極爲重要的角色。幾乎每個國家都運用間諜從事情報蒐集的工作，以謀求科技、軍事、經濟等需求。[2]相對於戰爭時期間諜活動的頻繁，和平時期國際情勢相對緩和，然爲爭取發展先機及謀求認知優勢，決策者一般會將間諜用於掌握外部情勢的認知工具，要求對外蒐集所需的重要情報。即便在承平時期，也透過其情報蒐集與相關活動，協助決策的制定，爭取國家或組織的利益。即便在冷戰結束後，間諜活動仍持續且激烈地進行，藉以爭取創造國家的利益，對此各國無不極力加以防堵。然而，對於此項嚴重危害國家安全與利益的犯罪行爲，吾人的瞭解卻是極其有限，也讓這項犯行蘢罩一層神秘的面紗。在進行本書各章的探討之前，本章先就研究背景與研究動機、間諜在歷史上的重要記載、間諜的定義與運用、間諜行爲的定義與違法性等進行說明，作爲本書的緒論。

1　宋筱元，〈情報研究——一門新興的學科〉，《中央警察大學學報》，第33期（1998年9月），頁476。

2　林明德，《從美國韓森間諜案探討反情報工作應有作爲》（桃園：中央警察大學公共安全研究所碩士論文，2004年），頁53。

第一節　研究背景與研究動機

壹、研究背景

間諜是運用人員蒐集情報最古老的活動方式，也被稱爲是爲世界上第二古老的職業。[3]傳統對於間諜的印象來自於電影當中的英國特務龐德（James Bond）的形象，充滿高超能力與神秘的色彩。然而，對於現實當中的間諜，卻充滿著諸多的未知與想像。間諜是一項擁有悠久歷史的職業，可追溯至聖經時期。每位當權者都想辨識出敵人或對手的計畫，以及其可能採取危害到自身利益的行動，若對方拒絕分享訊息，該資訊便會遭到竊取或收買，運用間諜便成爲一種重要的方式。[4]間諜主要目的即在蒐集情報。而情報乃是與人類演化同時開始之事，有人類，即有情報或類似情報工作的活動。[5]在未有國家組織形態出現前的原始社會，人類在與自然界長期的奮鬥中便出現了最原始的情報活動。[6]這種原始先人爲獵取野獸的活動，及原始部落間發生戰鬥時爲滿足知道消息的需求，所採行的觀察手段，可以說是人類情報活動之萌芽。當時獲取情報的重要憑藉端賴人員的執行，如想要更接近敵人，就必須藉由偽裝或透過掩護送入間諜，以滿足情報的需求。[7]而間諜活動除了爲戰爭服務之外，和平時期各國之間藉以從事情報蒐集亦極爲常見。不僅是敵對國家間，即使是友好盟邦國家

---

3 Loch K. Johnson and James J. Wirtz, *Intelligence: The Secret World of Spies: An Anthology*, 5th Edition (New York: Oxford University Press, 2018), p. 50.
4 Frederick P. Hitz, *Why Spy? Espionage in an Age of Uncertainty* (New York: St. Martin's Press, 2008), p. 9.
5 杜陵，《情報學》（桃園：中央警官學校，1996年），頁1。
6 桑松森，《外國間諜情報戰》（北京：金城出版社，1996年），頁1。
7 Arthur S. Hulnick, *Fixing the Spy Machine* (US: Praeger Publishers, 1999), p. 3.

彼此間互相從事間諜活動者，亦未嘗一日稍歇。[8]

間諜行爲主要目的在蒐集竊取機密資訊，相關機密外洩後將對目標國家的政治、經濟、軍事安全與競爭能力造成嚴重危害。此外，國家與軍事秘密的洩露，往往會導致軍事行動的失敗，甚至關係到國家的安全乃至存亡，古今中外的歷史由於洩露軍事秘密，遭到戰爭失敗和國家滅亡的例子不勝枚舉。[9]不論在過去或現今的人類世界，竊取重要機密的間諜活動，一直在世界各個角落悄悄地進行，它已構成當前國際競爭的一種特殊形式，若無法有效加以遏止，對國家社會安全的傷害將極爲深遠。觀諸古今中外的大量史實可以證明，一些間諜活動往往能導致一個國家的宮廷政變、朝代更迭、或對政治產生重大影響。而統治階層也都把間諜活動作爲鞏固政權和對付外敵的工具。[10]故而間諜行爲研究的重要性不言可喻，必須加以正視並積極防制。然而，有關間諜行爲相關議題的研究，目前國內仍相當有限，亦缺乏完整的官方統計數據與實證研究，加上此類犯行可能涉及機密，相關判決書等資料無法完全蒐集獲得，導致吾人對間諜犯罪的認識極其有限，也讓此類犯行存在諸多有待探討的空間。

貳、研究動機

間諜的產生係爲了蒐集情報而存在，故而傳統有關間諜議題的探討多在情報學與情報工作的領域，如情報蒐集以及防制間諜的反情報活動等。由於間諜爲傳統的人力情報蒐集方式，主要的犯罪手法爲竊取國家或公務機密，相關機密外洩後將造成國家安全或利益的重大損害，嚴重侵害國家

---

8 周治平，〈間諜活動在國際法上之定位－以偵查飛行爲研究對象〉，《軍法專刊》，第52期第3卷（2006年6月），頁67。

9 張殿清，《情報與反情報》（臺北市：時英出版社，2001年），頁159。

10 張殿清，《竊密與反竊密》（臺北市：時英出版社，2008年），頁109。

法益，危害國家的政治、經濟、軍事安全與競爭能力，造成之損害往往難以估計。學者高得生（Roy Godson）指出，對情報問題的研究，長期以來大多僅限於情報機關或政府內部的人員。他們大多具有豐富的實務經驗及特殊的專業知識，故能掌握或瞭解某些特定問題；但從另一角度來看，上述人士相似的背景，反而使其思考模式與探索問題的方法，侷限於某種特定的立場而不自知，所提出之見解也常不易擺脫傳統觀念或本位主義的束縛；因此，若能讓具有各方面專業知識的學者專家們共同參與情報問題的研究，當可有助於消除以往的偏見或缺陷，也能對各種情報問題進行多層面的深入分析，並提出較為周延妥適的觀點。[11]故而在傳統的情報學領域之外，採取其他學科的觀點針對間諜犯罪行為的探討，應能拓展研究視野，瞭解間諜行為的原因與模式，並進而預測未來行為現象的變化，並作為防制對策的依據。

在上述背景之下，作者基於下列三項理由，認為間諜行為是一項重要的研究課題。其一，間諜活動乃我國當前嚴重的國家安全威脅來源。目前海峽對岸的中共政權仍為我國最大的國家安全威脅，有關共諜案件經常見諸報章媒體，其對國家機密保護與國家安全均造成極大的危害。其二，間諜行為是學術研究上受到忽略的一個領域。長久以來，有關間諜行為的研究，缺乏其行為成因動機的實證研究以及據以研擬的防制對策，在間諜行為與防制的研究上，仍有待進一步開發。其三，目前國內尚缺乏間諜活動完整的官方統計資料，由於此類犯行除外國派遣入境的間諜之外，內部的間諜多發生於本國從事公務或軍人等有機會接觸國家或公務機密之人員，犯罪被查獲後的相關判決等資料，往往基於機密考量而未予公開，也讓此一犯行缺乏完整的輪廓。為進一步探究間諜行為的現象與相關議題，本書

[11] Roy Godson, ed., *Intelligence Requirements for the 1980's: Analysis and Estimates* (Washington, DC: National Strategy Center, 1980), p. 4；宋筱元，〈情報研究——一門新興的學科〉，頁468。

採取犯罪學的觀點，並佐以情報學的文獻資料，針對間諜行爲的相關議題進行探討。另由於現今的間諜活動除了傳統竊取國家或公務機密的間諜活動之外，並已擴及商業、工業、科技等領域，對此本書仍將焦點置於傳統運用人員針對目標國政治、軍事安全領域的間諜行爲，期能讓吾人對此一類型犯罪有更清楚深入的瞭解，並作爲實務工作與學術研究的參考。

第二節　間諜在歷史上的重要記載

間諜是一項擁有悠久歷史的職業，其活動亦伴隨人類社會歷史的發展，並經常對世局造成一定程度的影響。爲說明間諜此項行業的歷史脈絡與重要性，以下就間諜在歷史上的四項重要記載簡要說明。

壹、卡疊石之戰

對間諜的最早記載，出現於西元前1274年拉美西斯法老（Pharaoh Rameses）與希泰族（Hittites）之間爆發的卡疊石（Kadesh）之戰中。希泰族國王穆瓦塔利斯（king Muwatallis，西元前1295-1272年在位）派了兩名裝扮成逃亡者的間諜混入埃及軍營，命他們設法使法老相信，希泰族的軍隊離埃及的軍營還很遠。拉美西斯聽信了間諜的謊言，愚蠢地讓其部分部隊繼續前進，陷入可能遭到希泰族軍隊伏擊的險境。[12]正當埃及軍隊步步接近卡疊石，並即將發動進攻的時候，拉美西斯手下的幾個士兵抓住了幾個希泰族的間諜，在嚴刑逼供之下，這些間諜招供說那兩名裝扮成逃亡

---

[12] Terry Crowdy, *The Enemy Within: A History of Spies, Spymasters and Espionage* (Oxford, UK: Ospray Publishing, 2006), p. 15.

者的人是希泰族國王派來誤導埃及人的間諜。事實上，大部分希泰族軍隊就潛伏在卡疊石城的背後，靜待埃及人自投羅網。拉美西斯獲此情報，才得以調動其部隊，在著名的卡疊石之戰中躲過了災難。[13]

貳、摩西出埃及記

在《舊約聖經》（*Old Testament*）當中記載著許多間諜的故事。其中一個故事是當猶太人渡過紅海的時候，奇蹟般逃離了埃及法老軍隊的追捕，之後，摩西（Moses）準備進入迦南（Canaan）的土地。據《申命記》（*Book of Deuteronomy*）記載，早在開始遠征之前，摩西就派出間諜，到大部隊即將經過的道路和進入的城鎮實施偵察。爲了獲得寶貴情報，摩西總共派出了12名間諜。按照《聖經》（*Bible*）的說法，12個部落各派出一名間諜，他們領受的具體任務被詳細記錄在《民數記》（*Book of Numbers*）當中。[14]

當時的猶太人流浪在埃及巴蘭的戈壁荒野中，缺吃少穿，生活艱辛。他們經常爬到最高的山頂，去鳥瞰自己夢想中的家園一迦南。那裡綠草如茵，植被繁茂。對於長期居住於沙漠中的猶太人來說，能夠生活在大山對面的迦南，簡直是一生中最幸福的事情。對迦南充滿渴望之情的猶太人，把占領迦南的想法告訴了自己的首領一摩西。摩西並沒有草率行事，他首先從各部落中精選了12名間諜，僞裝成當地居民前往迦南偵察當地的情況。在臨行前，摩西對這12位身負重任的間諜說：「你們要仔細考察那裡的情況，居住在那裡的人力量是否強大？他們的數量有多少？此外，他

---

13 Ernest Volkman著，劉彬、文智譯，《間諜的歷史》（*The History of Espionage*）（上海：文匯出版社，2009年），頁13-14。

14 Terry Crowdy, *The Enemy Within: A History of Spies, Spymasters and Espionage*, pp. 15-16.

們居住的土地是否肥沃？他們那裡有沒有繁茂的植被和豐富的水果？你們要勇敢，多蒐集當地的特產回來讓我看看。」一個月後，這12位派往迦南的間諜順利完成任務，返回了埃及。他們帶回了迦南的葡萄、石榴、無花果和橄欖，他們的偵察情報證實了迦南是塊流著乳汁和蜜液的富饒之地。這些間諜的情報，進一步堅定了摩西帶領猶太人逃往迦南的信心，最終成就了猶太人出埃及的摩西神話。[15]

參、猶大的背叛

西元前63年，古代以色列已成爲臣服於羅馬帝國的附庸國，國民生活困窘。以色列古國飽受羅馬粗暴的駐軍蹂躪，羅馬軍隊嚴密戒備，隨時準備將一切叛亂苗頭扼殺在萌芽之中。而猶太法典中提到的「間諜活動」指的是亞那（Annas）和該法亞（Caiaphas），他們都是向羅馬人獻媚的叛徒，其中也包括耶穌（Jesus）的門徒—猶大・伊斯凱洛（Judus Iscariot），他隨時向祭司們匯報耶穌的動向。而耶穌向世人展示神蹟的行動使高級祭司們認定，耶穌將對羅馬統治構成重大威脅。[16]

按照基督教的曆法，在英國和愛爾蘭，復活節前的星期三傳統上被稱爲「間諜星期三」（Spy Wednesday）。因爲在這一天，猶大背叛了耶穌。隨著耶穌聲望日隆，當權的猶太人對他的猜疑越來越嚴重，司法人員和祭司長開始找尋藉口來抓耶穌，他們派出間諜監視他，希望他能說一些反對羅馬帝國的話，好藉機將其作爲麻煩製造者交給總督。爲了評估耶穌這個潛在威脅，古猶太人的最高議會兼最高法院召開了一次會議，這

15 江河，《間諜—歷史陰影下的神秘職業與幕後文化》（哈爾濱市：哈爾濱出版社，2007年），頁4-5。
16 Ernest Volkman著，劉彬、文智譯，《間諜的歷史》（*The History of Espionage*），頁36-39。

是古猶太人的大國民會議，負有對宗教事務的司法權。祭司長擔心，由於耶穌的聲望漸盛，可能會招致羅馬人干涉猶太國。因此，大祭司該法亞作出結論，認爲與其冒險與羅馬發生衝突，不如悄悄除掉耶穌。耶穌聽到這一陰謀後，決定避避風頭，他和門徒們來到沙漠邊一個名叫以法蓮（Ephraim）的小村莊。爲了抓住耶穌，祭司長下令，任何知道耶穌行蹤的人都要舉報。從那一刻起，猶大就開始尋找機會將耶穌交給祭司長。猶大知道，客西馬尼園（Garden of Gethsemane）是一個安靜的地方，耶穌經常和其門徒在那裡聚會。如果在此地逮捕他，將不會有太多的目擊者。猶大洩漏了耶穌的藏身地點，並得到30枚銀幣。當晚耶穌和其門徒吃完晚飯，去到客西馬尼園。就在耶穌和他的門徒談話的時候，猶大領了一隊官員和衛兵前來，耶穌被帶走接受審判，並最終蒙難。猶大像許多叛徒一樣，事後充滿了悔恨。據說，他最後上吊自盡。[17]

肆、孫子兵法用間篇

孫子，名孫武，字長卿，春秋後期齊國人，被吳王重用任命爲將軍。孫武是中國古代偉大的軍事家，其所著《孫子兵法》是中國最早、最完整的一部兵書，也是最有影響的一部兵書。《孫子兵法》〈用間篇〉是孫武專門論述軍事情報偵察的理論著作，在這部著作中，孫武論述了偵察的重要性，科學地劃分了「間諜」的種類、招募條件、使用原則，具體地指明了任務、活動方式等，形成了一套系統的軍事偵察情報理論。〈用間篇〉是中國也是世界最早的軍事情報理論專著，此篇對古今中外的軍事偵察情報都產生了深遠的影響。至今，仍然具有重要的指導意義。[18]

---

17 Terry Crowdy, *The Enemy Within: A History of Spies, Spymasters and Espionage*, pp. 32-33.
18 閻晉中，《軍事情報學》（北京：時事出版社，2003年），頁43-44。

孫子在《孫子兵法》第十三篇，也就是最後一篇當中，專門論述了使用間諜的情況。孫子在大約公元前490年所制訂的「用間」（兵者，詭道也）原則，至今仍具有相當大的借鑒意義。孫子根據獲得敵情的種類，將間諜分成五類。只有同時使用這五類不同的間諜，才能夠達到孫子所謂的用兵如神。[19]這五類間諜其原文為：

《孫子》云：用間有五：有鄉間、有內間、有反間、有死間、有生間。五間俱起，莫知其道，是為神紀。一曰鄉間，因其鄉人為間也。因敵鄉人知敵表裡虛實之情，故就而用之，可使伺候也。二曰內間，因其黨羽為間也。及寇之黨羽偽官而用為間，為內間；即其城中受害之民而用為間，亦內間也。三曰反間，及用敵間而反間之也。敵使間來視我，我知之，因厚賂重許，反使為我間也。四曰死間，以罪人為間，死其間以行吾之間也。作誑之事於外，佯漏洩之，使吾間知之，吾間至敵中，為敵所得，必以誑事輸諭敵，敵進而備之，吾所行不然，間則死矣。五曰生間，以智者為間，間既行，而生還報我也。

其意譯為：《孫子兵法》指出：間諜有五種，即鄉間、內間、反間、死間、生間。這五種間諜同時使用，能使敵人無從捉摸我方用間的規律，這就是使用間諜的神妙莫測的方式。第一種叫做鄉間，就是利用敵方同鄉的人作為間諜。因為敵方的同鄉人，知道敵方情況的虛實，所以可以用他們做為間諜，來窺視敵情。第二種是內間，就是利用敵方內部人員來充當間諜，這類間諜，可以是敵方的官員或部眾，也可以是敵方屬地內深受其害的老百姓。第三種是反間，就是利用敵方間諜給敵人傳遞虛假情

19 Terry Crowdy, *The Enemy Within: A History of Spies, Spymasters and Espionage*, pp. 21-22.

報。敵方派間諜來窺視我方軍情，我方知道後，用重金策反此間諜，讓他爲我方服務，變成我方的間諜。第四種是死間，我方間諜到敵軍中去，在沒探聽到敵人情報前，我方應該先做一些假象，讓我方間諜把這些假情報提供給敵人，以取信於敵。如果我軍行動與假象不符，則我方間諜無法逃脫，必然被敵人所殺，所以說是死間。第五種是生間，用有智謀的人作爲間諜，行使完間諜任務後，又能活著回來報告情況。[20]

孫子認爲，五間中，鄉間、內間和反間都是利用敵人爲間，死間和生間是利用自己人爲間。只有透過反間瞭解敵情，才能根據情況以利用內間和鄉間；只有透過反間、內間和鄉間瞭解到敵情，才能根據情況利用死間和生間。所以反間最爲重要，必須給予足夠的重視。在如何使用間諜方面，孫子提出這五種間諜活動要同時展開，五種間諜手段要輪換使用，這樣能廣開情報來源，多方面瞭解敵情，使敵人無法瞭解我方間諜動用規律的是非虛實，陷入茫然無所應付的境地，以便對敵進行破壞和瓦解活動。歷代的軍事家、軍事理論家，一般都遵循孫子的分類原則，總結歷史上用間的經驗和教訓，以指導間諜活動。[21]

透過此〈用間篇〉，孫子總結了從歷史開元到春秋末期中國歷史上間諜與反間諜活動的經驗，論述了用間的重要性，科學地劃分了間諜的種類，縝密地提出了間諜的基本條件，系統地闡述了間諜的使用原則，具體地指明了間諜的任務和方法，形成了比較系統的偵察、用間理論，揭示了間諜活動的規律，被世界公認爲有歷史記載以來最早的一部間諜學著作。[22]

---

20 蕭銘慶、鄒濬智，《中國古代情報活動案例研析》（桃園市：中央警察大學出版社，2017年），頁153-154。
21 朱逢甲著、楊易唯編譯，《間書》（臺北：創智文化有限公司，2006年），頁131-132。
22 張殿清，《間諜與反間諜》（臺北市：時英出版社，2001年），頁85。

第三節　間諜的定義與運用

間諜擁有悠久的歷史，而在其發展過程中，定義的內涵已產生延展變化，從原本的行爲主體一國家擴展至組織團體，情報蒐集也包含了機密情報與公開資訊，至於活動方式亦更加多元，各種合法與非法的手段均可能爲其採用。以下就間諜的定義與運用探討說明如下。

壹、間諜的定義

一、國際法的定義

早期間諜係因應戰爭需要而發展，因此，許多間諜的定義及處罰都是從戰爭法或習慣法發展而來。戰時國際法是容許間諜及間諜活動，依據1907年〈海牙陸戰法規〉第29條第1項：「間諜者，係指在交戰國作戰區域內（in the zone of operations of a belligerent），爲了向敵對國傳遞訊息，而以隱密手段（acting clandestinely）或以虛僞陳詞（on false pretences）蒐集情報或意圖蒐集情報者。」第29條第2項：「因此，並未僞裝身分（disguise）的軍人，即使爲了蒐集情報滲透至敵軍的作戰區域內，也不被視爲間諜。同樣地，無論是軍人或平民，受本軍或敵軍委託公然執行傳遞訊息之任務者，也不被視爲間諜。爲了在全境或不同戰區間傳遞訊息或確保通訊暢通而被送至熱汽球上執行任務者，亦同。」而1977年〈日內瓦公約〉附加議定書（第一議定書）第46條設有間諜專章，除重申1907年〈海牙公約〉第29條對間諜之定義及處遇外，更確認了間諜處遇的程序，此原則爲國際法所肯認並適用至今。[23]

---

23 〈日內瓦公約〉第一議定書第46條：(1)儘管有各公約或本議定書的任何其他規定，在從事間

二、相關學者的見解

（一）學者胡文彬

所謂間諜，就是暗窺他人動作的人，在門縫裡深入竊取敵人秘密文件及消息的人。[24]

（二）學者張殿清

凡參加一定的組織，並通常以一定的職業或名義為掩護，進行刺探、竊取他國或對方秘密情報，或進行反間、顛覆、破壞、暗殺等活動的人，通稱為間諜。[25]

（三）學者周治平

間諜係指由各國情報機關派遣，至他國蒐集非公開情報的人員。[26]

（四）學者宋濤

間諜是指從事秘密偵查工作的人，從敵對方或競爭對手處刺探機密情報或是進行破壞活動，以利於其所效力的一方。[27]

（五）學者楚淑慧

間諜就是從事秘密偵查工作的人。他們的主要任務是暗中窺視上至政

諜行為時落於敵方權力下的衝突一方武裝部隊的任何人員，不應享受戰俘身分的權利，而得予以間諜的待遇；(2)在敵方控制領土內為衝突一方蒐集或企圖蒐集情報的武裝部隊人員，如果在其行事時穿著武裝部隊的制服，即不應視為從事間諜行為；(3)衝突一方武裝部隊的人員，如果是敵方占領領土的居民在該領土內為其所依附的衝突一方蒐集或企圖蒐集具有軍事價值的情報，除以虛偽陳詞或蓄意以秘密方式為之者外，即不應視為從事間諜活動。引自周治平，〈間諜活動在國際法上之定位—以偵查飛行為研究對象〉，頁65-67。

24 胡文彬，《情報學》（臺北：世偉印刷有限公司，1989年），頁11。

25 張殿清，《間諜與反間諜》，頁3。

26 周治平，〈間諜活動在國際法上之定位—以偵查飛行為研究對象〉，頁65。

27 宋濤主編，《百年經典間諜》（北京：時事出版社，2007年），頁1。

要、下至平民的隱私，爲敵方竊取重要情報，或是進行挑撥離間、栽贓陷害、造謠誣陷、甚至綁架、暗殺等活動。[28]

（六）學者聞東平

間諜原意是指那些爲了軍事、政治目的從敵對方或他國獲得機密的人。間諜行爲主要限於國家之間，但目前，間諜的定義已經延伸到更廣泛的領域，出現「科技間諜」、「經濟間諜」等名稱。不過此往往是行業或個人行爲，政府介入較少。間諜既指被間諜情報機關秘密派遣到目標國（地區）從事以竊密爲主的各種非法諜報活動的特工人員，又指被對方間諜情報機關暗地招募而爲其服務的本國公民。廣義來說，間諜是指從事秘密偵探工作的人，從敵對方或競爭對手處刺探機密情報或是進行破壞活動，以此來使其所效力的一方有利，又稱特務、密探。間諜的主要任務之一，就是採取非法或合法手段，透過秘密或公開途徑竊取情報，也進行顚覆、暗殺、綁架、爆炸、心戰、破壞等隱蔽行爲。[29]

（七）學者閻晉中

間諜指向偵察對象內部秘密派遣或在偵察對象內部秘密發展人員，以獲取機密情報的活動。從事這種活動的人員稱爲間諜。[30]

（八）學者海野弘（Umino Hiroshi）

間諜是偵察秘密情報的人，被稱爲間諜、間者、密探等。[31]

---

28 楚淑慧主編，《世界諜戰和著名間諜大揭密》（北京：中國華僑出版社，2011年），頁1。
29 聞東平，《正在進行的諜戰》（紐約市：明鏡出版社，2011年），頁15-16、707。
30 閻晉中，《軍事情報學》，頁72。
31 海野弘（Umino Hiroshi）著，蔡靜、熊葦渡譯，《世界間諜史》（*A History of Espionage*）（北京：中國書籍出版社，2011年），頁2。

（九）學者弗克曼（Ernest Volkman）

間諜是透過採用秘密偵察、偷竊、監視或其他方式獲取軍事、政治、經濟及其他秘密訊息的人。[32]

（十）學者高登（Joseph C. Goulden）

高登指出，情報歷史學家麥考密克（Donald McCormick）在他的著作—《間諜小說裡誰是誰》（*Who's Who in Spy Fiction*）中提到，古代中國對間諜的概念意指一個透過縫隙窺視的人。而1771年版的《大英百科全書》（*The Encyclopedia Britannica*）則將間諜定義爲：「一個被敵對陣營聘請來進行觀察我方行動及動向，特別是軍營的經過路線等。當間諜被發現後，他將被立即被處以絞刑。」[33]

（十一）學者赫茲（Federick P. Hitz）

間諜透過非法手段蒐集外國的秘密信息，但此公式化的用語已經無法滿足現今間諜的角色。現今間諜世界已經無法以「外國」（foreign countries）來充分定義所有行動者的身分。間諜身分尚包含基地組織（Al Qaeda）、塔利班（Taliban）、伊拉克叛亂份子、科索沃塞族（Kosovar Serbs）叛軍或達爾富爾（Darfur）地區反抗軍，即任何打擊西方國家利益跨國集團的敵對行動。[34]

綜合上述見解，本書將間諜定義爲：「指由各國情報機關派遣至他國的人員，以及被他國情報機關暗地招募而爲其服務的本國公民，從事機密、公開情報蒐集工作，或進行破壞行爲之人。」

---

32 Ernest Volkman著，劉彬、文智譯，《間諜的歷史》（*The History of Espionage*），頁2。
33 Joseph C. Goulden, *The Dictionary of Espionage* (New York: Dover Publications, 2012), p. 217.
34 Frederick P. Hitz, *Why Spy? Espionage in an Age of Uncertainty* (New York: St. Martin's Press, 2008), pp. 14-15.

貳、間諜的運用

一、間諜行為的屬性

學者羅文索（Mark M. Lowenthal）指出：情報蒐集的手段有五種，分別爲：公開來源情報、人力情報、測量與特徵情報、信號情報、圖像情報。其中的人力情報指設法從他人身上蒐集國內外相關情報。而人力情報大致分爲兩類：秘密人力情報和公開人力情報。其中的秘密人力情報主要涉及派遣秘密情報官員前往其他國家，或招募當地國民從事間諜行爲。[35]所謂的情報蒐集係指國家領導者將其情報需求下達給情報機關的管理者，再透過情報管理者將其任務化爲具體行動。[36]情報蒐集可謂是情報活動的基石，若沒有情報蒐集活動，則情報工作只能略微勝過猜測。[37]現今世界各國對情報活動的進行，基本上是受到所擁有的條件不同而有所差異，情報蒐集的方式則包括派遣間諜、攝影、監聽、或攔截通訊，以及蒐集各種公開的資料等。[38]

情報是人類基於求生存的需要，在對抗、競爭的環境中，所發展出來的智慧結晶，也是鬥智活動中的產物。早在西元前500年，中國的兵學家孫子便已強調「用間」的重要性。古印度政治家和思想家考底利耶（Kautilya）在其名著《政事論》（*Arthashastra*，意指「政治的科學」）也建議統治者指派間諜監視臣民，以防止政府財物遭到盜用、避免賦稅短

---

[35] Mark M. Lowenthal, *Intelligence: From Secrets to Policy*, 8th Edition (Washington, DC: CQ Press, 2020), pp. 126, 142.

[36] Loch K. Johnson, “Sketches for a Theory of Strategic Intelligence,” in Peter Gill, eds., *Intelligence Theory: Key Questions and Debates* (London, UK: Routledge, 2009), p. 37.

[37] Mark M. Lowenthal, *Intelligence: From Secrets to Policy*, 8th Edition, p. 91.

[38] Abram Shulsky, “What is Intelligence? Secret and Competition Among State,” in Roy Godson, Ernest R. May, and Gary Schmitt, *U.S. Intelligence in the Crossroad: Agendas for Reform* (Washington, DC: Brassey’s, 1995), pp. 22-23.

收，並監督進口貨物的品質；至於外交與軍事、間諜之運用尤為《政事論》探討之重點。[39]故間諜可謂與情報工作密切相關，而情報工作就狹義的解釋而言，是指「產生情報的過程」，也就是情報的「蒐集」與情報的「處理」兩部分。就廣義的解釋而言，則除了產生情報的工作以外，還包括了運用情報所進行的各種秘密鬥爭工作在內，也就是「情報」、「反情報」、「情報戰」的一種總稱。所謂「情報」即知敵的工作。其含義乃係直接產生情報，或間接幫助產生情報，以及有關情報運用的工作。「反情報」則是防敵的工作，積極方面在運用保密防諜、及調查、管制、偵防諸手段，防制、鎮壓、撲滅敵方的情報、滲透、顛覆、破壞及暴動等陰謀活動。「情報戰」是攻敵的工作。乃係以情報及反情報的手段，進行滲透、策反、反間、行動、破壞、游擊抗暴、及謀略、心戰、群運、學運、兵運等工作，以分化敵人、削弱敵人、消滅敵人所進行的對敵鬥爭工作。而其中「知敵」的「情報」（蒐集情報）以及「攻敵」的「情報戰」（滲透破壞）往往必須透過間諜的作為，至於「防敵」的「反情報」（保密防諜），則在防止他國對我國竊取機密或進行破壞，甚至吸收我方人員擔任「內間」，故而整個情報工作皆與間諜產生密不可分的關係，而間諜即為了進行情報工作而存在。[40]

雖然間諜是秘密人員蒐集情報的一部分，但大部分人員情報實際上是公開進行的。秘密人員由運作官員在官方掩護下進行，如果他們被發現在國外從事間諜活動，很可能會被認定為不受歡迎的人並被遣送回國。如果沒有官方掩護，被發現後將受到外國法律的懲處並被監禁，甚至在戰時

---

39 Philip H. J. Davis, “The Original Surveillance State: Kautiya’s Arthashastra and Government by Espionage in Classical India,”in Philip H. J. Davies and Kristian C. Gustafson, eds., *Intelligence Elsewhere: Spies and Espionage outside the Anglosphere* (Washington, DC: Georgetown University Press, 2013), pp. 49-66；王政，《國家情報監督之研究》（桃園市：中央警察大學出版社，2015年），頁31。

40 杜陵，《情報學》，頁24-27。

被處決。[41]此外，間諜和情報人員是兩個不同的概念。情報人員是指從事蒐集、鑑定和傳遞情報的人，他們的行動雖然也需要保密和掩護，但在一般情況下，他們的身分無需隱瞞。間諜則完全相反，他們必須隱瞞其眞實身分，編造各種使人信服的假身分，還要隱瞞其眞實使命和他們的聯絡關係，以便進行秘密情報活動和其他隱蔽活動，在其眞實身分未被揭露之前，必須自始至終地絕對保持行動的詭秘。[42]美國前中央情報局局長杜勒斯（Allen W. Dulles）即指出：「間諜與情報人員不同，情報人員通常不會隨身攜帶武器、隱形相機，也不會將加密訊息縫在褲子的襯裡……。如果有什麼危險、詭計、陰謀，都是間諜親自參與其中，而不是情報人員，因爲情報人員的職責是指導間諜安全行事。」[43]另外如我國《國家情報工作法》第3條第3項規定：「情報人員指情報機關所屬從事相關情報工作之人員。」同條第2項規定：「情報工作：指情報機關基於職權，對足以影響國家安全或利益之資訊，所進行之蒐集、研析、處理及運用。應用保防、偵防、安全管制等措施，反制外國或敵對勢力對我國進行情報工作之行爲，亦同。」即情報人員基於職權依法執行情報工作，而間諜則涉及執行違反相關法令的違法行爲。如係各國情報機關派駐海外工作之情報人員，其是否涉及間諜行爲，仍應以其是否違反相關法律規定爲準。[44]

二、間諜行為的主要目的

間諜行爲的主要目的在針對攸關國家安全或發展的機密訊息進行蒐

---

41 Jonathan M. Acuff and LaMesha L. Craft, eds., *Introduction to intelligence: Institutions, Operations, and Analysis* (Washington, DC: CQ Press, 2022), p. 142.

42 張殿清，《間諜與反間諜》，頁10。

43 Allen W. Dulles, *The Craft of Intelligence* (New York: Harper and Row, Publishers, 1963), pp. 199-200.

44 蕭銘慶，〈間諜行爲的本質、思辨與對應—兼論國家情報工作法等相關規定〉，《憲兵半年刊》，第98期（2024年6月），頁55。

集或竊取。各國爲營造有利的競爭條件，多設有情報機關，派遣間諜或吸收他國人員進行情報蒐集活動。[45]由於所有國家都會對許多特定類型的信息嚴格保密，如政治、軍事意圖及計畫。因此，人員情報不僅在過去，即便在現在亦是不可或缺。人員情報的倡導者強調，儘管技術進步使科技情報變得十分重要，但有關對方領導階層的意圖、政治活動及戰略方向等情況，仍有必要依靠傳統的間諜活動來獲得。簡言之，瞭解對手的意圖、戰略以及他們對局勢的認知，通常是最重要的情報。此外，人員情報還能提供必要的線索，以解讀技術蒐集系統採集的原始資料。[46]

間諜行爲與洩漏行爲，有著十分密切的關聯性，此處所稱的「洩漏行爲」，即指「洩漏秘密」行爲而言。[47]間諜行爲的主要目的在於蒐集或竊取機密資訊，爲達此目的，透過機會發展組織接觸到具有情報價值的對象，或直接進行刺探或竊取。雖仍有針對公開資訊進行蒐集，但由於攸關國家安全或發展的訊息多爲列爲機密，主要爲國家機密及一般公務機密，而此即爲間諜行爲者進行蒐集或竊取的主要目標，一些國家秘密的洩露，以及與此有關的軍事秘密的洩露，往往會導致軍事行動的失敗，甚至關係到這個國家的安全乃至存亡。[48]故而間諜行爲探索的目標或標的，即是「秘密」。[49]

45 Loch K. Johnson and James J. Wirtz, *Intelligence: The Secret World of Spies: An Anthology*, 5th Edition, p. 50.

46 Abram N. Shulsky and Gary J. Schmitt, *Silent Warfare: Understanding the World of Intelligence*, 3rd Edition (Washington, DC: Potomac Books, 2002), pp. 33-35.

47 歐廣南，〈間諜行爲法制規範之現代意義探討（下）〉，《軍法專刊》，第64期第4卷（2018年8月），頁40。

48 張殿清，《竊密與反竊密》，頁159。

49 歐廣南，〈間諜行爲法制規範之現代意義探討（上）〉，《軍法專刊》，第64期第3卷（2018年6月），頁85。

第四節　間諜行爲的定義與違法性

間諜係情報活動當中的人員情報蒐集手段的一種，亦即透過間諜人員進行情報的蒐集或進行破壞活動，由於間諜行爲嚴重危害目標國的國家安全與利益，各國多制定有相關法律加以防制，以下就間諜行爲的定義與違法性加以分析說明。

壹、間諜行為的定義

間諜行爲係指爲了準備戰爭或鬥爭所使用的一種手段，因此間諜行爲旨在蒐集假想敵或競爭者相關的知識。是故一般泛稱「間諜行爲」者，對其「間諜」而言，乃爲窺知與探究未知的事實或事物者。[50]就法律規定而言，根據我國《國家情報工作法》第3條第1項第6款規定：「間諜行爲指爲外國勢力、境外敵對勢力或其工作人員對本國從事情報工作而刺探、收集、洩漏或交付資訊者。」另《國家安全法》第2條規定：「任何人不得爲外國、大陸地區、香港、澳門、境外敵對勢力或其所設立或實質控制之各類組織、機構、團體或其派遣之人爲下列行爲：發起、資助、主持、操縱、指揮或發展組織；洩漏、交付或傳遞關於公務上應秘密之文書、圖畫、影像、消息、物品或電磁紀錄；刺探或收集關於公務上應秘密之文書、圖畫、影像、消息、物品或電磁紀錄。」同法第3條第1項亦規定：「任何人不得爲外國、大陸地區、香港、澳門、境外敵對勢力或其所設立或實質控制之各類組織、機構、團體或其派遣之人，以竊取、侵占、

---

50 松本穎樹，《防諜論》（東京：三省堂，1942年），頁26。轉引自歐廣南，〈間諜行爲法制規範之現代意義探討（上）〉，頁83。

詐術、脅迫、擅自重製或其他不正方法而取得國家核心關鍵技術之營業秘密，或取得後進而使用、洩漏。」

故而所謂的「間諜行爲」，在我國的《國家情報工作法》當中即有明確定義，至於《國家安全法》第2條的非法刺探、收集、洩漏、交付、傳遞「公務秘密」及「發展組織」亦被稱爲「間諜條款」。[51]該法所規範之秘密爲「公務上應秘密之文書、圖書、消息或物品」，其立法目的主要在於嚴懲爲外國或大陸地區所爲之間諜行爲，故將秘密之範圍擴大延伸，較《刑法》第132條所規範之「國防以外之秘密」更爲廣泛，其所指秘密已包含以懲戒爲處罰手段之「一般公務機密」。[52]另該法第3條第1項之規定則爲避免我國產業核心關鍵技術遭非法外流至境外，造成對國家安全及產業利益的重大損害之「經濟間諜罪」。[53]即防止任何人從事經濟間諜竊密，將國家核心關鍵技術洩漏給外國、大陸地區、港澳或境外敵對勢力的經濟間諜行爲。

貳、間諜行為的違法性

犯罪的定義可從三方面著手：法律的定義（legal definition)、社會的定義（social definition），以及道德的定義（moral definition）。但大部分的犯罪學者都會同意，很難有一相當清楚而明確的犯罪定義。犯罪學研究者可以從法律觀點來定義犯罪。犯罪被界定爲「立法機構所禁止，刑罰

51 趙明旭，《新安全情勢下我國反情報工作之檢討與前瞻》（桃園：中央警察大學公共安全研究所碩士論文，2009年），頁146。
52 徐斌凱，《論洩密罪之秘密》（臺北：國防大學管理學院法律學系碩士班碩士論文，2014年），頁67。
53 法源編輯室，〈經濟間諜罪最重關12年罰1億修正國家安全法〉，《法源法律網》，2022年6月8日，<https://www.lawbank.com.tw/news/NewsContent.aspx?NID=185001.00>（2024年5月16日查詢）。

（如罰金或自由刑等）附加於上的行爲。」[54]如採用法律的觀點，則所謂犯罪在罪刑法定原則下，係一個嚴謹的法律概念，具有明確的內涵，且必須與有法律明文規定的依據，否則不得輕易稱之爲「犯罪」。[55]

間諜行爲主要的犯罪手法爲刺探、蒐集、洩漏或交付機密資訊，相關機密外洩後將造成國家安全或利益的重大損害，危害國家的政治、經濟、軍事安全與競爭能力。因此，各國都將他國的間諜活動視爲優先打擊目標，採取諸多反情報作爲，藉以確保自身的政治、經濟、社會等各層面的安全或利益。鑒於國家機密對國家安全維護事關重大，且多爲情報活動中所欲竊取之目標，故現代各國對國家機密均設有相關法令規範以嚴加保護，用意即在防止不法人員的洩密，更深層的意義在防止外國間諜的情報蒐集活動。目前我國有關維護機密安全的法制規範，目前主要法律爲《國家機密保護法》，其他如《國家安全法》、《刑法》、《要塞堡壘地帶法》、《陸海空軍刑法》等，亦有保護機密之相關規定與刑責。[56]

以美國爲例，間諜活動屬於危害國家安全的犯罪，該行爲違反了《美國法典》（*United States Code, USC*）第18章第792-798條和《統一軍事司法法典》（*Uniform Code of Military Justice*）第106a條。間諜罪的定罪必須基於意圖援助外國勢力或傷害美國而傳遞國防資訊；此外，蒐集或遺失國防資訊亦可依第18章的規定予以起訴。[57]間諜活動其中的一種形式是叛國罪，是最早受到社會懲罰的犯罪行爲之一，也是美國憲法中唯一定義的犯罪行爲。儘管此種秘密的犯罪比傳統的財產犯罪成本更高，並且改變了二戰後的經濟和政治歷史，但它在犯罪學文獻中是相對被忽視的領

54 許春金，《犯罪學》（臺北市：三民書局，2017年），頁64。
55 林山田、林東茂、林燦璋、賴擁連，《犯罪學》（臺北市：三民書局，2020年），頁11。
56 趙明旭，《新安全情勢下我國反情報工作之檢討與前瞻》，頁145-146。
57 "Understanding Espionage and National Security Crimes," *Defense Security Service*, <https://www.dni.gov/files/NCSC/documents/SafeguardingScience/Understanding_Espionage_and_National_Security_Crimes.pdf>（2024年5月3日查詢）。

域。[58]事實上，間諜犯罪的罪犯不一定爲外國勢力工作，犯罪行爲可能涉及任何未經授權而洩漏機密文件。美國加入第一次世界大戰後不久，國會在1917年通過了《間諜法》（*The Espionage Act of 1917*），最高可判處20年的刑期以及1萬美元罰金。至於違反間諜法行爲的調查，包含聯邦執法機構如美國司法部（Department of Justice, DOJ）、國家安全部門和聯邦調查局（Federal Bureau of Investigation, FBI），這些機關會將案件轉交給聯邦檢察官，他們將審查對間諜的指控，並在起訴後將案件提交給聯邦陪審團。而美國國會也在1996年制定通過《經濟間諜法》（*The Economic Espionage Act of 1996*），以防止日益增多的企業商業機密遭到竊取的問題。[59]

另根據學者馬丁與羅馬諾（Martin and Romano）的分類，間諜活動屬跨國犯罪的類型之一。[60]所謂跨國犯罪（transnational crime）通常意味著犯罪活動至少涉及兩個不同的國家，有時也被稱爲跨境犯罪（cross-border crime）。[61]間諜行爲的發動必須透過外國政府或組織的規劃、策動，進行間諜的派遣進入或吸收目標國的內間型間諜，伺機竊取機密資料，係一高度的組織性行爲，具有明顯的跨國特性，其集體行爲的程度以及與政治、經濟或其他社會機構結合（掛勾）的程度均高，有關跨國犯罪類型及特徵詳圖1-1。

58 Frank E. Hagan, "Espionage as Political Crime? A Typology of Spies," *Journal of Security Administration*, Vol. 12 (1989), p. 19.

59 John Mascolo, "Espionage," *FindLaw*, October 23, 2023, <https://www.findlaw.com/criminal/criminal-charges/espionage.html>（2024年5月3日查詢）。

60 John M. Martin and Anne T. Romano, *Multinational Crime: Terrorism, Espionage, Drug and Arms Trafficking* (New York: SAGE Publications, 1992), p. 23.

61 根據2003年生效的「聯合國打擊跨國組織犯罪公約」，其中第3條第2款即規定，有下列情形之一的犯罪屬跨國犯罪：(1)在一國以上實施的犯罪；(2)雖在一國實施，但其準備、籌畫、指揮或控制的實質性部分發生在另一國的犯罪；(3)犯罪在一國實施，但涉及在一國以上國家從事犯罪活動的組織犯罪集團；(4)犯罪在一國實施，但對另一國有重大影響。引自孟維德、江世雄、張維容，《外事警察專業法規解析彙編》（桃園：中央警察大學，2011年），頁626。

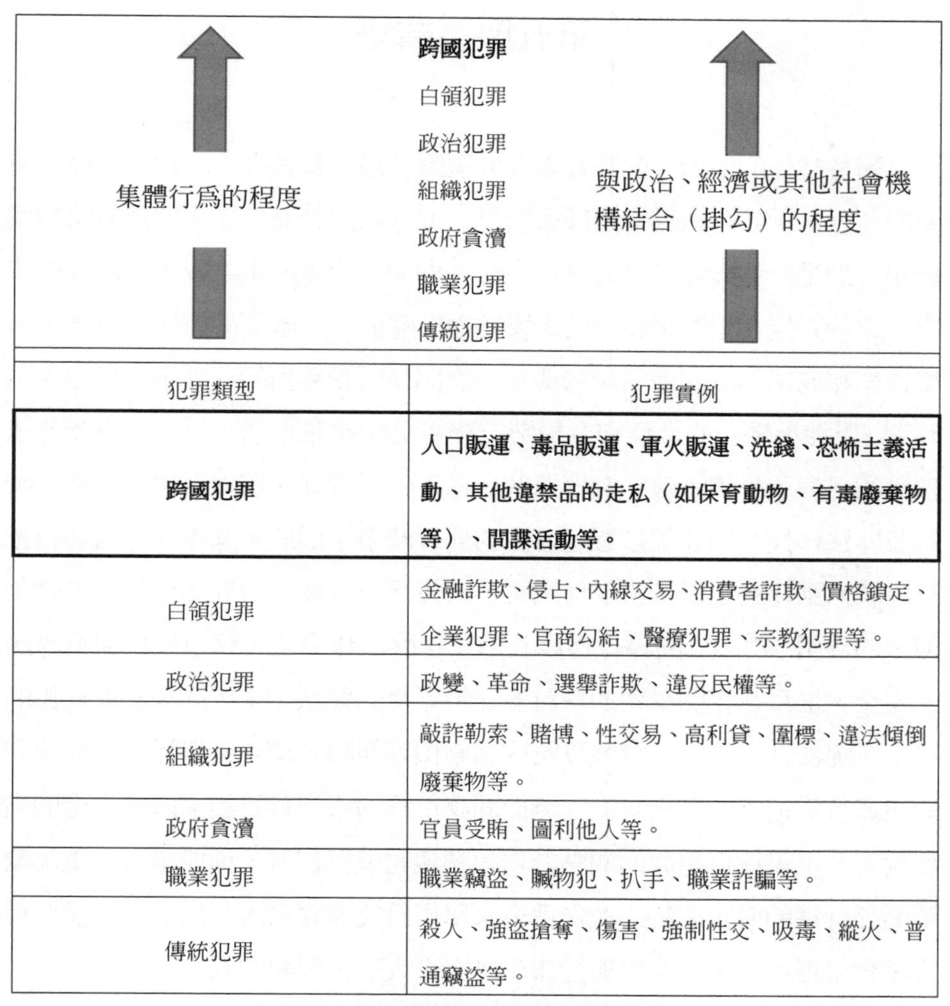

犯罪類型	犯罪實例
跨國犯罪	**人口販運、毒品販運、軍火販運、洗錢、恐怖主義活動、其他違禁品的走私（如保育動物、有毒廢棄物等）、間諜活動等。**
白領犯罪	金融詐欺、侵占、內線交易、消費者詐欺、價格鎖定、企業犯罪、官商勾結、醫療犯罪、宗教犯罪等。
政治犯罪	政變、革命、選舉詐欺、違反民權等。
組織犯罪	敲詐勒索、賭博、性交易、高利貸、圍標、違法傾倒廢棄物等。
政府貪瀆	官員受賄、圖利他人等。
職業犯罪	職業竊盜、贓物犯、扒手、職業詐騙等。
傳統犯罪	殺人、強盜搶奪、傷害、強制性交、吸毒、縱火、普通竊盜等。

圖1-1　跨國犯罪類型及特徵

資料來源：John M. Martin and Anne T. Romano, *Multinational Crime: Terrorism, Espionage, Drug and Arms Trafficking* (New York: SAGE Publications, 1992), p. 23.

第五節　結語

隨著時代的演進，間諜在現今的國際交往互動競爭中，扮演著極爲重要的角色。世界各國爲維護國家安全，追求國家利益，運用間諜蒐集相關情報，仍是一個極爲常見的途徑方法。即便在冷戰結束之後，全球性的軍事、政治對抗在國際事務中的影響雖逐漸轉弱，但國際間發生在經濟、科學技術和商業領域的衝突越趨嚴重，而間諜活動激烈的程度卻不亞於冷戰時期。[62]加上現今的全球安全局勢已變得更加複雜詭譎，也產生更多無法預測的風險，恐怖主義、武器擴散、稀有資源管理、環境保護、種族衝突以及非法移民等問題都影響著各國的對外政策。因此，國際社會需要持續以間諜活動作爲手段，獲取他國更多的資訊，以建立彼此的信任，或強化競爭的優勢。[63]由於間諜行爲涉及違反相關法律規定，嚴重威脅與危害國家安全，惟以往相關議題的探討多在情報學的領域，基於間諜犯罪行爲的現象、違法性、類型、特性以及成因動機等範疇，均可參考援引犯罪學對於犯罪行爲進行的分析研究。鑒於間諜行爲的研究背景與對國家安全的高度危害，本書採以犯罪的觀點針對相關議題進行探討，期能讓吾人更加瞭解間諜行爲的眞實面貌，並作爲未來學術研究與實務防制的參考，而此種嘗試也可提供未來犯罪學與情報學研究更大的視野與空間。

62 張殿清，《間諜與反間諜》，頁109-110。
63 于彦周，《間諜與戰爭—中國古代軍事間諜簡史》（北京：時事出版社，2005年），頁7。

第二章　國內外重大間諜案例

麥克阿瑟（Douglas MacArthur）將軍在1951年韓戰時，由於遭到北韓軍隊襲擊而遭受指責與嚴厲的調查，即便他是一位非情報專家，都能對此問題提出深具邏輯的洞見，他指出：「沒有任何的方法……。除了間諜方式……。可以得到如此的資訊。」[1]間諜的發展和人類的文明歷史一樣久遠，遠在原始社會末期，伴隨著私有制萌芽的出現，各部落、氏族在相互交戰中，間諜活動就已成爲敵對雙方進攻和防禦的重要謀略和手段。[2]其在情報活動當中，不僅爲最古老傳統的運作方式，也具有不可替代的重要角色。爲進一步瞭解此一與人類歷史發展密切相關的古老職業與活動，本章針對近代重大的間諜案例說明介紹，並分析探討其對時局造成的影響，但由於間諜案例在人類歷史上多不勝數，甚至有許多案例未曾見諸文獻，故本章僅擷取第二次世界大戰期間或之後發生的案件，並以間諜案件的發生地區分爲國外及國內兩大部分。國外案例分別取自美國、蘇聯、英國、德國、日本，以及中國大陸等計12個案例，國內部分則有3個案例，合計15個案例。期能讓提供吾人對間諜犯罪的危害與影響與有更深入的瞭解。

第一節　國外重大間諜案例

本節所列的間諜案例爲國外的重大案例，包括美國的吉川猛夫

---

1 Alexander Orlov, "The Soviet Intelligence Community," in Loch K. Johnson and James J. Wirtz, *Intelligence: The Secret World of Spies: An Anthology*, 3rd Edition (New York: Oxford University Press, 2011), p. 524.

2 張殿清，《間諜與反間諜》，（臺北市：時英出版社，2001年），頁13。

（Takeo Yoshikawa）案、沃克（John Walker）間諜集團案、艾姆斯（Aldrich H. Ames）案、韓森（Robert P. Hanssen）案，以及原子間諜案，蘇聯的案例爲彭可夫斯基（Oleg Penkovsky）案、戈傑夫斯基（Oleg Gordievsky）案，英國的案例爲劍橋間諜案，德國的案例爲科爾貝（Fritz Kolbe）案、諾曼地登陸戰，日本的案例爲佐爾格（Richard Sorge）案，另中國大陸的案例爲劉連昆案。

壹、美國

一、吉川猛夫案

1941年12月7日上午7時55分（夏威夷時間），珍珠港事件爆發，日軍在兩個小時內出動350多架飛機偷襲珍珠港的美軍基地，炸沉炸傷美軍艦艇40多艘，炸燬飛機200多架，美軍死傷高達4000多人，主力戰艦「亞利桑那」號被炸彈擊中沉沒，艦上1177名官兵全部殉難。事件發生後隔日（12月8日），美國總統羅斯福（Franklin Roosevelt）在國會發表了歷史性的演說，國會也通過對日宣戰，第二次世界大戰局面出現了新的變化。[3]

在發動這場突襲之前，日軍情報部門所進行的諜報活動爲這次行動的成功打下了堅實的基礎。日本海軍情報部派遣29歲的日本青年—吉川猛夫前往夏威夷，並以外務省工作人員的身分作爲掩護，前往檀香山領事館履職。吉川到達夏威夷後，每天觀察美軍的船艦類型和數量，然後用特定的符號將這些信息記錄下來，並將這些情報整理之後歸納出太平洋艦隊的活動規律，定期匯報給檀香山領事館，再以密碼發往東京。這些情報爲偷

---

3 朱海峰編著，《史上被封殺的臥底事件》（北京：石油工業出版社，2012年），頁80。

襲行動提供了重要的參考。1941年11月26日早晨6時，日軍由聯合艦隊總司令山本五十六（Yamamoto Isoroku）率領6艘航空母艦、2艘戰鬥艦等共30餘艘海上艦艇編隊，於12月6日到達距離攻擊目標僅360公里的瓦胡島附近。山本五十六一方面命令主力攻擊部隊停止使用無線電波收發電報，一方面卻讓靶艦「攝津號」在九州南部頻繁收發電報。這一策略，使美國人對日本海軍主力的具體方位判斷失誤。前期諜報工作中對珍珠港情報信息的密切蒐集，又在即將開戰前精心策劃一系列的欺騙行動，日本人透過長時間的縝密準備，成功地在二戰史上留下震攝世界的驚人之舉，吉川猛夫的間諜活動扮演了關鍵的角色。[4]

1941年12月9日至14日，時任海軍部長的諾克斯（William F. Knox）負責調查珍珠港事件，並在上呈總統的調查報告中指出：「瓦胡島生活著許多日本僑民，他們在各處生活工作……。偷襲珍珠港之前，他們完成了大量的情報工作，爲日本海軍制定襲擊計畫提供了詳盡的情報資料……。從擱淺岸邊的日本潛艇上繳獲的文件顯示，太平洋艦隊幾乎每一艘艦艇的準確位置都已被日本人掌握並作了標記。」隨後的〈休伊特調查報告〉（Hewitt Inquiry）也同意諾克斯的看法：「日本在珍珠港的間諜活動是有效的，特別是在1941年11月27日至12月7日這一關鍵時期，他們經常向日本傳送關於太平洋艦隊的重要情報，包括艦艇活動部署、具體位置和防禦措施等。」[5]

二、沃克間諜集團案

1985年5月20日，沃克的大名在西方的報紙上連日登載，他被稱爲美

4　楚淑慧主編，《世界諜戰和著名間諜大揭密》（北京：中國華僑出版社，2011年），頁322-323。

5　Terry Crowdy, *The Enemy Within: A History of Spies, Spymasters and Espionage* (Oxford, UK: Ospray Publishing, 2006), p. 285.

國歷史上最大間諜案的主犯。[6]沃克於1955年入伍，曾擔任美國海軍大西洋艦隊司令部通訊官，並先後於美國海軍單位任職。其自1967年起陸續將海軍發報密碼本等軍事機密洩露給蘇聯的國家安全委員會（KGB），並獲得大量金錢報酬。1983年，服務於美國海軍的兒子邁克（Michael Walker）以及任職海軍艦艇維修公司的兄長亞瑟（Arthur Walker）加入其間諜網，前後陸續洩漏海軍機密情報達17年，造成美國軍方巨大損失。[7]

沃克的背叛不是出於意識形態的原因，而純粹是爲了金錢。由於負債累累，沃克找到了蘇聯駐華盛頓的大使館，向KGB出賣美國海軍的一張密碼卡。除了自己的家人，其甚至吸收海軍一名高級報務員惠特沃思（Jerry Whitworth），建立這個間諜網絡之後，沃克於1976年退休離開海軍，變成一名私人調查員，爲其從事間諜活動提供掩護身分。與此同時，他還透過向蘇聯提供有關核潛艇和海軍密碼的情報，賺取100萬美元。其在離婚之後，由於沒有向前妻芭芭拉（Barbara Walker）支付生活費，被前妻向聯邦調查局（Federal Bureau of Investigation, FBI）告發。[8]

在1960年代，美國在美蘇爭霸中的海上優勢十分明顯，可是僅僅十餘年後，他們的潛艇技術彷彿已被蘇聯人超越。在1968年的「天蠍號事件」中，蘇聯第一次使用沃克提供的密碼並發揮功效。5月17日，美國天蠍號潛艇在地中海訓練回程的途中與蘇聯潛艇交火，但這艘頂級潛艇只發射了一枚魚雷隨即被蘇聯潛艇擊沉。1980年9月，美國卡特政府派遣1萬5千人的部隊準備突襲伊朗，蘇聯早在美軍登陸前就將一支由22個師組成的大軍派往蘇聯和伊朗的邊境，一旦美軍在伊朗登陸，蘇聯就可以將其包圍。美國見狀只好取消這項計畫已久的行動。此均爲沃克間諜集團洩漏機密情

6 張殿清，《間諜與反間諜》，頁340。
7 楚淑慧主編，《世界諜戰和著名間諜大揭密》，頁103-106。
8 Crowdy, Terry, *The Enemy Within: A History of Spies, Spymasters and Espionage*, pp. 324-325.

報所導致。本案爆發後，美國政府下令驅逐25名蘇聯駐美外交官，並將蘇聯駐華盛頓和舊金山的外交官減少了70名。蘇聯也不甘示弱，驅逐了5名美國外交官，並撤走爲美國駐蘇聯外交官服務的250名蘇聯工作人員，讓美國外交官在蘇聯國內的生活變得十分艱難。美蘇雙方的外交戰持續了一年，此在世界外交史上十分罕見，雙方因爲沃克間諜案而大動干戈。[9]

沃克間諜案洩漏的密碼以及相關設備的秘密數據，讓KGB能夠解讀將近一億份的資訊，使得蘇聯獲得幾乎足以摧毀美國導彈潛艇的實力。[10]此外，該集團洩露的大量機密當中，也包含了戰爭中用來啓動核武器的密碼、海軍使用的密碼以及海軍在中美洲可能發動的戰爭。尤欽科（Vitaly Yurchenko）指出，[11]沃克集團代表了KGB歷史上最爲重要的操作，甚至比二次大戰中的核機密更爲重要。[12]

三、艾姆斯案

艾姆斯被公認是美國歷史上造成損害最嚴重的賣國賊之一。1985年，他秘密地接觸蘇聯駐華盛頓大使館的國家安全委員會（KGB）。此後不久，KGB便付給他5萬美元的酬勞，這是他收到總數高達250萬美元眾多酬勞款項中的第一筆。在中央情報局（Central Intelligence Agency, CIA），艾姆斯的工作是蒐集蘇聯的情報，他的第一次海外工作是在土

9 楚淑慧主編，《世界諜戰和著名間諜大揭密》，頁107-108。

10 Paul J. Redmond, “The Challenge of Counterintelligence,” in Loch K. Johnson and James J. Wirtz, *Intelligence: The Secret World of Spies: An Anthology*, 3rd Edition (New York: Oxford University Press, 2011), p. 297.

11 尤欽科（Vitaly Yurchenko）曾擔任蘇聯國家安全委員會（KGB）第一總局第一處副處長，1985年在羅馬執行任務時叛逃投靠美國，並向中央情報局（CIA）洩漏有關蘇聯KGB間諜技術與間諜名單等情報。1989年再度叛逃美國搭機返回蘇聯，並在KGB安排下，召開記者會聲稱其被中情局下藥麻醉被綁架至美國，而非背叛蘇聯。引自楚淑慧主編，《世界諜戰和著名間諜大揭密》，頁65-68。

12 Katherine A. S. Sibley, “Catching Spies in the United States,” in Loch K. Johnson, eds., *Strategic Intelligence 4-Counterintelligence and Counterterrorism: Defending the Nation Against Hostile Forces* (London: Greenwood Publishing Group, 2007), p. 40.

耳其，任務是鎖定並招募蘇聯的情報官員。這些職責意味著艾姆斯掌握了「鐵幕」（Iron Curtain）後面美國間諜的眞實身分，但他出賣了他們。當CIA發展的蘇聯間諜被逮捕並被處死的時候，他們猜到內部出了內間（mole）。由於過著遠遠超出其工作收入水平的生活，艾姆斯被聯邦調查局（FBI）列入調查的對象。儘管此時冷戰已經結束，KGB也已不復存在，但艾姆斯仍然繼續充當著俄羅斯對外情報局（Russia's Foreign Intelligence Service）的間諜。1994年2月，中央情報局準備安排艾姆斯前往莫斯科，但聯邦調查局擔心他會叛逃，因此在2月21日，聯邦調查局逮捕了艾姆斯和他的妻子。[13]

艾姆斯於1962年即任職於美國中央情報局，並自1985年起爲蘇聯蒐集情報。在他從事間諜活動近9年的期間，前後向KGB提供CIA在海外的55項秘密行動計畫，以及在東歐、蘇聯及其後俄羅斯所屬的36名情報人員名單。此外，還提供10名在1980年代被美國CIA或FBI吸收的蘇聯情報官員。造成至少10名美國間諜在蘇聯地區曝露身分，有的神秘失蹤，有的被處決，且至少有10起重大間諜行動遭到破壞。1994年艾姆斯遭到逮捕，美國聯邦法院以間諜罪判處艾姆斯終身監禁，其妻羅莎莉歐（Rosario Descazes）因牽連間諜行爲，被判處5年半徒刑。[14]艾姆斯間諜案的破獲，也推動美國國會通過法案，讓導致美國情報人員死亡事件的美國間諜在一定條件下恢復死刑，此法案同時也取消了逮捕從事間諜活動10年有效追溯期的法律限制。[15]

---

13 Terry Crowdy, *The Enemy Within: A History of Spies, Spymasters and Espionage*, p. 326.

14 于力人，《中央情報局50年》（北京：時事出版社，1998年），頁836；羅塵，《聯邦調查局》（南京：江蘇人民出版社，2010年），頁188-194。

15 Katherine A. S. Sibley, "Catching Spies in the United States," in Loch K. Johnson, eds., *Strategic Intelligence 4-Counterintelligence and Counterterrorism: Defending the Nation Against Hostile Forces*, p. 43.

四、韓森案

韓森1944年出生於美國芝加哥，1976年至聯邦調查局（FBI）工作，負責監視蘇聯駐紐約外交官的行蹤。1985年10月1日，韓森主動將一封信放在蘇聯駐美國大使館情報人員住宅前的信箱，表示願意提供美國情報機關的最高等級機密檔案，並要求10萬美元的報酬。從1985年開始，韓森一共向蘇聯提供了27封信件和22個郵包約6000頁的機密資料，其中包含美國的核武器發展計畫、電子偵查技術、總統安全計畫、潛伏在蘇聯境內的美國間諜名單、美國對蘇聯的間諜行動技術、美國的反間諜技術、美國對蘇聯間諜案的調查機密情報等。其擔任蘇聯間諜時間長達15年，美國聯邦調查局認爲韓森從事的間諜活動是美國有史以來最嚴重的叛國行爲，對美國國家利益造成極爲嚴重的損害。[16]

此案的發掘與破獲係源自1994年艾姆斯夫婦間諜案的查處過程中，聯邦調查局和中央情報局隱約覺得在這起間諜案的背後似乎還隱藏著一個更大的人物，因爲美國從國家安全委員會（KGB）內部獲得的情報指出，美國部分間諜行動的失敗並非來自艾姆斯夫婦，而這個幕後的人物應身處聯邦調查局或中央情報局內部，聯邦調查局隨即展開秘密調查。中央情報局則設法讓其在俄羅斯境內的潛伏間諜找尋跡證。[17]2000年秋天，聯邦調查局確信內部已經出現內間（mole），韓森的名字也出現在嫌疑犯的名單上面，但並無證據顯示他正在從事間諜活動，或是他有成爲俄羅斯間諜的動機。結果有三個線索協助聯邦調查局識別其間諜的身分，最後一個線索是KGB的檔案，指出韓森就是他們要找的人。2001年2月18日韓森被聯邦調查局當場逮捕，當被逮捕時，他問聯邦調查局的人說：「你們怎麼這麼

16 楚淑慧主編，《世界諜戰和著名間諜大揭密》，頁80-83。
17 施伯恩，《間諜的故事I》（新北市：新潮流文化事業出版社，2012年），頁95。

慢？」[18]

韓森從事間諜活動期間洩露了數以千計的機密文件，其中包括美國衛星雷達與將在駐華盛頓新建蘇聯大使館下建立秘密通道等情報，以及派駐莫斯科的美國間諜名單，其中一些人也因此遭到處決，其中包含美國最重要的內間之一——普雷雅科夫（Dmitri Fedorvich Polyakov，或被稱爲TOPHAT）在1988年的死亡。韓森最後在2002年被判處終身監禁，不得假釋。[19]

五、原子間諜案

第二次世界大戰期間，蘇聯對發展所謂的「超級炸彈」極感興趣。1941年10月9日，羅斯福總統下令研製原子彈。蘇聯的情報機關也開始計畫努力蒐集相關的情報，並將切入點放在參與美國原子彈研製工程的科學家，並鎖定了德國移民福克斯（Klaus Fuchs）博士。福克斯是一名德國共產黨員，1933年移民到英國後，繼續從事研究工作，同時還保留了共產黨員的身分。由於被公認是一名很有才華的物理學家，福克斯獲得參與研發英國原子彈的機會，他同時與蘇聯駐倫敦大使館聯繫，同意提供他所知道有關原子彈工程的一切情況。福克斯一點都不重視他剛簽署過的《政府保密法案》，他認爲，作爲一個反納粹的盟國，蘇聯有權瞭解英國和美國所做的任何事情。1942年，福克斯被安排到美國新墨西哥州洛斯阿拉莫斯市（Los Alamos）的原子彈研究中心參加「曼哈頓計畫」（Manhattan Project），[20]並繼續向蘇聯情報機構傳送原子彈的秘密情報。1945年7月24

---

18 Richard C.S. Trahair and Robert L. Miller, *Encyclopedia of Cold War Espionage* (New York: Enigma Books, 2011), p. 185.

19 Katherine A. S. Sibley, “Catching Spies in the United States,” in Loch K. Johnson, eds., *Strategic Intelligence 4-Counterintelligence and Counterterrorism: Defending the Nation Against Hostile Forces*, p. 44.

20 「曼哈頓計畫」（Manhattan Project）目的在通過核分裂的連鎖反應來製造炸彈，並以飛機日，當新上任的美國總統杜魯門（Harry S. Truman）告訴史達林（Joseph V. Stalin），美國已經擁有一種具有「非比尋常破壞力」的武器時，蘇聯領導人對此沒有表示絲毫的興趣，杜魯門覺得非常納悶。對此，人們有兩種看法：第一，史達林根本不知道杜魯門告訴他的武器有多麼重要；第二，許多人認爲，史達林知道的原子彈工程的情況可能比杜魯門告訴他的還要多。1945年8月6日，一顆原子彈投到了廣島（Hiroshima），炸死了10萬人。3天之後，第二顆原子彈投到了長崎（Nagasaki），又炸死了4萬人。8月15日，日本投降，結束了日本14年前在中國滿洲開始挑起的侵略戰爭。二戰結束後，福克斯回到英國，並在哈維爾原子能研究機構（Harwell Atomic Energy Research Establishment）工作。1950年福克斯向軍情五處（Military Intelligence, Section 5, MI5）坦承他的行爲，後被判處14年監禁。[21]福克斯從洛斯阿拉莫斯實驗室將關於原子彈的材料、製造和有關鈽（Plutonium）分裂等重要信息提供給莫斯科。關於此一事件，美國的原子能委員會指出，福克斯提供的情報讓蘇聯的原子彈研究加速了2年的時間。1951年一位國會議員宣布由福克斯犯下的間諜案，讓蘇聯的原子能源計畫至少提前了18個月的能力。如果戰爭發生，蘇聯對付西方國家的原子能力將大爲提升。[22]

運輸投。引自海野弘（Umino Hiroshi）著，蔡靜、熊葦渡譯，《世界間諜史》（*A History of Espionage*）（北京：中國書籍出版社，2011年），頁216。

21 Terry Crowdy, *The Enemy Within: A History of Spies, Spymasters and Espionage*, pp. 310-313.

22 Katherine A. S. Sibley, "Catching Spies in the United States," in Loch K. Johnson, eds., *Strategic Intelligence 4-Counterintelligence and Counterterrorism: Defending the Nation Against Hostile Forces*, pp. 33-35.

貳、蘇聯

一、彭可夫斯基案

彭可夫斯基是蘇聯軍事情報局（Soviet Military Intelligence, GRU）的一名上校軍官，他認爲赫魯雪夫（Nikita Khrushchev）正在將蘇聯帶往危險的道路，並最終導致蘇聯亡國。1961年，他在訪問倫敦期間，透過軍情六處（Military Intelligence, Section 6, MI6）的情報人員懷恩（Greville Wynne）與英國的情報機關進行了聯繫。之後，他便開始透過英國軍情六處駐莫斯科情報站站長奇澤姆（Ruari Chisholm）向英國的情報機構提供大量蘇聯的秘密情報。彭可夫斯基提供的文件中有蘇聯的火箭、導彈使用手冊，這些情報幫助美國海軍照相判讀中心辨識出蘇聯部署在古巴可以裝置核彈頭的SS-4和SS-5中程導彈。彭可夫斯基提供的情報對美國總統甘迺迪（John F. Kennedy）而言極爲珍貴。由於知道蘇聯實際部署在古巴的導彈數目並沒有赫魯雪夫吹嘘得那麼多，甘迺迪總統堅持到了最後，並贏得與赫魯雪夫之間較量的勝利。因爲不想發動戰爭，赫魯雪夫向甘迺迪開放了所謂的「後方通道」一解決古巴導彈危機的期限安排。實際上，這時蘇聯正準備撤出導彈，目的是換取美國不對古巴採取任何敵意行動的承諾。甘迺迪以這些情報作爲基礎，與赫魯雪夫展開談判，而赫魯雪夫則靠這種方式找到了台階，避免在蘇聯強硬派面前失去顏面。後來彭可夫斯基被蘇聯國家安全委員會（KGB）駐華盛頓的兩名雙重間諜鄧拉普（Jack Dunlap）和惠倫（William Whalen）出賣。1962年10月20日，KGB突襲了彭可夫斯基的住所，搜出一部間諜專用的照相機。彭可夫斯基遭到逮捕並於1963年被判處間諜罪遭到槍決。事發之後，奇澤姆被蘇聯驅逐出境，懷恩也在布達佩斯被捕並被帶回蘇聯判以8年徒刑。1964年，刑期尚未服滿的懷恩與一位被英國監禁的KGB間諜進行交換。古巴危機得以順利解決，免除一場核武大戰以及甘迺迪總統的聲譽得以保全，部分程度上是得益於蘇聯叛徒彭可夫斯基提供的情報。[23]

彭可夫斯基先後提供了將近五千份機密文件，這些文件讓西方徹底瞭解蘇聯的軍備和間諜情況。[24]由於彭可夫斯基傳遞許多重要的科技情報給美國的中央情報局（CIA）以及英國的軍情六處，甚至在古巴飛彈危機時提供蘇聯飛彈部署的情資，對美國處理該危機發揮重大的作用，因此被美國及英國情報單位稱爲「歷史上最佳的間諜」。[25]

二、戈傑夫斯基案

戈傑夫斯基1938年出生於莫斯科，就讀莫斯科國立國際關係學院，專攻德語。1962年加入蘇聯KGB，並被派往丹麥的哥本哈根和英國倫敦，他擔任雙重間諜共計11年，直到1995年戲劇性地逃往西方。[26]戈傑夫斯基在蘇聯KGB任職期間，前後服務於斯堪地那維亞、莫斯科和英國。1974年10月在丹麥哥本哈根被英國對外情報部門—軍情六處（MI6）吸收，代號「諾克頓」（NOCTON），是史上最有價值的間諜之一。其成爲雙重間諜係源自政治性與意識形態的原因，他受到興建柏林圍牆與鎮壓布拉格之春的強烈影響，瞭解共產黨的謊言與KGB的無情冷酷，並嚮往西方的民主自由，轉而投向MI6的陣營。[27]

戈傑夫斯基被吸收之後，向西方世界洩漏了蘇聯情報機關的內部運作，也揭露了克里姆林宮的思維與籌劃，轉變了西方對蘇聯的思考方式，

---

23 Terry Crowdy, *The Enemy Within: A History of Spies, Spymasters and Espionage*, pp. 318-319.

24 楚淑慧主編，《世界諜戰和著名間諜大揭密》，頁445。

25 果敢，《實用情報英文》（臺北：書林出版有限公司，2007年），頁148。

26 Oleg Gordievsky, *Next Stop Execution* (London: Endeavour Quill, 2018), Preamble.

27 Ben Macintyre, *The Spy and the Traitor: The Greatest Espionage Story of the Cold War* (New York: Broadway Books, 2019), pp. 2, 62.

也改變了當時世界的安全局勢。而MI6爲了掩護戈傑夫斯基，匯集資訊交給他作爲工作成果以回報KGB。這類資訊在間諜術語裡稱爲「雞飼料」（chickenfeed），是不會造成重大損害的眞實資訊，欠缺眞正的價值，此可協助建立他的可信度和解釋他的活動，而爲了交代消息來源，MI6又製造了幾位「機密聯絡人」。[28]此外，英國爲了讓戈傑夫斯基在KGB內部繼續高升，取得更多機密資料，設法除去當時KGB派駐倫敦站站長阿爾卡季・古克（Arkadi Vasilyevich Guk），以「活動與外交官身分不符」的理由將其驅逐出境。1985年4月28日戈傑夫斯基就任倫敦站站長。之後戈傑夫斯基成爲蘇聯派駐英國最高階的情報官員，從此能取得蘇聯間諜工作最核心的機密。[29]作爲英國MI6重要的情報來源，他讓英國確信KGB在軍情五處（MI5）和MI6中沒有臥底線人。1983年，他及時發出警告，一位MI5的官員心生不滿，主動聯繫志願成爲KGB的間諜，也讓MI5得以及時因應加以逮捕。[30]

1985年5月，KGB懷疑戈傑夫斯基可能是英國的臥底間諜，將他召回莫斯科。他被帶到KGB別館，下藥後百般盤問，但他仍堅稱自己無罪。KGB告知他暫時不能派至海外，並對他採取跟監。戈傑夫斯基暗中通知英國，在一次戲劇性的營救行動中，他躲在車底夾層越過邊界到芬蘭，逃離蘇聯。[31]至於向蘇聯KGB洩漏戈傑夫斯基雙重間諜身分的則是艾姆斯，在1985年5月18日，也就是戈傑夫斯基被召回莫斯科審訊的第二天，艾姆斯收到了1萬美元的酬勞。[32]戈傑夫斯基逃至英國之後，其仍使用假名，

---

28 Ben Macintyre, *The Spy and the Traitor: The Greatest Espionage Story of the Cold War*, pp. 183,155-156.

29 Ben Macintyre, *The Spy and the Traitor: The Greatest Espionage Story of the Cold War*, pp. 190, 207.

30 Abram N. Shulsky and Gary J. Schmitt, *Silent Warfare: Understanding the World of Intelligence*, 3rd Edition (Washington, DC: Potomac Books, 2002), pp. 109-110.

31 Peter Mass, *Killer Spy* (New York: Warner Books, 1995), pp. 64-65.

32 Oleg Gordievsky, *Next Stop Execution* (London: Endeavour Quill, 2018), p. 445.

住在英格蘭郊區某條街道的獨棟房屋，MI6繼續保護著它最重要的冷戰間諜。[33]

參、英國

所舉案例爲劍橋間諜案。在蘇聯的外國間諜當中，最著名的是所謂的「劍橋間諜」，他們是一些想方設法進入英國政府機構最敏感部門工作的共產主義運動的同情者。[34]分別是菲爾比（Kim Philby）、柏格斯（Guy Burgess）、麥克林（Donald Maclean）、布蘭特（Anthony Blunt）以及凱恩克羅斯（John Cairncross）。其中菲爾比、布蘭特任職於英國軍情六處（MI6），柏格斯前後任職於軍情六處及外交部，麥克林時任外交部駐美司長，凱恩克羅斯任職密碼工作站—布萊奇利莊園（Bletchely Park），由於他們強烈認同馬克思主義，爲當時的蘇聯進行間諜工作，洩漏了許多機密，並揭露許多西方間諜名單，使得英國及其同盟國家蒙受巨大損失。由於5人均畢業於劍橋大學，被稱爲「劍橋幫」。[35]

劍橋幫之中從事間諜工作最久的是布蘭特，大戰期間他在英國的軍情六處工作，那時起便開始將東歐國家（例如捷克與波蘭）設在倫敦的流亡政府相關資訊傳遞給俄國。這些資訊讓史達林得以在德國結束占領後，將這些國家納入他的掌控。菲爾比最早是以右翼記者身分前往西班牙，以反共產主義角度報導西班牙內戰，這不僅讓他獲得佛朗哥將軍頒贈的獎章，大戰爆發後更在軍情六處找到一份工作。後來，菲爾比在軍情六處的地位扶搖直上，並於1944年起被指派負責對抗蘇聯間諜在英國的情報活動。隨

---

33 Oleg Gordievsky, *Next Stop Execution*, p. 330.

34 Terry Crowdy, *The Enemy Within: A History of Spies, Spymasters and Espionage*, p. 303.

35 海野弘（Umino Hiroshi）著，蔡靜、熊葦渡譯，《世界間諜史》（*A History of Espionage*），頁227-228。

後，他又被派駐華盛頓擔任軍情六處與中央情報局的聯絡官，他藉職務之便洩露了西方國家送往阿爾巴尼亞的間諜名單，導致這些人全遭逮捕、酷刑和處決。劍橋幫的第三、四名成員分別是麥克林和柏格斯，他們涉案的事證最難被察覺。麥克林是英國外交部駐美司長，據信他曾傳送重要情報給俄國。劍橋幫的第五位成員是凱恩克羅斯，他於1933年被英國共產黨員克魯曼（James Klugmann）招募，開始從事間諜工作，聽命於蘇聯國家安全委員會（KGB）的高斯基（Anatoli Gorski），此人是整個劍橋幫的掌控者。凱恩克羅斯原爲英國財政部的職員，並無法接觸任何敏感資料，大戰開始後才轉往密碼工作站一布萊奇利園服務，負責破解德國的密文訊號。他爲俄國竊取情報長達4年，直到菲爾比叛逃後他的行徑才被揭發，而且直到1990年代KGB的檔案解密，他的身分才眞正公開。[36]

其中菲爾比是蘇聯潛伏在英國的「劍橋五傑」中，貢獻最大，最爲著名的一位。1943年，英國軍情六處第五科科長赴美考察，在考察的期間，他任命一直有著不凡表現的菲爾比代理他的職務工作。當時蘇德兩國爆發了庫爾斯克會戰。當菲爾比代理科長職務之後，獲得了更高一級的許可權，有權查看英軍破獲的德國有關庫爾斯克會戰的情報，於是這些重要的軍事情報全部被蘇聯掌握。這些情報對於蘇軍來說簡直是無價之寶，正是有了這些情報，蘇軍才得以在庫爾斯克會戰中，獲得最後的勝利。[37]1963年7月，菲爾比輾轉潛逃至莫斯科，同月月底，蘇聯官員宣布，已授予菲爾比政治庇護與蘇聯公民身分，[38]英國人稱菲爾比爲「賣國賊」、「叛

---

36 David Owen著，林載逸譯，《間諜：特務情報世界揭密全紀錄》（*Espionage*：*Fascinating Stories of Spies and Spying*）（臺中市：好讀出版有限公司，2011年），頁96-97。

37 陳小雷、張紅霞，《潛伏—國際間諜高手檔案解密》（新北市：新潮流文化事業有限公司，2013年），頁80、85。

38 Andrew Boyle, *The Fourth Man: The Definitive Account of Kim Philby, Guy Burgess and Donald Maclean and Who Recruited Them to Spy for Russia* (New York: The Dial Press/James Wade,1979), p. 441.

徒」。蘇聯則把象徵最高榮譽的列寧勳章、紅旗勳章、各國人民友誼勳章、一級勳章獎給他，稱讚他「為揭露和挫敗帝國主義針對蘇聯的各種顛覆活動、為共產主義貢獻了自己的一生。」[39]

肆、德國

一、科爾貝案

科爾貝1900年出生於德國柏林（Berlin），1939年7月進入德國外交部工作，這是納粹德國政府的中樞機構。在外交部中，柯爾貝只是個中下階層官員，不過，科爾貝的上司名叫卡爾·里特爾，是外交部與納粹軍方高層的連絡員。在卡爾的辦公桌上，放著大量軍事行動計畫、外國間諜活動、秘密談判以及來自德國在全世界各個外交機構的機密電報和檔案。1943年8月，科爾貝得到了一個公務旅行的機會—前往瑞士首都伯恩擔任外交信使。科爾貝立刻意識到這正是一個傳遞情報的絕佳機會。他把兩個裝滿機密檔案的大信封綁在自己的大腿上，並用內褲套住。8月15日晚上8時20分，科爾貝搭上了前往伯恩的火車。[40]

1943年8月22日，科爾貝一人走進瑞士伯恩英國領事館，指明要見情報機關最高的負責人，並提出他帶來的機密情報文件，但為英國人拒絕。第二天，科爾貝嘗試聯繫瑞士的美國戰略情報局（中央情報局前身），在與美國官員會面後，其表達堅決反對希特勒的立場，並提供186頁的納粹機密資料。這些情報被送到美國羅斯福總統的手中，羅斯福立刻意識到科爾貝的價值，隨即指示應當把科爾貝培養成美國最為重要的間諜，並繼續

39 張殿清，《間諜與反間諜》，頁115。
40 陳渠蘭，《二次世界大戰間諜秘史》（臺北：驛站文化事業有限公司，2007年），頁100-102。

將其安插在德國境內，讓科爾貝在今後得以長久地爲美國效力。悄然返回德國的科爾貝，開始全力爲美國蒐集機密情報，並陸續將納粹的機密情報傳送到美國人的手中。根據後來的調查顯示，戰爭期間科爾貝一共向盟國提供了1600份價值連城的機密情報。這些機密包括：納粹德軍軍事行動情報、日本海軍密碼情報、納粹高級間諜情報以及納粹德國大屠殺方案情報等，價值無法估算。[41]

此外，在第二次世界大戰後期，德國的兵力已經嚴重不足，於是全力研發先進武器，希望以此與盟國做最後一搏。1944年10月初，德軍將更新型、破壞力更大的V-2導彈投入實戰。在德軍發射出第一枚V-2導彈之後，科爾貝就找到了生產V-2導彈主體的地下工廠的準確地點，並建議「轟炸鐵路和運輸線看來會更見成效」。有了這些情報，盟軍得以對德國的導彈生產基地和運輸路線進行攻擊。當時德國的導彈技術遠遠領先同盟國，如果V-2導彈被大量應用於實戰，必將造成大量的傷亡。因此，後來美國政府在解密有關科爾貝的檔案時，對他做出了極高的評價，稱他「挽救了無數人的生命，縮短了第二次世界大戰在歐洲戰場的時間」。[42]

二、諾曼地登陸戰

1943年11月28日，美國、蘇聯和英國三國領袖在德黑蘭會議當中共同商討具體作戰事宜，最後做出了一系列的決定，攻打歐洲登陸戰的突破處選定在法國諾曼地（Normandy），最高統帥爲美國艾森豪（Dwight D. Eisenhower）將軍，整個作戰計畫稱爲「霸王行動」。爲欺騙德軍，一場間諜戰因此開打。[43]

---

41 楚淑慧主編，《世界諜戰和著名間諜大揭密》，頁1-4。
42 陳小雷、張紅霞，《潛伏—國際間諜高手檔案解密》，頁319-321。
43 楚淑慧主編，《世界諜戰和著名間諜大揭密》，頁339。

德國人早就知道盟國要攻打歐洲，因此已經下令其間諜人員蒐集和提供相關的細節情況。爲了保護這次攻擊行動，盟國利用雙重間諜向德國提供了一系列似是而非的假情報，其中主要有盟國僞造的「安定北方」計畫和「安定南方」計畫，前一份計畫中，盟國將在挪威發動兩棲登陸行動，後一份計畫中，盟國在法國北部的加萊港（Calais）登陸，而不是後來實際登陸的地點諾曼地。除了使用雙重間諜外，盟國還透過發送虛假無線電報和進行物理僞裝（包括假登陸艇和假坦克等）等製造假象，讓德軍誤以爲實力強大的「美國第一集團軍」正部署在英格蘭東南方。假電報還表明，這是「安定南方」計畫的一部分，代號爲「快速閃亮行動」。其實，所謂的由喬治・巴頓（George S. Patton）將軍負責指揮編成11個師的「美國第一集團軍」完全是虛構的。[44]以爲已經把盟軍作戰意圖看透的德國人暗自慶幸，開始密切關注起這支「美國第一集團軍」。在此同時，英國又將數位雙面間諜巧妙地安插進德軍情報部門，憑著英國情報機構精心準備的一批情報，這批間諜不斷地向德軍發出關於第一集團軍最新動向的密報，並將軍群的兵力部署、配置透露給德國人。[45]

1944年6月6日清晨，諾曼地登陸戰役開戰，6月8日午夜左右，爲吸引德軍最高司令部的注意，英國臥底在德軍情報部門的間諜發送了一份緊急電報，指稱巴頓的「美國第一集團軍」尚未離開英格蘭東南部，所有跡象顯示，「諾曼地登陸」計畫僅是爲了轉移德軍的注意力，盟軍的主攻方向仍然是加萊。這份電報於6月9日晚抵達德軍最高司令部，而幾個小時之前，德國軍事情報局派駐在斯德哥爾摩（Stockholm）的間諜傳來的情報亦指稱同樣的情況。根據這些情報，德軍最高司令部中止了黨衛軍第一裝甲師向諾曼地的調動部署，並將其派去增援在比利時的德國第15集團軍。

---

44 Terry Crowdy, *The Enemy Within: A History of Spies, Spymasters and Espionage*, p. 261.
45 楚淑慧主編，《世界諜戰和著名間諜大揭密》，頁340。

爲了應付「美國第一集團軍」的攻擊，所有這些德國部隊都被調離了諾曼地戰役，盟軍最終取得了諾曼地登陸戰役的勝利。[46]

伍、日本

所舉案例爲佐爾格案。佐爾格於1895年出生在俄國的一個德國家庭，並在德國長大，第一次世界大戰期間加入德軍，後來右腿嚴重受傷並因此獲得「鐵十字勳章」。養傷的日子成了佐爾格一生中的關鍵時期。當時，佐爾格的叔父是馬克思（Karl H. Marx）的秘書。傷癒後，受叔父的影響，佐爾格變成了一個共產主義意識形態的忠實信徒，他於1921年加入德國共產黨。1924年，從莫斯科返回德國後，佐爾格成了一名共產國際的間諜。1930年，佐爾格被派往中國上海，掩護身分是記者，他的間諜生涯從此開始，並認識了日本「朝日新聞」的記者尾崎秀實（Ozaki Hotsumi）。從上海回到莫斯科之後，爲了蒐集情報，佐爾格決定前往德國並加入納粹黨。佐爾格設法在「法蘭克福報」的報社謀到一份記者工作，並開始組建間諜網，其中包括與日本政府有著聯繫、擁有極佳外交情報來源的尾崎秀實，隨後並在德國大使館謀得一份新聞隨員的差使。透過這些接觸和情報蒐集活動，佐爾格於1941年4月向莫斯科報告了關於德國侵略蘇聯的「巴巴羅薩計畫」。他甚至提供了德國開戰的準確日期一1941年6月20日。但令佐爾格感到震驚的是，史達林對他的報告無動於衷。1941年秋天，莫斯科眼看著就要被納粹攻陷，史達林才開始關注佐爾格的情報。根據佐爾格的報告，自從1939年兵敗「諾門坎」（Khalkhin Gol）之後，日本已不打算進攻西伯利亞，而是將精力集中於海軍的「南進」政策。此意味著蘇聯

---

46 Terry Crowdy, *The Enemy Within: A History of Spies, Spymasters and Espionage*, pp. 261-262.

可以調動朱可夫（Georgy Zhukov）領導的西伯利亞軍隊去對抗進攻莫斯科的德國軍隊。11月27日，德國的先遣部隊幾乎推進到克里姆林宮的可視範圍之內。1941年12月5日，朱可夫向德國軍隊發起進攻並擊退德軍，莫斯科獲救。但佐爾格早已被日本特務機構懷疑監視。1941年10月14日，佐爾格的下線間諜尾崎秀實遭到逮捕。四天後，佐爾格本人也遭到逮捕。在監獄裡關了3年多的時間，並於1944年11月7日被處以絞刑。[47]

佐爾格在擔任間諜期間，向蘇共中央發回了大量的機密情報，其中包括：日軍參謀本部決定按德國模式使軍隊現代化，日本軍事工業的現狀和關東軍的部署情報，德、義、日三國建立軍事同盟的情報，德軍在蘇德邊境集結的情報，日本內閣會議決定南進而不向蘇聯西伯利亞進犯的情報，日本侵華情報，諾門坎的日軍部署等一系列機密情報。特別是1941年5月，佐爾格用無線電報向莫斯科報告了德國將於6月20日進攻蘇聯。其中有關日軍不會進攻蘇聯的情報，讓史達林急令遠東精兵西調，增援莫斯科，取得了莫斯科戰役的勝利。這一情報對於蘇聯生存的價值難以估計，也是佐爾格諜報網對蘇聯作出的最大貢獻。[48]

陸、中國大陸

所舉案例爲劉連昆案。劉連昆（1933-1999），黑龍江人。1986年接任中共解放軍總後勤部軍械部長，負責武器採購與製造，1988年升任少將。1992年11月，透過退役大校邵正忠牽線，劉連昆從北京南下廣州，與我方軍情局人員會面。劉連昆的代號是「少康二號」，是臺灣有史以來在共軍內部吸收層級最高的間諜，也是首度打入中共中央軍委層級。劉連昆

---

47 Terry Crowdy, *The Enemy Within: A History of Spies, Spymasters and Espionage*, pp. 303-305.
48 張殿清，《間諜與反間諜》，頁8-9。

參加軍情局的動機，除了金錢報酬外，也包括不滿中共鎮壓八九民運，以及未獲升遷等。劉連昆提供的情報，包括大陸向俄國採購S-300防空飛彈、共軍潛艦部署、解放軍對臺六大戰法、中央軍委十年建軍綱要等，甚至也是確認鄧小平死訊的重要管道。[49]

劉連昆是第一位同時擁有兩岸少將身分的間諜。1999年，劉連昆少將和邵正忠大校被解放軍軍事法庭秘密審判處決一案，引起中南海的震動，也嚴重破壞了臺灣滲透中國軍方的力量。劉連昆同時在兩岸擁有少將身分達7年之久，是臺灣國防部軍事情報局改制以來最重要的策反工作，代號「少康專案」，臺灣國安局局長丁渝洲曾形容「少康專案」是軍情局的「鎮山之寶」。劉連昆從1992年正式加入臺灣軍情局工作，至1999年被北京當局逮捕並處死，7年期間提供無數重要情報給臺灣，被認為是中共建政以來最嚴重的間諜案。[50]

劉連昆的內線情報，相當權威。1995年起，適值大陸不斷軍演，臺海最緊張局勢，劉的情報活動達到高峰。這段期間劉連昆的情報，包括解放軍對臺六大戰法、中央軍委十年建軍綱要等，連鄧小平死訊也是劉連昆的這條線最權威。1996年3月，北京發動飛彈試射等三波軍演，劉連昆於元月即反映「大陸最大軍演即將實施內情」，包括飛彈係用「啞巴彈」等情報。這些情報的時效性，價值連城。臺美情報交換，加上劉連昆這條內線，得以讓軍情單位於臺海軍事危機中，精準提供中共軍事動態，讓政府決策者不致誤判對峙情勢。大陸懷疑對臺情報被洩漏，展開調查。1999年2月，北京破獲臺灣在大陸解放軍所建立的高層情報網，其中24人判刑確定，劉連昆和邵正忠遭處死。這個臺灣諜報系統在解放軍將領中所發展的管道，在1995年和1996年臺海危機時，讓臺灣國安局得以在總統大選前半

---

49 程嘉文，〈劉連昆位階最高臺諜〉，《聯合報》，2010年9月5日，版A5。
50 聞東平，《正在進行的諜戰》，頁225-226。

年，掌握到北京飛彈試射及解放軍演習的最後「底線」，並精確掌握解放軍的飛彈彈著點、演習規模與次數。[51]

而在我國國防部軍情局視爲聖地的「忠烈堂」當中，供奉近五千位烈士的牌位與事蹟，包括我方策反等級最高因爲李登輝前總統「啞巴彈」說法遇害的共軍少將劉連昆及大校邵正忠。[52]

第二節　國內重大間諜案例

本節所列的間諜案例爲國內的重大案例，包括張憲義案、中科院共諜案，以及劉岳龍父子洩密案等3案。至於同樣發生於國內的李志豪、羅奇正、羅賢哲，以及鎮小江等4案，將於第四章間諜行爲的類型與特性當中配合該章內容介紹說明。

壹、張憲義案

張憲義1944年10月出生於臺中，祖籍福建晉江，於1972年赴美國進修，1976年獲得美國田納西大學核子工程博士學位。[53]張憲義上校曾擔任我國中山科學院核能研究所副所長，1988年1月，攜帶該所有關研製核子武器的大量秘密資料，在美國中央情報局的策劃和支援下潛逃美國。張憲義早年在美國田納西大學獲得博士學位。回到臺灣後，因學有專長，被安

51 聞東平，《正在進行的諜戰》，頁229-232。

52 程嘉文，〈因李總統「啞巴彈」說法遇害軍情局忠烈堂供奉2共軍將校〉，《聯合報》，2016年4月4日，版A6。

53 賀立維，《核彈MIT——一個尚未結束的故事》（新北市：遠足文化事業股份有限公司，2015年），頁83。

排在中科院核能研究所從事核子武器的研究和製造，並負責臺灣和美國的合作專案，經常赴美出席會議，進而和美國中央情報局建立了密切的關係，後來被中央情報局招募，成爲一名中央情報局在臺灣的「臥底內間」。早在60年代，臺灣一度有意發展核子武器，但是美國橫加阻攔，政府迫於美國的壓力不得不拆除了製造設備，核能研究所有一座剛蓋好的小型核子燃料實驗室也在美國的壓力下全部遭到拆除。政府當時擬向法國購進一批核子燃料，作爲核子武器研製的原料，但被中央情報局獲悉，又強令政府取消這筆交易。1988年2月，美國當局又強令拆毀中科院耗時10年裝置完成的重水式原子反應爐。而張憲義的潛逃，是由於情報機構懷疑張憲義可能替中央情報局蒐集情報。1988年春節前夕，張憲義的妻子攜其三個子女先以「赴日觀光」爲由前往日本，美國中央情報局再爲張憲義提供「新加坡護照」搭機離臺，飛至日本和妻兒會合，隨後一同轉抵美國，宣布在美國請求政治庇護。[54]

張憲義到了華府沒幾天，就在美國國會的聽證會中出現，鉅細靡遺地將臺灣發展核武的鐵證一五一十向美國國會議員報告。1997年12月20日，美國《紐約時報》記者，也曾是普立茲獎的獲獎者韋納（Tim Weiner）在《紐約時報》寫了一篇〈冷戰時期一位間諜如何逃離了臺灣〉（*How a Spy Left Taiwan in the Cold*），這篇報導詳細描述了張憲義事件的來龍去脈，其中提到：「根據一位美國情報官員透露，一位被美國吸收的臺灣軍官，在經過二十年的耕耘，升上了重要的位置，在關鍵時刻竊取了最重要的核武發展情報後，叛逃美國，從此終止了臺灣的核武計畫。」[55]而臺灣自1960年代蔣介石主政時期起，即開始秘密研發的核武計畫，自此可謂徹

54 張殿清，《間諜與反間諜》，頁559-560。

55 賀立維，《核彈MIT——一個尚未結束的故事》，頁85、88。

底終結。[56]

然而根據張憲義接受學者陳儀深訪談所言：「CIA持續觀察我，並與我進行正式接觸，是從1982年開始的。我必須澄清，我離開臺灣時並未帶走任何機密資料，因爲美方早就掌握臺灣發展核武的資料，我只有在美方高層出席的會議上，與丁大衛和雷根總統的核安專家討論時，證實了一些他們早先的疑問。會談當中，美方最關切的問題是臺灣動用核武的能力與企圖心，這是他們無法從任何資料中確認、並且一直存有疑慮的事情。還有一些傳言說我帶走一大疊文件資料給美國政府，實際上一張都沒有。」[57]

貳、中科院共諜案

臺灣高檢署於1999年間受命指揮調查局偵破桃園艾尹喜科技公司負責人葉裕鎭涉嫌爲中共刺探並蒐集我國軍事情報案，經過2年蒐證及2年跟監，才收網捕魚。情治人士透露，葉裕鎭涉嫌爲中共刺探並蒐集我國軍事情報起始於1999年間，國安局曾發現1999、2000年間，陸續有20多個團體進入工研院及中科院參觀，其中不乏具中資背景及與中共生意往來的科技公司，而葉裕鎭的艾尹喜科技公司是其中之一。國安局鑑於事態嚴重，建議層峰指示國家級的科技場所建立申請參觀名單制並嚴格審查，並於1999年間將參觀團體及公司名單移由臺灣高檢署指揮調查局進行偵辦。[58]

這樁間諜案主犯爲54歲的臺商葉裕鎭，其開設艾尹喜科技公司，以販

56 林孝庭，《臺海、冷戰、蔣介石：解密檔案中消失的臺灣史1949-1988》（臺北市：聯經出版公司，2015年），頁348。
57 陳儀深，《核彈！間諜？CIA：張憲義訪問紀錄》（新北市：遠足文化，2016年），頁88-91。
58 劉福奎，〈2年蒐證2年跟監共諜案收網〉，《聯合晚報》，2003年8月6日，版4。

賣航空與通訊器材爲主。葉裕鎮在被中共軍事情報機關以金錢、美色收買後，涉嫌利用中山科學研究院技術員陳士良，竊取臺灣與美國合作發展的TMD導彈防禦系統、反潛兵力、亢龍計畫等極機密的專案計畫資訊，交由葉裕鎮攜往大陸。除刺探臺灣內部軍事機密之外，葉裕鎮也經由旅居美國西雅圖的華裔人士，波音公司的退伍工程師許希哲，侵入美國政府電腦機密檔案，蒐集臺灣與美國合作發展TMD導彈防禦系統、F16戰機夜間作戰設備系統，以及戰術聯合通訊系統等資料，並進而僞造中科院的最終使用者證明，透過許希哲替大陸在美購買第三代光放管夜視系統等高科技管制器材，並以快遞或隨身攜帶方式經臺灣送交大陸。大陸爲此支付給上述3人的酬勞，至少在100萬美元以上。[59]

檢方認爲葉裕鎮、陳士良、美籍華人許希哲涉嫌交付國軍重要軍事機密，以及爲大陸蒐購管制性高科技戰略物資等犯行的罪證明確，將三人依違反《刑法》、《國家安全法》等罪起訴。[60]2003年12月，葉裕鎮被以30萬元交保，並在2004年4月棄保潛逃，而檢調單位竟未採取全程監控讓其得以偷渡出境，成爲近年來第一個被捕後還能棄保潛逃的共諜。葉案是臺灣近幾年來最重要的共諜案，情治單位指出，由於葉涉及中山科學研究院電子所、飛彈所許多採購案，情治單位一直懷疑葉是中科院內不少官員收黑錢的「白手套」，葉脫逃後，將讓檢調單位無法追查其他共犯。[61]另本案經臺灣高等法院以洩漏國防機密罪，將中科院技術員陳士良、美籍華人許希哲各判6月、4月徒刑。[62]黃正安則被高院判刑10年。[63]

59　聞東平，《正在進行的諜戰》，頁453-455。
60　聞東平，《正在進行的諜戰》，頁462。
61　聞東平，《正在進行的諜戰》，頁466-467。
62　賴心瑩，〈中科院員工洩軍機判刑〉，《蘋果日報》，2005年7月20日，<http://www.appledaily.com.tw/appledaily/article/adcontent/20050720/1921647/%E4%B8%AD%E7%A7%91%E9%99%A2%E5%93%A1%E5%B7%A5%E6%B4%A9%E8%BB%8D%E6%A9%9F%E5%88%A4%E5%88%91>（2024年5月23日查詢）。
63　蕭白雪、盧德允，〈共諜案要犯竟被放了〉，《聯合報》，2006年1月26日，版A1。

參、劉岳龍父子洩密案

劉禎國於1979年自陸軍航指部退伍，1988年5月他因到大陸販售假護照等不法交易，被中共公安逮捕。羈押一年多期間，一名自稱爲福建省委辦公室人員的男子「張平」出面關心，1990年間劉禎國簽署「我願爲祖國空軍及統一大業做出貢獻」文件後獲釋。1991年12月間劉禎國返臺，並接受前述竊盜罪執行完畢，隔年8月開始攜帶他在臺灣各圖書館，或其他管道蒐集的公開性國防資料，到中國大陸交付張平，並領取1萬元港幣的工作費。1992年12月，張平安排劉禎國到大陸福州市溫泉大酒店，接受蒐情指導及照相訓練。劉岳龍爲劉禎國的長子，2000年7月劉岳龍調任海軍新江艦譯電中士後，張平提供一架筆記型電腦，由劉禎國轉交劉岳龍在艦上使用，劉岳龍之母陳金葉則出面教唆劉岳龍將海軍軍機資料存入電腦，利用休假返家之際，將筆記型電腦帶回家交給劉禎國。劉岳龍明知劉禎國將軍機資料等交付中共取得報酬，但爲顧及家計、親情，仍將筆記型電腦帶到新江艦上，竊取「AN6安訊6號系統程式」等軍機資料，並將筆記型電腦帶回家，再由劉禎國帶到大陸，在廣東省珠海市的昌安酒店，交付給張平。2000年底，張平指示劉禎國蒐集艦上軍官保管的軍機資料，並交付8千元港幣供劉禎國買數位相機，作爲情蒐工具。同年12月20日劉禎國親自將相機交給當時在蘇澳海軍基地的劉岳龍，劉岳龍拍攝「電文辨正表」等機密資料數十張，22日搭機返回高雄縣梓官家中，劉禎國於24日即攜相機赴大陸交付張平。[64]

移送書指出，劉禎國刺探並交付臺灣軍機行爲長達11年，劉岳龍交付的軍情，屬於「極機密」、「機密」者多達三十多項，最令軍方感到震驚

---

64 曹敏吉，〈唆子竊軍機劉禎國判無期徒刑〉，《聯合報》，2003年1月30日，版8。

的是，海軍最重要的通訊譯電代號表，即所謂的「密碼」，以及臺灣軍港的照片，統統都已外洩。[65]劉禎國、劉岳龍父子所竊取交付給中共情治人員的國防機密，經偵查送交國防部「國防機密外洩資料審議委員會」鑑定結果，總計發現共有33件，其中4件列爲「極機密」、「機密」等級的有14件，「密」級的15件。[66]劉禎國被控利用他兒子劉岳龍竊取海軍軍事機密，交付中共情報單位，高等法院高雄分院依《妨害軍機治罪條例》將他判處無期徒刑；劉禎國的妻子陳金葉，因教唆劉岳龍竊取海軍軍機交付劉禎國，判刑8年。在海軍艦艇任職的劉岳龍，由軍事法庭判處無期徒刑。[67]

第三節　造成影響分析

間諜從事的活動對國家安全造成重大安全威脅或危害，甚至左右國家的政治、軍事、社會或當時的國際局勢發展。有關本章探討的15個間諜重大案例所造成的影響，國外重大間諜案例歸納整理如表2-1，國內重大間諜案例如表2-2。

---

65 江元慶，〈劉禎國洩密案軍檢完成調查〉，《聯合晚報》，2002年9月10日，版5。
66 曹敏吉、許正雄，〈劉氏父子竊多少軍機？〉，《聯合報》，2002年9月26日，版2。
67 曹敏吉，〈唆子竊軍機劉禎國判無期徒刑〉，《聯合報》，2003年1月30日，版8。

壹、國外重大間諜案例

表2-1 國外重大間諜案例造成影響一覽表

發生國家	重大間諜案例	造成影響
美國	吉川猛夫案	透過觀察美軍的船艦類型和數量，將夏威夷美軍太平洋艦隊的船艦數量及活動等情報匯報日本，為日軍為偷襲行動提供了重要的參考。之後日軍順利突襲珍珠港，美軍傷亡慘重並展開對日宣戰，開啓第二次世界大戰新局面。
	沃克間諜集團案	洩漏美國海軍戰時用來啓動核武器的密碼、海軍使用的密碼以及美國海軍在中美洲可能發動的戰爭，造成美國軍方巨大損失，並引發美蘇兩國之間嚴重的外交戰。
	艾姆斯案	洩漏美國中央情報局（CIA）在海外的55項秘密行動計畫，以及在東歐、蘇聯及其後俄羅斯所屬的36名情報人員名單，並提供10名在1980年代被美國CIA或聯邦調查局（FBI）所吸收的蘇聯情報官員名單，造成至少10名美國間諜在蘇聯地區曝露身分，至少有10起重大間諜行動遭到破壞。
	韓森案	洩漏美國的核武器發展計畫、電子偵查技術、總統安全計畫、潛伏在蘇聯境內的美國間諜名單、美國對蘇聯的間諜行動技術、美國對蘇聯間諜案的調查機密情報等。被聯邦調查局認為是美國有史以來最嚴重的叛國行為，對美國國家利益造成極其嚴重的傷害。
	原子間諜案	讓蘇聯瞭解美國原子彈的研發狀況，並讓蘇聯的原子能源計畫至少提前18個月的能力。如果戰爭發生，蘇聯對付西方國家的原子能力將大為提升。
蘇聯	彭可夫斯基案	協助美國總統甘迺迪瞭解古巴部署蘇聯飛彈的情況，避免與蘇聯領導人赫魯雪夫之間的衝突，採取對古巴海運封鎖政策，核大戰得以避免。
	戈傑夫斯基案	向西方世界洩漏了蘇聯情報機關的內部運作，也揭露了克里姆林宮的思維與籌劃，轉變了西方對蘇聯的思考方式，也改變了當時世界的安全局勢。
英國	劍橋間諜案	洩漏諸多機密，並揭露許多西方間諜名單，使得英國及其同盟國家蒙受巨大損失。並將蘇聯與德國庫爾斯克會戰的軍事情報洩露給蘇聯，使得蘇聯在會戰中獲得最後勝利。

發生國家	重大間諜案例	造成影響
德國	科爾貝案	洩露1600份機密情報給同盟國。包括納粹德軍軍事行動、日本海軍密碼、納粹高級間諜、納粹德國大屠殺方案，以及生產V-2導彈主體的地下工廠地點等。挽救無數人的生命，縮短了第二次世界大戰在歐洲戰場的時間，為盟軍獲得勝利奠定基礎。
	諾曼地登陸戰	英國運用雙重間諜，傳遞虛假情報—「諾曼地登陸」計畫。德軍遭到欺騙並影響德軍的諾曼地的調動部署，盟軍最終取得諾曼地登陸戰役的勝利。
日本	佐爾格案	提供蘇聯有關德、義、日三國建立軍事同盟、德軍在蘇德邊境集結、日本決定南進而不向蘇聯西伯利亞進犯、日本侵華等一系列機密情報。特別是德國進攻蘇聯以及日軍不會進攻蘇聯的重要情報，解除蘇聯腹背受敵的顧慮，史達林得以急調朱可夫遠東精兵增援莫斯科，取得莫斯科戰役的勝利，使得希特勒東線的軍事行動嚴重受挫。
中國大陸	劉連昆案	洩露中國解放軍對臺六大戰法、中央軍委十年建軍綱要、鄧小平死訊、1996年3月北京發動飛彈試射係用「啞巴彈」等情資。讓臺灣軍情單位於臺海軍事危機中，精準提供中共軍事動態，讓政府決策者不致誤判對峙情勢。被認為是中共建政以來最嚴重的間諜案。

資料來源：作者根據相關文獻歸納整理。

貳、國內重大間諜案例

表2-2　國內重大間諜案例造成影響一覽表

重大間諜案例	造成影響
張憲義案	洩露臺灣60年代中科院核能研究所研製發展核子武器的大量秘密資料。讓美國準確掌握臺灣最新的核子研究情況並橫加阻擾，使得臺灣自60年代以來秘密進行的核武計畫被迫中止。
中科院共諜案	竊取洩漏交付臺灣與美國合作發展的TMD導彈防禦系統、反潛兵力、亢龍計畫等極機密的專案計畫資訊，並為大陸蒐購管制性高科技戰略物資，嚴重影響軍事與國家安全。
劉岳龍父子洩密案	將4件「極機密」、14件「機密」、15件「密」級的資料以及「AN6安訊6號系統程式」等軍機資料交付中共，嚴重危害軍事及國家安全。

資料來源：作者根據相關文獻歸納整理。

第四節　結語

1815年6月18日在比利時布魯塞爾以南的滑鐵盧（Waterloo），領軍擊敗法國拿破崙（Napoleon Bonaparte）軍隊的英國名將威靈頓公爵（Lord Wellington）曾說：「在大戰即將開打的前夜會睡不著，因為他的腦海中始終縈繞著一個問題，他一遍又一遍地問自己：山的另一邊有什麼？」[68]負責情報蒐集最原始且具有無法取代地位的間諜及其從事的活動，攸關著政治、軍事等成敗，甚至影響世局與人類歷史的走向。誠如間諜歷史學者克勞迪（Terry Crowdy）所說：「我們應該都很清楚世界歷史是如何被這些看不見的手所塑造。」[69]從本章探討的15個間諜案例當中，可以瞭解間諜活動對當代或後續的歷史演進產生一定的影響。然而，文獻上得知的間諜和間諜活動都是已被揭露的案例，吾人能瞭解掌握的恐怕仍極其有限，加上現今間諜活動廣泛滲透到政治、軍事、經濟、文化和科學技術等領域，諜報技術也結合高科技進行情報蒐集，例如「間諜飛機」、「間諜衛星」，以及「網路間諜」等，可以確定的是，倘若無法有效遏止類似的間諜行為，勢必對一國的政治、軍事或經濟等國家安全造成嚴重的負面效應。

68 王偉峰，《中外歷史戰爭之謎》（新北市：德威國際文化事業有限公司，2008年），頁44；Ernest Volkman著，劉彬、文智譯，《間諜的歷史》（*The History of Espionage*）（上海：文匯出版社，2009年），頁1。

69 Terry Crowdy, *The Enemy Within: A History of Spies, Spymasters and Espionage*, p. 335.

第三章　我國間諜犯罪現況分析

世界各國爲維護國家安全，追求國家利益，運用間諜蒐集相關情報，是一個極爲常見的途徑方法。如欲探究間諜活動的情況，仍必須藉由相關資料如官方統計的數據，方能對該犯行有更爲眞實的瞭解。例如犯罪學學者常以多種的測量方法來研究犯罪現象並據以校正偏誤，包括官方統計、自陳偏差行爲統計及犯罪被害調查等。[1]然而有關間諜犯罪行爲狀況的數據，國內目前並無官方統計資料可得，對此雖可藉由情報機關或司法單位所破獲的相關間諜犯罪案件進行分析，但由於諸多案件可能涉及機密保護或軍人觸犯相關法令，導致判決書等相關資料無法完全蒐集獲得。在此情況下，作者嘗試透過報章媒體報導的間諜案件，進行資料蒐集並加以歸納分析，期能一窺其堂奧，惟仍有部分間諜案件未被發現或報導，勢必存在黑數，無法涵蓋全貌，但此種分析方式對於間諜狀況的瞭解應具有參考的價值。本章將透過媒體報導破獲的間諜案件，探討瞭解臺灣地區近20年來間諜活動的狀況並加以分析，期能讓吾人瞭解國內間諜犯罪的現況。

第一節　我國破獲間諜案件現況

本節針對本章資料來源與分析方法，以及國內近20年破獲的間諜案件相關案情內容說明如下。

1　許春金，《犯罪學》（臺北市：三民書局，2017年），頁58。

壹、資料來源與分析方法

爲瞭解臺灣地區近20年的間諜犯罪現況，作者進入「司法院法學資料檢索系統」中的判決書查詢（網址：https://judgment.judicial.gov.tw/FJUD/default.aspx），經輸入「間諜」、「敵諜」、「特工」、「特務」、「共諜」等加以查詢，發現並無法查得全部間諜犯罪案件的判決書，對此可能因許多間諜案件涉案人爲現役、退役軍人、情報人員、或機密考量等，故而在系統中並無資料。故而作者轉而以付費方式於「聯合新聞資料庫」網站（網址：https://udndata.com/ndapp/Index?cp=udn），輸入「間諜」、「敵諜」、「特工」、「特務」、「共諜」等關鍵詞查詢近20年（2004年1月1日至2023年12月31日）報導的相關間諜案件，惟蒐集對象僅限於國防、軍事、政治領域的間諜行爲，並不包括經濟、商業、科技等領域的間諜案件。經檢索後發現近20年來我國共發生60件間諜案件，以下就相關間諜案件進行整理說明。

貳、間諜犯罪現況

經查我國近20年破獲的間諜犯罪案件共計60件，有關媒體的報導日期、涉案人以及案情摘要詳表3-1。表中編號則依報導日期先後順序排列區分。

表3-1　近20年我國破獲間諜案件一覽表

編號	報導日期	涉案人	案情摘要
1	2004年9月5日、2004年9月6日	和平 陳俊弘 邱鎮宏	法務部調查局昨天偵破一起共諜案。中共南京軍區吸收臺商和平，利誘新竹空軍基地聯隊的退役士官陳俊弘、現役士官長邱鎮宏刺蒐幻象戰機的飛行手冊和技令。去年7月和平兩度返臺期間，聯絡陳俊弘談論蒐集幻象戰機資料，同月5日陳俊弘介紹任職新竹空軍基地士官長的同學邱鎮宏給和平相識，和平允諾協助邱調動服務單位及代為償還160餘萬元的房貸，要求邱鎮宏協助蒐集幻象戰機飛行手冊及技令。高等法院高雄分院檢察官以兩人涉外患罪且有逃亡之虞聲請羈押。法官裁定各10萬元交保，另限制住居及出境。同案被告新竹空軍基地士官長邱鎮宏，則交由軍事檢察官留置部隊處理。
2	2004年11月16日	廖憲平	廖憲平原任職國防部軍事情報局擔任情戰官，1994年間遭記過免職後移民菲律賓，因仲介菲勞人力糾紛案入獄服刑，接受中共國家安全部福建省國家安全廳資助美金5千元交保出獄並答應為中共工作。返臺定居後以擔任計程車司機為掩護，將香港立法會親臺的劉姓議員入出境臺灣紀錄，交付中共運用，並攜帶情資到香港、澳門撰寫書面或口頭報告，向中共彙報，共收取新臺幣170萬元情報費。桃園地檢署昨天依違反國安法、偽造文書和洩露國防以外之機密罪等罪提起公訴，並求刑3年。
3	2005年8月10日、2005年10月21日	莊柏欣 黃耀中 蘇東宏	國防部電訊發展室今年5月爆發共諜案，少校特種電訊官莊柏欣、前電訊發展室退役上尉黃耀中涉嫌與偽卡集團成員蘇東宏，將臺灣的軍情賣給中國及日本，所洩漏的國防機密資料，等級幾乎都是「極機密」、「機密」，包括年度海空軍演訓動態、相關科研活動資料、臺美衛星影像等極機密資料達17件，美國政府獲悉臺美衛星影像交換合作資料洩漏給日本防衛廳，相當驚訝，一度對臺灣方面表達關切。莊柏欣觸犯陸海空軍刑法第20條第2項交付軍事機密於敵人等罪，判處無期徒刑並褫奪公權終身；黃耀中判刑7年，褫奪公權5年，並追繳美金9萬元；蘇東宏則被判刑3年2月。
4	2005年9月3日	何英鈴	曾任陸軍航空學校教官的退役軍官何英鈴，被大陸派駐香港的情報組織利誘，為大陸地區軍事機構發展組織未遂，昨天為最高法院判處有期徒刑1年6個月確定。
5	2006年6月3日	蕭光昱	無業男子蕭光昱被大陸情報人員吸收，接受性招待、喝花酒等飲宴，涉嫌刺探臺灣空軍幻象2000軍機採購、維修技術等初級軍機交付對岸，換得3千元人民幣的代價。檢調查出，36歲的蕭光昱曾擔任旅行社業務員，有電腦工程師資

編號	報導日期	涉案人	案情摘要
			歷，於2000年赴大陸旅遊認識毛姓情工人員，由於他大談父兄都是軍職，被毛利誘、吸收，要求他刺探空軍幻象戰機相關機密資料。調查局昨天搜索、約談，晚間將他移送臺灣高檢署偵辦，行為已涉嫌觸犯刑法第111條第2項刺探搜集國防秘密罪，訊後以3萬元交保。
6	2007年11月21日、2010年7月17日	陳志高 林羽農	離職調查員陳志高被中共吸收，買通調查局經濟犯罪防制中心專員林羽農，刺探調查局公務機密及第一家庭涉弊案輿情資料等情資。陳志高於1997年7月從調查局離職，轉赴大陸經營上海「商旅之友雜誌社」，2004年下半年，陳志高與上海國安局總局官員接觸，認為雜誌社虧損近百萬元人民幣，若不配合刺蒐情資，將遭到查稅；陳志高另考量個人安全及情蒐可獲得1萬元人民幣的報酬，同意幫忙吸收在臺的情治人員。陳志高返臺遊說林羽農，允諾每次刺探情資給付3千元美元。林羽農因為離婚、經濟狀況不佳，答應幫忙刺蒐情資；自去年4月起以現場交付或口頭洩密方式，四度將調查局內部資訊或公務機密交付給陳志高。最高法院依違反國家情報工作法、貪汙等罪，判處陳、林各有期徒刑3年、6年確定。
7	2008年5月22日、2008年5月23日	蘇賜斌	自稱「雙面諜」並遭大陸驅逐出境的軍事情報局前職員蘇賜斌，被臺灣高檢署懷疑涉嫌將臺灣機密軍事情報交付大陸國安單位，高檢署調查後表示，蘇賜斌不是雙面諜，他只是打著軍情局退役人員的名號與大陸上海國安局搭上線，自稱可藉用以往人脈提供臺灣軍事情資，要大陸國安單位定期給他線民費。53歲的蘇賜斌於1980年進軍情局廣播電台工作，1985年離職後經常穿梭兩岸，假藉退役軍情局幹員的身分，與上海國安局官員搭上線後，以化名「蘇文武」等假名為掩護，在臺灣進行情蒐。臺灣高檢署昨天搜索、約談他，晚間依涉嫌洩漏交付國防秘密罪、違反國家情報工作法等罪聲押獲准。
8	2009年1月16日、2009年3月7日	陳品仁 王仁炳	檢調偵辦總統府共諜案，發現中共情報機關安排一名美麗女子設下粉紅陷阱，色誘已婚的立委助理陳品仁，再威脅要公布他包養二奶，要求陳品仁答應扮演共諜，吸收總統府專門委員王仁炳蒐集臺灣情報。起訴書指出，陳品仁2003年在大陸山東省曲阜市投資設立華泰生物科技公司，因具有立委助理身分，被山東省魯臺交流研究促進會秘書處主任「韓剛」、上海市公安局第一處官員「陳軍」吸收，陳品仁再回臺吸收王仁炳。檢方昨天依違法國家機密保護法等罪嫌起訴陳品仁及總統府前參事室專門委員王仁炳，各求處3年徒刑。

編號	報導日期	涉案人	案情摘要
9	2010年3月11日、2011年11月8日	張德仁 劉正平 莊硯全	高雄高分檢去年偵結起訴退伍陸軍中校張德仁涉嫌洩漏軍事機密給中共，張德仁後來棄保潛逃大陸。檢調懷疑經營骨董生意的劉正平是張德仁洩密的窗口之一，搜索劉正平住家並向法院聲押，法官昨天凌晨裁定20萬元交保。本案是刑事局前年偵辦一起虛設行號詐欺案，在嫌犯莊硯全住處搜索時，意外發現大批軍事文件與一百多片光碟，包括國軍漢光演習、三軍聯合演習、國軍移防路線、武器配備、通訊密碼等。當時莊硯全供稱，是退伍陸軍中校張德仁轉交他保管，他再把光碟分批交給劉正平帶往大陸。檢調懷疑劉正平可能被中共吸收，專門刺探臺灣軍情，向莊硯全按件計酬，每件平均3千到數萬元代價，收購張德仁寄放的軍事機密，轉手給中共。高雄高分院依違反國家安全法、刑法洩漏國防密秘罪及刺探搜集國防秘密罪，將劉正平判處有期徒刑2年6月。莊硯全涉嫌違反國安法，移由臺南地檢署偵辦。
10	2011年4月29日、2015年11月25日	羅彬 羅奇正	國防部軍事情報局上校情報官羅奇正被控擔任共諜，他多次收受賄賂、交付國家情報給敵人，並虛報情資詐領情報工作費。本名「羅士興」的羅彬，於2004年被羅奇正吸收，經軍情局考核通過，十度派往大陸蒐集情報；兩年後羅彬身分曝光，被軍情局資遣，他再赴大陸被中共國家安全部逮捕，要求戴罪立功，吸收羅奇正爲大陸工作。臺灣高等法院昨天依違反國家情報工作法，將羅彬判刑3年半。國防部高等軍事法院昨天宣判，羅奇正被控貪汙和間諜罪名確立，判處無期徒刑與有期徒刑各14年、13年，合併執行爲無期徒刑，褫奪公權終身。
11	2011年6月14日、2011年8月9日	賴坤玠	赴大陸工作的男子賴坤玠被北京市臺灣事務辦公室一名叫李旭的副主任吸收，要求賴與臺灣軍事人員接觸，賴因而與任職飛指部的曹姓少校多次接觸，取得愛國者飛彈、漢光演習等軍事機密，大陸方面則給予相當的金錢報酬。軍方指出，曹姓少校被賴坤玠接觸後，立刻向上級回報，保防部門展開一連串的反情報作爲，才能順利破案。檢調監控一年多後，前天趁賴返臺時逮捕，臺灣高等法院裁定收押禁見。由於賴刺探的軍事機密尚未交付對岸，合議庭審酌賴的犯後態度良好，上午依外患罪輕判1年6月徒刑。
12	2012年3月1日、2012年3月16日、2015年6月13日	蔣福仲 蔣富銘 周貽如	空軍北部區域作戰管制中心蔣姓上尉資訊管制官，疑將空軍最高級機密交給在大陸經商的叔叔蔣富銘轉交給大陸軍方，軍事法院已在元月間將蔣姓上尉羈押禁見，而臺中高分檢也逮獲涉案的臺商蔣富銘、周貽如，依涉嫌外患罪向臺中高分院聲押獲准。檢調監控查出，臺商周貽如早在6年前就被大陸吸收，將臺灣情資洩密給大陸。次年再吸收臺

編號	報導日期	涉案人	案情摘要
			商蔣富銘，獲悉蔣的侄兒在空軍北部戰管中心任職後，3年前再吸收蔣姓上尉，將空軍機密情資透過管道轉給大陸。法院審理期間，蔣福仲否認犯罪，辯稱他交給叔叔的文件不是機密；叔叔給他錢，這是長輩給晚輩的餽贈，不是販賣軍事機密所得，但法官不採信。最高法院認定他觸犯陸海空軍刑法爲敵人從事間諜活動等罪，判他無期徒刑，褫奪公權終身，沒收不法所得36萬餘元定讞。
13	2012年4月19日	鄭姓臺商	鄭姓臺商去年被大陸吸收成爲共諜後，企圖吸收在軍情局任職的友人。鄭聲稱大陸當時交付任務，要求他吸收臺灣的軍情人員，如果不配合，就不讓他在福建繼續經營事業，他只好配合照辦。鄭被大陸吸收後，去年返臺邀約一名在軍情局任職的中校友人吃飯敘舊，炫耀他在大陸經商的財力，透露如果和大陸「合作」，將有一筆不小的利益，利誘吸收這名中校。鄭告知友人如果願意合作，要到東南亞某地和大陸人士見面。這名軍官沒和對方見面，將大陸企圖透過臺商吸收的事情向上級報告。臺北地檢署昨天指揮調查局國家安全維護處人員，南下臺南搜索鄭住家和辦公室，偵訊後向法院聲押鄭姓臺商。
14	2012年4月27日	羅賢哲	陸軍司令部前少將羅賢哲擔任駐泰國武官時，被中共吸收刺探軍事機密，擔任共諜長達7年，收受賄賂約5百萬元；駐泰期間，中共人員拍攝到羅與歡場女子性交易過程的不雅照片，派人接觸後，要脅羅交付軍事機密情資。羅擔心照片公開會影響升遷，從2004年起被中共吸收，繳交個人書面履歷輸誠，並5次交付軍事機密。最高法院昨駁回羅上訴，依「爲敵人從事間諜活動」等罪判處無期徒刑確定。羅賢哲是政府解嚴後，被查獲遭中共策反、層級最高的共諜，也是首位被判處無期徒刑定讞的國軍將領。
15	2012年6月16日	蔡國賓 王維亞	國安局退役上校蔡國賓及國防部總政戰處退役少校王維亞，6年前被對岸情治單位吸收，協助蒐集國民黨情資。蔡2006年赴大陸出差時，透過商人陳意忠介紹認識福建省公安邊防總隊參謀長王冰等情報人員，被吸收返臺協助蒐集國民黨國情、選情、兩岸關係等內部資料，前後收取49萬元不法報酬。法官審酌2人認罪且都無前科，昨天依違反國家情報工作法等罪判蔡徒刑1年8月，緩刑4年並向公庫支付15萬元；王維亞徒刑6月，得易科罰金，緩刑3年。
16	2012年7月13日	鄭林峰 蔡登漢	檢調偵破鄭林峰與蔡登漢共諜案，鄭林峰原服役於雲林縣後備指揮部，2004年12月以中校軍階退伍，過了管制期到大陸經商，疑似因爲財務問題而被中共吸收，幾次回臺與軍中同袍見面，試圖吸收利誘現役人員，軍方保防部門在

編號	報導日期	涉案人	案情摘要
			2009年獲得檢舉情資，軍方內部也有現役人員受金錢誘惑而與他合作，目前軍方對洩密人員已有所掌握，近期就會展開約談。軍方指出，另一名涉案人員蔡登漢並非軍職退役人員。
17	2012年10月10日	董建南	調查局前調查員董建南退休後被大陸國安單位吸收，回臺誘騙情治人員赴大陸旅遊，有人抵達大陸遭到軟禁逼迫說出國內情報。中共爲掌握軍情局在大陸臺諜名單，3年前透過董建南以旅遊、合作生意等理由，邀約、誘騙軍情局退休人員赴大陸。軍情局退職人員抵達後，有人在旅館被全程「陪伴」，形同軟禁，不斷要求他們提供過去工作上知道的軍事機密。臺灣高等法院昨天依洩漏情報、致人喪失自由罪，將董建南判刑6年。
18	2012年10月26日、2012年12月23日	陳益瑞	澎湖灣廣播電台前台長陳益瑞2009年擔任台長期間，因前往大陸地區製作節目，結識福建省泉州市鄭姓官員，鄭要求陳返臺後，吸收掌管通信、文書方面的軍人、提供軍人補給證影本，每年交付兩次資料，即可依官階獲得金額不等報酬，如吸收記者，則論件計酬。2010年7月，陳益瑞先介紹臺灣某記者與鄭姓官員認識，陳爲了蒐集政情資料，主動與該名記者聯絡，希望對方提供政界內幕消息，由陳陸續交付給鄭，事後再將1萬3750元報酬轉入該記者帳戶，但記者提供的資料並非國家機密。另陳還在2010年6、7月間，結識澎湖地區某現役軍人，陳以提供軍人補給證影本及軍方內部資料，大陸鄭姓官員會付給他每年超過100萬元以上酬勞誘惑，該名軍人拒絕並向上級陳報，檢調單位才循線查獲。澎湖地檢署偵查終結，依違反國家安全法將他起訴。
19	2013年10月25日	陳文仁 袁曉風	空軍中尉退伍軍官陳文仁被控透過中校軍官袁曉風蒐集軍事機密，轉賣給中共情報單位。陳文仁20多年前中尉退伍後到大陸娶妻經商，遭中共吸收後，利誘還在空軍服役的昔日同袍袁曉風蒐集軍情，再由他轉賣給中共情報單位。2003年6月到2007年5月，袁把與作戰有關的「極機密」軍事資料交付給陳計12次，獲得「工作獎金」780萬元。陳文仁被依違反國家安全法及行賄罪，判處20年徒刑、褫奪公權5年；袁曉風被依違反陸海空軍刑法及違背職務收賄罪，判處無期徒刑，褫奪公權終身，並追繳犯罪所得。
20	2013年10月26日、2022年4月23日	郝志雄	空軍439聯隊第20電戰大隊少校戰資官郝志雄，涉嫌將該隊所屬E-2K空中預警機蒐集到的資料洩漏賣給大陸。高雄高分檢偵辦一起共諜案時意外發現屏東空軍基地戰資官郝志雄涉嫌透過中間人洩漏空中預警機資料給大陸，檢方日前

編號	報導日期	涉案人	案情摘要
			緊急搜索郝的辦公室及住處，將他帶回偵訊後聲押。郝承認洩漏相關資料給友人，對方可能轉交給大陸，他也收到10多萬元。高雄高分檢日前以違反國家安全法等罪嫌聲准羈押禁見。最高法院認定，郝志雄洩漏軍事機密給大陸4次，獲取21萬元報酬，嚴重危害國家安全，2015年依貪汙、洩漏國家機密、交付軍事機密、軍人違背職務等4罪，重判郝志雄20年徒刑。
21	2014年3月10日	廖益聰 胡廣泰	海軍陸戰隊退役上校廖益聰遭上海國安局吸收，涉嫌透過陸戰隊學校教官胡廣泰的人脈，試圖收買年輕軍官提供國軍第一線情資。據調查，廖益聰退伍後將積蓄花光，手頭不寬裕，他2010年赴上海旅遊時，經臺商友人牽線，認識上海國安局人員，對方掌握他缺錢的弱點，開出每月2萬元人民幣的報酬，之後赴大陸旅遊的機票錢也由大陸軍方埋單，說服他充當共諜。廖同意回臺發展組織，目標是吸收年輕軍官。廖知道胡廣泰在學校有影響力，承諾將2萬元人民幣分一半給胡，要胡幫忙擴展下線。廖益聰、胡廣泰被約談到案時，坦承禁不起金錢誘惑，才鋌而走險從事間諜活動。檢方最近依違反國家安全法起訴廖、胡2人。
22	2014年7月15日	李姓退役少校	前聯勤總部運輸署少校退役的李姓男子，赴大陸經營麻將館被取締，吃上賭博罪官司；他不想繳罰款，透過解放軍關說免罰，條件是回臺當共諜蒐集「固安作戰計畫」資料，交付情報一次可獲3萬元人民幣及性招待。李姓退役少校被大陸國安單位吸收，找軍中友人要資料，遭檢舉是共諜。調查局國安站今年4月會同高雄市調查處搜索約談李到案，高雄高分檢依刺探搜集國防秘密等罪嫌將他起訴。
23	2014年10月14日	陳蜀龍	2006年陳蜀龍設局安排國安局于姓退役軍官到上海旅遊，告知中共于曾任駐日本代表處秘書，害于被中共留置3天，盤問駐日業務和國安人員照片等機密，陳並洩漏臺灣兩處軍事基地資料。陳蜀龍曾任國防部特種軍事情報室少校情報官，退伍後，經憲兵司令部退役中將副司令、國民黨臺北市黨部前副主委陳筑藩介紹，被中共國安人員吸收爲共諜，洩漏臺灣兩處軍事基地資料，設局安排國安局于姓退役軍官旅遊大陸，致于遭中共留置盤問國安機密，最高法院依違反國家情報工作法，將陳判刑5年定讞。
24	2015年3月13日、2016年9月23日	王宗武 林翰	國防部軍情局退伍少校王宗武派駐中國大陸臥底服役期間遭策反，轉吸收前軍情局上校情報官林翰，外洩我國情報工作人員名單，還接受中方招待旅遊、餽贈美金。檢調單位調查，王宗武服役期間4次派駐大陸從事情報工作，20年前被捕，反遭大陸吸收利誘，不但返臺刺蒐國防機密，並

編號	報導日期	涉案人	案情摘要
			協助發展共諜組織，吸收在酒店擔任特助的學弟林翰加入組織，每年領取1至3萬美元的工作費。臺灣高等法院昨天依違反陸海空軍刑法、國家情報工作法判王宗武18年，林翰判6年。
25	2015年3月16日	柯政盛 沈秉康	海軍中將副司令柯政盛經臺商沈秉康牽線，接受大陸招待飲宴與旅遊，退役後介紹部屬給對岸認識。柯以中將官階退役後，與妻子接受對岸招待，到北京等地旅遊，柯事後則介紹昔日的海軍部屬周姓少將、徐姓上校等人，由沈牽線認識中國大陸總政治部官員。柯政盛被指疑與沈男爲對岸統戰部門發展組織，有刺探我方軍情之虞，但沈到案後辯稱，因在大陸經商，認識許多大陸地區朋友，在澳洲只是盡地主之誼，柯與中國大陸官員互動希望推動「三民主義統一中國。」法院依違反國家安全法的發展組織未遂罪，將柯、沈分別判處1年2月與1年徒刑，均褫奪公權1年定讞。
26	2015年3月27日	盧俊均 錢經國 張祉鑫	海軍退伍軍官盧俊均、錢經國6年前被大陸海軍政治部情報官員吸收，2人邀約海軍中校政戰處長張祉鑫等5名軍士官到國外與中共官員見面。判決書指出，盧俊均2005年退伍後赴廈門經商，遭對岸官員吸收，2009年安排上尉退伍的錢經國到峇里島旅遊，由大陸官員向錢打探海軍建軍及武器現況，錢獲得1千美元及人民幣2千元。盧、錢應對岸官員要求，安排海軍中校政戰處長張祉鑫夫婦赴菲律賓宿霧旅遊，並給張2千美元，張回國後陸續找劉姓等4名軍士官到馬來西亞、菲律賓旅遊，與對岸官員接觸。調查局接獲檢舉逮捕張祉鑫，張去年被依陸海空軍刑法幫助敵人間諜從事活動罪判刑15年定讞。盧、錢經高院依違反國家安全法各判處徒刑10月。
27	2015年4月11日、2017年3月8日	葛季賢 樓文卿 劉其儒	空軍官校飛行訓練指揮部前上校副指揮官葛季賢、現役中校副主任樓文卿，涉嫌拍攝空官飛訓部基地及飛機照片，將資料存入記憶卡交給未到案的前中校劉其儒，由劉攜往國外。臺北地檢署昨天依違反國家機密保護法命兩人各以20萬元交保，限制出境。檢方追查，葛季賢、樓文卿有意退伍後赴大陸發展，2009至2012年間，兩人被昔日袍澤、因案被通緝的空軍前中校劉其儒招待至國外旅遊，再由大陸情治人員出面設宴款待、吸收，要兩人返臺發展共諜組織。臺北地檢署昨天依陸海空軍刑法洩密罪起訴2人。

編號	報導日期	涉案人	案情摘要
28	2015年9月2日、2016年7月21日	鎖小江 許乃權 周自立 宋嘉祿 李寰宇 楊榮華 馬伯樂 朱倩瑩	中共解放軍退役中校鎮小江2005年取得香港居民身分後化身爲金融界人士來臺，他吸收許乃權、前空軍上校周自立發展兩支共諜組織，許拓展陸軍，周則開發空軍。許乃權、周自立接觸昔日袍澤或現役軍官後，由鎮小江招待赴東南亞旅遊，在第三地吸收軍官加入共諜網。檢方依違反國安法罪嫌起訴鎮小江和許乃權，同案被告還包括周自立、宋嘉祿、李寰宇、楊榮華、馬伯樂和朱倩瑩等人。其中許乃權退役後遭鎮小江吸收，並爲解放軍發展共諜組織；最高法院審酌被引薦的軍官未加入組織，許發展組織失敗，依違反國家安全法，判許2年10月徒刑，退役空軍上校周自立判刑1年6月、緩刑5年、支付國庫50萬元；退役空軍上校宋嘉祿判刑1年、緩刑4年、支付國庫40萬元；陸軍退役少校楊榮華判刑5月、緩刑2年、支付國庫10萬元。高雄酒吧業者李寰宇與女友朱倩瑩仲介軍官認識鎮，被判刑7月、緩刑3年、提供200小時義務勞務；朱女則判刑5月；退役飛官馬伯樂判刑4月、緩刑2年、提供100小時義務勞務。
29	2015年9月6日	方姓退役上校	國防部軍事情報局方姓退役上校，頻向昔日同袍刺探軍情局在大陸的敵後工作人員名單，軍情局以假情報「釣魚」，發現方急赴大陸交付情報。調查局國安站發現，方近年來經濟狀況不佳，頻繁進出上海接觸對岸軍方人士，研判方遭吸收，蒐集臺諜情報。方4年前開始密集邀約軍情局多名幹部聚餐「敘舊」，刺探副局長、處長及敵後工作人員眞實年籍姓名、身家背景等敏感情資，還要求索取最新任務編組資料，引起軍情局懷疑，爲測試是否變節，去年6月餵假情報給他，方果然上當，隨即帶假情報赴上海。高檢署認爲，方蒐集的內容都是公開資訊，不具機密價值，依刺探搜集國防秘密罪予以緩起訴。
30	2016年7月14日	莊姓男子、現役軍人4名（姓不詳）	陸軍一兵退伍的莊姓男子，被控替大陸吸收原服役部隊的4名同袍刺探軍事機密。檢方指出，莊姓男子去年4月透過電腦通訊軟體與大陸地區人士聯繫，接受招待前往當地旅遊，進而受金錢誘惑，同意幫大陸行政及黨務機構刺探、蒐集、交付軍事機密資料。莊返臺後，吸收原部隊退伍同袍協助，今年4月又找上現役中尉，要求這名中尉自拍影片以取信對岸。高雄地檢署認爲莊姓男子有逃亡及串證之虞，聲請羈押獲准，其餘4人2至4萬元交保。
31	2017年5月10日、2018年2月5日	辛姓退役上校、楊姓女子	現任陸軍馬祖防衛部副指揮官謝嘉康，涉嫌被對岸列爲吸收對象，多次以旅遊名義到泰國、馬來西亞等第三地，與中國大陸人士接觸，並接受招待。上校退伍的辛姓男子10年前赴印尼旅遊期間，與大陸趙姓官員見面並遭吸收；由

編號	報導日期	涉案人	案情摘要
			於謝嘉康曾經是辛的部屬，他9年前邀謝至泰國普吉島旅遊，開始與趙姓官員接觸。辛的友人楊姓女子8年前也遭大陸吸收後，安排辛和謝的家人到上海參觀世博會，謝因是現役軍人未能成行，謝家人接受免費招待，收受禮品。楊及辛8年前再邀謝及家人到馬來西亞旅遊，接受大陸地區公務機關人士招待。檢方調查偵結，認為謝沒有幫大陸發展組織或洩漏公務機密，予以不起訴。檢方另認定，辛及楊協助大陸公務機關發展組織，依違反國家安全法罪嫌起訴。
32	2017年5月13日	王姓退役士官長、涂姓商人、侯姓、陳姓士官	曾在南部彈藥庫服役的王姓士官長退役後轉任保全，涉嫌經涂姓商人吸收與大陸黨務情報組織接觸，由王利用放款機會向現役軍人刺探軍情，侯姓、陳姓士官因利誘交付非軍事機密資料，高雄地檢署將4人依違反國家安全法罪嫌起訴。檢方起訴指出王姓男子8年前退伍後轉任保全員，涂姓商人因平時就有與大陸黨務、情報組織接觸，引薦王認識對岸張姓及董姓男子後，透過涂提供資金給王放款給現役軍人，負責刺探軍情及發展組織。
33	2017年5月13日	王鴻儒	前副總統呂秀蓮隨扈、前國安局特勤中心少校王鴻儒，退伍後赴大陸經商，8年前被大陸國安人員吸收，返臺發展組織和刺探情報。檢方調查，王鴻儒2005年赴大陸經商，2009年被大陸天津市國安局代號「孫東」、「張樹軍」吸收，返臺找曾姓憲兵中校情報官幫忙、招待對方出國旅遊，也提出退伍後到大陸發展有「保障」的條件，但遭拒絕。王也找2名軍中朋友提供藏獨、國安局海外及大陸布建等資料，也被拒絕。王在偵訊中否認接受大陸國安單位的招待和金錢，承認2005年赴大陸經營保全和骨董生意，對方主動找他，希望他協助提供包括藏獨、法輪功情資、國安局海外及大陸布建人員名單等機密，但任務都失敗，桃園地檢署昨依違反國安法未遂罪嫌起訴。
34	2017年5月17日	陳國瑋	空軍上尉陳國瑋退伍後赴對岸經商，提供帳號供我方匯款給大陸布建人員遭查獲，被中共國安單位吸收，返臺吸收空軍、軍情人員，去年我方趁他返臺時逮人。陳國瑋2001年退役，前年4、5月間，他到大陸依親經商，在上海開餐廳，因提供管道供情報人員匯工作經費給我國布建的某大陸情報人員指定帳戶遭大陸查獲，並從他取得資訊，研判陳所交往的友人「小奇」是臺灣情報人員。陸方吸收陳，並命他回臺灣刺探、蒐集我方機密。高院審理後依違反國家情報工作法判處3年6月徒刑。

編號	報導日期	涉案人	案情摘要
35	2018年1月3日、2019年3月15日、2022年5月14日	周泓旭	臺北地檢署偵辦陸生共諜周泓旭案，發現周企圖透過新黨青年軍王炳忠等人成立的「燎原新聞網」網路媒體，在臺執行代號「星火T計畫」任務，物色吸收我方軍職人員發展共諜組織。周泓旭在2014年4月間陸續認識王炳忠、侯漢廷與林明正等人，並於同年12月起，接受大陸國臺辦指示擔任聯繫窗口，利用參與或經營王等人成立的「燎原新聞網」、「中華兒女協會」爲平台，協助提供所需資金，定期彙報組織團體的工作企劃、預算與工作成果。王炳忠、侯漢廷、林明正及王炳忠的父親王進步，與陸生周泓旭5人被控「共諜案」，全獲判無罪。周泓旭被控來臺替大陸黨務機關發展組織，法院一、二審均依發展組織未遂罪判周1年2月徒刑，周上訴三審，最高法院昨天駁回上訴，全案定讞。
36	2018年3月8日	藍姓退役中校	中校退伍的藍姓男子，赴大陸當臺幹期間疑遭對岸以女色、金錢吸收，涉嫌提供部分現職軍官個資。檢憲單位接獲檢舉，指藍涉嫌透過以往軍中人脈，打探袍襗、學長、學弟消息，包括服務單位、職銜等個資交付對岸，累計獲得報酬近10萬元，屏東憲兵隊蒐證後，上月搜索藍的住處，查扣筆電及隨身碟，並傳喚他到案。藍承認交付部分軍官個資，也獲得報酬，但否認發展組織，辯稱是缺錢才協助。藍被依涉犯外患及國安法罪嫌移送高雄高分檢偵訊，檢方訊後限制住居請回。
37	2018年4月11日	崔沂生 李慶賢 葉瑞璋	前警備總部上尉情報官崔沂生赴陸經商遭對岸吸收成共諜，涉嫌引介前同事退伍中校李慶賢加入發展組織，李再涉嫌遊說退伍上校葉瑞璋參加，陸續將海巡兵力部署、海巡機關情蒐等資料交付對岸。崔沂生在警總服役7年，以上尉情報官退伍；李慶賢曾在警總服役，後來在軍管區司令部情報處中校退伍；葉瑞璋是海巡署上校後勤官退伍。崔14年前到大陸經商，遭對岸綽號「老大」的張姓國安官員，以協助經商爲餌吸收，後來崔拉攏前同事李慶賢加入。李將退伍前承辦業務的海巡署北、中、南、東兵力駐地報告表、海岸巡防機關情報蒐集項目及其他文件資料，透過崔交給對岸，另外還遊說葉瑞璋提供海巡署內部交通工程計畫、每月開會報告資料等。崔獲得不法報酬5萬5千元、李45萬元、葉5萬元。高雄地方法院依違反國安法判崔有期徒刑2年半、李3年半、葉1年。
38	2018年5月26日	邊鵬 林世斌	國防部電訊發展室退役中校邊鵬、中山科學研究院系統製造中心退役中校林世斌被控遭中共中央軍委會少將吸收，回臺吸收、安排其他退役將官與大陸黨政軍人士見面，並

編號	報導日期	涉案人	案情摘要
			交付我國公開的國防報告書。邊鵬退伍前曾任國際情報官、聯絡官和空軍後勤官，林世斌擔任過空軍聯絡官及教官，2人均被大陸福建省的王姓解放軍少將吸收，回臺鎖定退役空軍飛官安排赴陸與王見面，企圖發展組織。兩人各自把可能吸收對象帶往大陸，並將知悉的軍事情報洩漏給中共，藉以獲得現金及高檔禮品餽贈。涉嫌違反國家安全法及國家情報工作法，昨天被新北地檢署起訴。
39	2018年6月13日	洪姓男子	長年往返港澳和大陸經商的洪姓男子，涉嫌被大陸軍事黨政機構吸收成爲共諜，在臺拉下線發展組織，多次以現金、禮品及招待旅遊等方式，企圖拉攏調查局一名調查官，結果反被舉報。檢調調查，洪原本是澳門人，30年前來臺發展，取得臺灣身分證後，近年重心又轉往港澳及大陸地區，和身分不詳的「陳秘書」交好，進而被吸收成爲共諜。洪2015年在聚會中結識一調查官，多次以金錢、禮品和出國旅遊招待方式利誘調查官，雖然被拒絕，仍持續勸進，結果令對方起疑，反遭舉報。檢方調查後，依國家安全法爲大陸地區黨務機關發展組織未遂罪嫌起訴。
40	2018年7月31日	傅文齊 李宛平	大陸暨南大學臺灣校友會秘書長傅文齊，被控夥同執行長李宛平，牽線現退役軍官至第三地與大陸情報工作人員餐敘，企圖發展共諜組織。檢方指控，兩人從2005年起，答應中共情工人員物色具接密條件的國會助理、官員、民代，仲介赴大陸報考暨南大學，另以招待觀光旅遊方式，牽線現退役軍官前往海外第三地會晤中共情工人員。李宛平獲悉一名海軍上校要赴泰國旅遊，與丈夫陪同上校夫妻前往，抵達後由中共情工人員化身教授或商人現身，酒酣耳熱後，對方宣揚統一思想，要求拍照，上校認爲有異而拒絕。傅文齊另曾利用澳門遊艇展機會，安排一名退役吳姓中將與中共情工人員餐敘，勸進吳回臺幫忙發展組織，同樣遭拒絕。臺北地檢署昨天依國安法發展組織未遂、兩岸人民關係條例等罪嫌起訴2人。
41	2018年11月6日	薛姓臺商	就讀政大「外交學系戰略與國際事務所碩士在職專班」的薛姓臺商，因試圖邀請在調查局服務的賴姓同學赴大陸旅遊，打探調查局內部組織，被賴懷疑是共諜而蒐報；今年上半年間，兩度於臺北地區聚餐時，薛向賴姓調查官表示：「大家好朋友，以後可以互相幫忙，有什麼消息可以告訴我一聲。」薛還邀賴前往大陸旅遊，多次向賴打探調查局工作內容、組織架構、局處首長個資，賴認爲內情不單純，未受邀赴陸，並暗中蒐報後向上級呈報。臺北地檢署昨天指揮調查局國安站搜索約談後依違反國安法移送，檢方訊後以10萬元交保、限制住居。

編號	報導日期	涉案人	案情摘要
42	2019年7月4日	張姓、林姓人士	國內一家工程公司張姓負責人與林姓合夥人疑被中共吸收，藉承攬國軍工程機會涉嫌刺探軍機，甚至吸收軍職人員發展共諜組織。據調查，該工程公司在2016至2019年間，陸續承包空軍司令部「東澳嶺營區避雷針基座」、「官兵體能訓練室整修」等工程。張與林被大陸情治機關吸收後，利用進入營區承包工程機會，刺探、蒐集國防秘密，還企圖吸收軍方人員發展共諜組織，希望獲取國防秘密之文書、圖像或物品交付予中共，藉此換得高額報酬。調查局上月搜索公司並帶回張、林與被接觸的軍方人士訊問，初步認定張、林涉洩漏或交付機密給中共，移送高檢署複訊，依違反國安法聲押獲准。
43	2019年12月4日	鄭昭明 鄭智文	工黨主席鄭昭明被控遭對岸情報員吸收，引介自軍備局中校退役的兒子鄭智文及陳姓學弟到海外與對方見面，分析臺灣軍情，共收受禮金61萬多元及名錶。檢方調查鄭昭明因長期頻繁參與兩岸交流事務與活動，遭中共福建統戰部李姓情報員吸收。2009年11月間，鄭引介時任聯勤司令部中校參謀的兒子鄭智文在日本東京與李餐敘，李藉機瞭解鄭智文在軍中的業務職掌、軍中反臺獨與士氣及對政府看法等，李透過鄭昭明交付兒子瓷器花瓶及零用金。鄭家父子承認並繳回不法所得，臺南地檢署昨天依違反國安法起訴鄭家父子，分別求刑3年、3年8月。陳姓軍官因未協助辦事，加上自白、繳回對方贈送的名錶而未被追訴。
44	2019年12月24日	杜永心	空軍退役中校杜永心赴陸經商被吸收回臺發展組織，多次利誘現役軍官，希望在臺海發生戰爭時採取消極不抵抗作為。杜永心1994年赴陸經商，被共軍情報單位總政治部相中，吸收成共諜。2006年間，他得知服役時認識的蔡姓中校經濟困難，於是展開金錢攻勢，多次以蔡結婚、購車和母親就醫等名義，致贈5到10萬元不等紅包，另外還送了大陸貴州茅台酒和武夷山特色茗茶，力促蔡與「總政」高層約在東南亞國家見面，但未成功。杜的滲透犯行被檢舉曝光後，辯稱是酒醉吹牛誑語，但說法未被採信，昨天被新北地檢署依違反國家安全法起訴。
45	2020年5月31日、2020年10月1日	林韋志 張信健 林鋒杰	天道盟份子林韋志因捲入竹聯幫會長遭凌虐致死案潛逃大陸，林在大陸期間涉接受中共國安部金援，唆使兩名事業夥伴刺探、蒐集中科院機敏情資，兩名共犯「失事」後，中共認為林無利用價值，日前以非法入境為由遣送回臺，抵臺當天即被高檢署依違反國家情報工作法聲押禁見獲准。林韋志在大陸缺乏經濟來源，中共情治人員以提供金援為誘因，吸收林從事諜報工作，想辦法從臺灣取得軍事

編號	報導日期	涉案人	案情摘要
			資料，林因而指示公司股東張信健、林鋒杰，攜帶公司承攬軍方工程契約等文件，前往大陸「談生意」。2人赴大陸找林韋志時，當時中共情治人員也在場，該情治人員私下找張聊天，希望幫忙刺探中科院軍事機密。調查局去年搜索約談張信健、林鋒杰到案，但張、林均供稱，該人員眞實身分只有林韋志知悉。張被判3年徒刑、林1年10月徒刑確定，兩人均已入監。林韋志判刑1年6月，褫奪公權2年。
46	2020年6月17日	黃炯墩	彰化老字號「富美剪刀五金工廠」董事長黃炯墩被控遭大陸統戰單位吸收，多年前陸續帶領至少10多名退役少將、少校到大陸與高官見面。檢調獲報，黃炯墩10多年前赴大陸寧波設廠，被當地自稱統戰部門的高官攏絡，要求黃牽線認識臺灣軍官，再把軍官引薦到大陸雙方會面，黃自2012至2015年間，陸續帶至少10多名退役軍官赴陸。黃炯墩到案時，坦承幫中國大陸發展組織，但沒有收對方資金，他只是爲了在當地能順利做生意，才鋌而走險。臺北地檢署上周指揮調查局約談黃男到案，檢察官訊後依違反國安法發展組織未遂罪命黃男30萬元交保、限制出境。
47	2020年10月21日、2021年2月21日	張超然 周天慈 岳志忠 王大旺	張超然、周天慈自軍情局上校退役後，自2013年起，多次以旅遊名義赴中國大陸，張常以微信和對岸情治人員聯繫，對方希望他能拉攏、引介局內退役高官赴陸，以便獲取軍情局情報、人事、布建線民及據點等重要機密資料。2016年至2018年間，張、周兩人另邀約岳志忠赴中國大陸近十次，與大陸國安人員見面，岳也曾受周委託交付文件給大陸國安人員。張超然、周天慈，除涉嫌替中共吸收退役少將岳志忠、上校王大旺發展共諜組織外，並違法刺探蒐集國家情報，王大旺竟將軍情局24名同期情報員名單，交付中共廣東省國安廳官員運用，臺北地檢署昨依違反國家情報工作法等罪起訴張等4人。
48	2021年5月11日	陳惟仁 李易誠 林雍達	前國會助理陳惟仁、李易誠、林雍達被控擔任共諜，涉嫌吸收在臺政黨人員要求交付資料，部分未遂、部分既遂，依國安法起訴。檢方起訴指出，2012年間，陳惟仁與林雍達於廣東珠海與中共國安部「黃冠龍」接觸，答應在臺蒐集情資。2012年至2016年間，林雍達協助陳惟仁將文件資料繕打後，把檔案寄送「黃冠龍」指定的電郵信箱，協助「黃冠龍」在臺發展組織、刺密蒐情，林不定期自陳領上萬元工作費。2014年，陳惟仁以金錢利誘李易誠同赴廣州與「黃冠龍」會談，成功吸收李爲組織成員，李即與陳分工協助蒐情，不定期在陸方提供機票、住宿費之下，赴陸接受任務分派。審判中李易誠過世；臺北地方法院昨天判

編號	報導日期	涉案人	案情摘要
			陳有期徒刑10月，得易科罰金刑3月，判林有期徒刑5月，得易科罰金。
49	2021年8月26日、2023年8月31日	薛楨純	薛楨純高中就讀中正預校，2002年以陸軍防空飛彈指揮部下士階級除役，後來任職數位科技公司，因經商頻繁往返兩岸。檢方起訴指出，薛楨純2014年在大陸廣州與中國國家安全部第四局官員「王總」與「小鄭」餐敘，兩人請薛引薦政府官員、執政黨民代、政黨幹部蒐集我國外交往來資訊。薛被控替大陸官員向調查官刺探法輪功創始人李洪志父女的入出境資料，薛否認稱習慣吹牛。一審仍依國安法判有罪，二審、更一審改判無罪。臺灣高等法院更二審判刑1年2月。
50	2022年4月23日	蔡姓上士	陸軍澎湖防衛指揮部蔡姓上士爲支付女友龐大開銷，向地下錢莊借錢後無法還債，竟將列爲「極機密」的軍事作戰計畫資料，透過電腦傳輸洩給疑似大陸情治機關人員，藉以換取報酬清償債務。檢調追查，蔡男任職澎防部期間，因要支付女友買名牌等奢華開銷，上網被網路軍人貸款廣告誘惑，遭一名身分不明的男子誘導，要他提供軍事機密以換取酬金。蔡男從2020年起，多次違規攜帶電子設備進入營區，刺探、蒐集不屬於業務職掌的國軍文書檔案，存在個人電腦，其中包含機密等級爲「極機密」作戰計畫資料，透過電腦傳輸等方式，將機敏資料交給疑有共軍身分的人士掌握運用，對方再將款項匯入蔡男指定的人頭帳戶。調查局國安站前天搜索蔡位於澎湖的營區辦公室及住處，高雄高分檢訊後昨依違反陸海空軍刑法等罪命蔡男6萬元交保。
51	2022年6月25日、2023年2月4日	魏先儀 錢耀棟 謝錫璋	空軍退役少將錢耀棟、陸軍退役中校魏先儀被替中共中央情工系統工作的港籍商人謝錫璋吸收，協助謝接觸我退役軍事將領，總統府戰略顧問張哲平上將，去年擔任國防大學校長期間，也被鎖定爲共諜組織發展對象，但調查後認爲張未被吸收。臺北地檢署昨依違反國家安全法起訴魏、錢，並對謝發布通緝。魏先儀與錢耀棟被控接受中共情治運用人員謝錫璋邀請，赴廣東打高爾夫球，兩人抵陸後，中共情治人員接待，錢、魏雖知對方從事對臺情報工作，但貪小便宜，允諾回臺發展組織，對象包括國防部前副部長張哲平（現爲總統府戰略顧問）及退役將領。臺北地院法官分別判處有期1年10月及1年徒刑，皆宣告緩刑。

編號	報導日期	涉案人	案情摘要
52	2023年1月5日、2023年8月17日	劉姓退役上校孫姓中校、劉姓、龔姓、鄧姓、林姓、劉姓、鄭姓少校	空軍劉姓上校退役後到大陸經商，被陸方吸收在臺發展情報網絡，涉吸收6名海、空軍現役軍官刺探國軍機密資料。調查局國安站日前報高雄高分檢指揮，兵分多路搜索劉男住處、公司及海空軍營區等地，除了劉男之外，另帶回現役孫姓中校及劉姓、龔姓、鄧姓、林姓、劉姓少校等6人，均為海、空軍現役軍官，今年4月起訴7人。檢調再追出1名軍官涉案，鄭姓空軍少校涉嫌交付機密文件給劉，前天搜索帶回訊問，昨依國家安全法、國家機密保護法等罪聲押禁見獲准。
53	2023年1月6日、2023年1月20日、2023年3月17日	羅志明夏復翔	臺灣團結聯盟前立委羅志明，涉嫌牽線海軍退役少將夏復翔等多名退役軍官至大陸接受陸方招待，在臺發展組織。檢調查出，羅志明曾任兩屆立委，夏復翔曾任海軍司令部少將政戰副主任，兩人從2013年起就遭中共吸收，利用政界、軍方人脈優勢，長期物色、引介國軍特定階級、軍種退役將領，前往大陸接受招待，安排赴陸的親友也接觸陸方統戰組織，相關食宿費用均由大陸買單。高雄地院裁定羈押禁見。檢方根據兩人查扣的手機，發現餐敘都有中共統戰部官員或解放軍退將在場，等於讓陸方情治人員得以接觸我國退役將領，認定羅、夏兩人助陸方發展組織，昨依違反國家安全法等罪起訴2人。
54	2023年4月27日	許姓臺商	許姓臺商2001年起赴大陸經商，在江蘇省某間企業擔任高階經理。檢調掌握，大陸國安部想接觸臺灣國安局幹部，發現許男是該名幹部學長，於是計畫拉攏許男成為吸收國安局幹部的橋梁。2016年許男回臺後，藉著大學同學會機會碰到學弟，趁與學弟抽菸時稱自己被陸方軟禁，還把利誘過程告訴學弟，轉達陸方希望學弟為「祖國統一」效力，但被愛國學弟以「絕不背叛國家」悍拒。高雄地檢署今年初趁許男回臺時逮人，許坦承受陸方指示接觸學弟，昨被依違反國家安全法起訴。
55	2023年6月23日、2023年11月25日	邵維強向德恩	向德恩於2016至2018年擔任金門守備大隊長，被自稱媒體高層的金門旅行業者邵維強吸收為共諜，2度簽署「投降承諾書」，收取邵給的56萬元「內應費」，2020年初，還穿著軍服簽「誓約書」效忠中共。同年9月向調任陸軍步兵訓練指揮部後，檢調搜索其住處、辦公室，向坦承有收賄。向德恩一、二審都判刑7年半，邵維強被判刑15年。邵不服上訴，福建高等法院金門分院依違反國安法等罪判邵12年6月徒刑，案件上訴三審，最高法院駁回定讞。

編號	報導日期	涉案人	案情摘要
56	2023年10月25日	方翔、冉菊、丁肇寵、陳德門博彥、陶台寶	海南省臺資企業協會榮譽會長方翔與妻子冉菊2人於2017年間，認識代號「侯正」的海南省國家安全廳處長，並介紹徵信業者丁肇寵給對方認識，3人均被吸收成爲在臺下線。2017年4月，方翔夫婦與蒙藏委員會蒙事科科員陳德門博彥搭上線，之後連續兩年招待陳男前往海南旅遊加以吸收。回臺後，陳男依「侯正」指示，利用職務刺探藏獨與臺灣政府間聯繫情形，及在臺藏人、藏獨人士在臺與人權團體互動等情資，在臺透過微信向「侯正」回報；同年12月，陳男又將文化部一名參事打聽到的情資以錄音筆側錄，整理成書面資料後回傳給對方。2018年初，方翔招待具幫派背景的陶男至海南旅遊，餐敘間由「侯正」出面表示，中國即將武統臺灣，屆時需要內應「插旗」，在陶男同意下提供五星旗，要陶男在解放軍登臺時分送高掛，藉此動搖臺灣軍民士氣。臺北地檢署昨依違反國安法、槍砲等罪，起訴方男、方妻冉菊、陳男及徵信業者丁肇寵、幫派份子陶台寶等5人。
57	2023年11月12日	祝康明 孫海濤 劉萬禮	已故二級上將蔣緯國前秘書祝康明，涉在臺拉攏退役將領發展共諜組織，日前大動作搜索26處地點、約談祝康明、海軍退役少將孫海濤、高雄市退伍軍人協會理事長劉萬禮、秘書歸亞蒂20多人到案。檢方依反滲透法、選罷免法等罪聲押祝、孫、劉3人。法院裁定祝、劉50萬元交保，孫60萬元交保，均限制出境。檢調追查，祝康明、孫海濤、劉萬禮3人有發送粽子及花生糖當伴手禮，意圖在臺發展共諜組織，檢方認爲3人有串證之虞，且犯行嚴重威脅國家安全，有羈押必要，決定向法院提抗告。
58	2023年11月18日	魯紀賢 林明慧 林姿穎 常德隆 李得勝 馮世維 郭伯廷 趙亦偉 曾姿婷 田曦	扯鈴教練魯紀賢2020年前往大陸洽尋扯鈴商演活動時，遭中共情工人員吸收，接受中共資金至少570萬元，陸續吸收原爲軍中士官兵的林明慧、林姿穎、常德隆、李得勝、海巡下士馮世維發展組織。檢方指出，魯紀賢或透過招待飲宴給付每人5千至數萬元不等報酬，要求蒐集提供軍中教育訓練講習實施計畫、競賽、測考實施計畫、工作會報資料等文件，另對11名軍士官兵吸收未遂。另外，扯鈴教練趙亦偉、郭書瑤胞弟郭伯廷及其前女友曾姿婷等人，提供銀行帳戶給魯紀賢收受報酬及中共資金，以維持組織運作，3人也協助魯紀賢組織據點的相關業務，均領有報酬，涉及幫助中國發展組織罪。另名陸籍女子田曦以地下匯兌幫助魯紀賢接收中共資金。臺北地檢署昨依違反國安法起訴魯紀賢等10人，至於現役軍士官兵洩密部分，檢方另案偵辦。

編號	報導日期	涉案人	案情摘要
59	2023年11月28日	謝秉成 謝孟書 陳姓退役軍人 蕭姓退伍少校 何姓少校、康姓、洪姓上尉、陸姓、吳姓、劉姓士兵	謝秉成等3名退役軍人涉嫌發展共諜組織，吸收航空特戰指揮部601旅中校謝孟書等6個部隊官士兵共7人，交付職務上國防秘密並收賄，其中陸姓、吳姓士兵還拍下「我願意投降解放軍」的影片交付中共。高檢署昨依違反國安法、貪汙治罪條例、國家機密保護法及陸海空軍刑法等罪起訴10人，並求處重刑。檢方調查，謝秉成退伍後前往大陸經商期間遭吸收，返臺後與陳姓退役軍人和今年剛從陸軍化學兵學校少校退伍的蕭姓男子，共同利用軍中人脈發展共諜組織，吸收謝孟書、何姓少校及康姓、洪姓上尉，外洩職務上接觸的軍方機密及文書以換取工作費收賄。謝孟書則疑似將漢光39號演習任務提示等資料外流。陸姓、吳姓兩名基層士兵在金錢誘惑下，接受謝秉成要求，拍攝「我願意投降解放軍」的心戰影片；另劉姓士兵明知不得刺探或收集軍事機密，仍竊取保密櫃內軍事機密文件。檢察官將10人起訴，一律向法院建請從重量刑。
60	2023年12月12日	孔繁嘉	國防部軍聞社退役中校孔繁嘉，2006年遭大陸情報單位以金錢利誘吸收爲共諜，以金錢利誘吸收發展組織，三度以免費招待越南旅遊等條件，企圖誘使同袍軍官，提供大陸情報單位接觸、吸收機會，所幸同袍皆未答應，孔前後收賄約63萬元。桃園地檢署昨依貪汙、違反國家安全法等罪起訴孔，沒收不法所得，建請法院從重量刑。

資料來源：《聯合新聞資料庫》，<https://udndata.com/ndapp/Index?cp=udn>及作者歸納整理。

第二節　案件分析

壹、破獲案件數分析

經查近20年我國破獲的間諜案件共計60件。其中以2023年破獲9件最多，其餘各年破獲件數維持在1件至7件之間。惟近10年（自2014年至2023年）破獲之間諜案件數爲40件，較前10年（自2004年至2013年）破獲之20

件大幅增加20件，後續值得觀察注意。有關近20年我國破獲間諜案件統計詳表3-2。

表3-2　近20年我國破獲間諜案件統計表

年份	件數	年份	件數
2004	2	2014	3
2005	2	2015	6
2006	1	2016	1
2007	1	2017	4
2008	1	2018	7
2009	1	2019	3
2010	1	2020	3
2011	2	2021	2
2012	7	2022	2
2013	2	2023	9
合計		60	

資料來源：作者歸納整理，破獲件數依報導年份順序區分。

貳、涉案人數分析

經查近20年我國破獲間諜案件涉案人數共計144人。其中涉案人數最多的年份爲2023年的42人，其餘各年涉案人數維持在1人至19人之間。惟近10年（自2014年至2023年）涉案人數爲110人，較前10年（自2004年至2013年）涉案人數34人增加76人，涉案人數明顯增加。有關近20年我國破獲間諜案件涉案人數統計詳表3-3。

表3-3　近20年我國破獲間諜案件涉案人數統計表

年份	涉案人數	年份	涉案人數
2004	4	2014	4
2005	4	2015	19
2006	1	2016	5
2007	2	2017	8
2008	1	2018	11
2009	2	2019	5
2010	3	2020	8
2011	3	2021	4
2012	11	2022	4
2013	3	2023	42
合計		144	

資料來源：作者歸納整理，涉案人數依報導年份順序區分。

參、涉及違反法律分析

近20年我國破獲間諜的60件案件當中，因相關報導當中部分案件內容並未詳列完整的違反法律規定，僅列出部分法律，諸如違反《陸海空軍刑法》或《國家安全法》等。經查所有的案件當中以依違反《國家安全法》件數最多，高達33件，占所有案件數的40.74%。其次的違反法律案件數依序爲違反《刑法》17件、《陸海空軍刑法》11件、《國家情報工作法》10件、《國家機密保護法》4件，至於報導內容未記載的案件數則有6件。由於一案件可能涉及違反多項法律，故合計違反總件數81件。有關近20年我國破獲間諜案件涉及違反法律統計詳表3-4。

表3-4　近20年我國破獲間諜案件涉及違反法律統計表

涉及違反法律	件數	比例
國家安全法	33	40.74%
刑法	17	20.99%
陸海空軍刑法	11	13.58%
國家情報工作法	10	12.35%
國家機密保護法	4	4.94%
未記載	6	7.41%
合計	81	100%

資料來源：作者歸納整理，一案件可能涉及違反多項法律。

第三節　涉案人分析

壹、國籍分析

近20年國內破獲間諜案件涉案人的國籍部分，本國籍有140人，占涉案總人數的97.22%；中國大陸籍4人，占涉案總人數的2.78%。顯示被查獲的涉案人仍以本國籍人士爲主，並占有極大的比例。有關近20年我國破獲間諜案件涉案人國籍統計詳表3-5。

表3-5　近20年我國破獲間諜案件涉案人國籍統計表

國籍	人數	比例
本國	140	97.22%
中國大陸	4	2.78%
合計	144	100%

資料來源：研究者歸納整理。

貳、身分分析

近20年我國破獲的間諜案件涉案的144人當中，本國籍的140人部分，身分以退役軍人最多55人，占所有涉案人數的38.19%，其次依序爲現役軍人37人、一般民眾27人、臺商10人、前國會助理3人、現職公務員2人，以及現職調查員、離職調查員、退休調查員、前立委、立委助理、情協人員等各1人。中國大陸籍的4人部分，身分爲解放軍退役軍官1人、一般民眾1人、商人1人，以及學生1人。本國籍當中以退役軍人人數最多，加上現役軍人、前國會助理、現職公務員、現職、離職、退休調查員、前立委、立委助理，以及情協人員等共計103人，占本國所有涉案人的73.57%，由於此類人士可能接觸國家、公務機密或情報，往往成爲對方積極拉攏、滲透的對象，另本國赴中國大陸之臺商亦容易遭中共吸收爲其刺探蒐集機密情資，此均爲未來必須加強注意防範的重點對象。有關近20年我國破獲中共間諜案件涉案人身分統計詳表3-6。

表3-6　近20年我國破獲間諜案件涉案人身分統計表

國籍	身分	人數	比例
臺灣	退役軍人	55	38.19%
	現役軍人	37	25.69%
	一般民眾	27	18.75%
	臺商	10	6.94%
	前國會助理	3	2.08%
	現職公務員	2	1.39%
	現職調查員	1	0.69%
	離職調查員	1	0.69%
	退休調查員	1	0.69%
	前立委	1	0.69%

國籍	身分	人數	比例
臺灣	立委助理	1	0.69%
	情協人員	1	0.69%
中國大陸	解放軍退役軍官	1	0.69%
	一般民眾	1	0.69%
	商人	1	0.69%
	學生	1	0.69%
合計		144	100%

資料來源：研究者歸納整理。

參、主要動機分析

由於間諜的行爲成因相當複雜多元，在近20年來國內破獲間諜案件的主要動機部分，僅就相關報導當中提及的成因動機加以分析統計，至於完整的動機如：意識形態、報復或情感等因素，則需更深入的研究探討。分析發現，主要動機爲金錢物質因素者有105人、遭到脅迫者4人、對岸人員前來發展組織者3人、至於動機不明者有32人。其中的金錢物質因素仍爲從事間諜行爲的最主要動機，占涉案總人數的72.92%。有關近20年我國破獲間諜案件涉案人主要動機統計詳表3-7。

表3-7　近20年我國破獲間諜案件涉案人主要動機統計表

主要動機	人數	比例
金錢物質	105	72.92%
遭到脅迫	4	2.78%
對岸人員發展組織	3	2.08%
動機不明	32	22.22%
合計	144	100%

資料來源：研究者歸納整理。

第四節　結語

觀諸近20年我國破獲的60件間諜案件，除編號第3的莊柏欣、黃耀中、蘇東宏乙案，涉案人蘇東宏將臺灣的軍情賣給中國及日本，涉及共諜與日諜之外，所有的60件間諜案件均與對岸的中國大陸有關，可見在兩岸關係交流的背後，運用間諜的情報戰仍在持續進行當中，隨著大陸經濟的發展，大陸的國安單位也開始運用金錢攻勢，吸收我方人員或臺商替大陸蒐集情資，對此國內不應輕忽。此外，從這些破獲的間諜案件中發現，外國或大陸滲透吸收的多爲具有接觸機密機會或具備軍事或國防科技的在職或退役人員，包括現役或退役的軍人、情報人員、公務員、調查員等，目的即在蒐集獲取相關的國家或公務機密，此也印證了學者斯伯利（Katherine A. S. Sibley）所言：「最具破壞性的秘密洩露是來自於國家情報機關的工作人員—因爲他們具有資料的查詢特權。」[2]故而對於接觸國家機密人員的安全查核、機構設施的安全防護，以及查緝外諜或敵諜等防制作爲，仍是未來必須落實加強的重點工作。然而本章所揭櫫的相關間諜案件仍無法全面完整，許多的間諜案件仍未被查獲或未被報導，故而無法探究全貌。爲深入瞭解間諜活動的眞實狀況，未來應建立完整的官方統計資料，方能瞭解間諜活動的全貌，並據以進行相關的分析研究。

2 Katherine A. S. Sibley, "Catching Spies in the United States," in Loch K. Johnson, eds., *Strategic Intelligence 4-Counterintelligence and Counterterrorism: Defending the Nation Against Hostile Forces* (London: Greenwood Publishing Group, 2007), p. 42.

第四章
間諜的類型、犯罪模式與運作過程

間諜行爲的主要目的即在蒐集機密資訊。根據學者舒爾斯基和史密特（Shulsky and Schmitt）的分類，情報蒐集的手段大致可分爲：一、人員情報蒐集，即運用間諜、人力進行情報蒐集，美國的情報術語簡稱爲HUMINT；二、技術情報蒐集，即技術情報，簡稱爲TECHINT；三、公開來源資料蒐集，即透過外交活動或報紙、網站、無線電或電視廣播等進行蒐集。[1]其中的人員情報蒐集，主要即爲間諜的運用，各國情報機關多制定相關情報工作法令加以規範，然而可能涉及犯罪的間諜行爲，各國一方面謹慎使用，並積極防範外國或組織對本國所進行的間諜活動。爲進一步瞭解間諜的類型以及其犯罪模式與運作過程，本章先就間諜依據其產生方式加以分類，分別爲：外來型間諜、內間型間諜以及雙重（多重）間諜，並各舉一間諜案例加以說明，並就外來型間諜與內間型間諜的犯罪模式，以及雙重型間諜的運作過程進行歸納建構。

---

1 TECHINT是使用一系列先進技術手段而不是間諜蒐集情報資料。包含：(1)照相或圖像情報：利用照相技術蒐集情報。它是利用遠程照相技術，獲取間諜不能直接接觸的遠方圖像等方面的情報。照相技術幾乎與航空技術同時產生，最初被用於空中偵察；(2)信號情報：指對被截收的電磁波（信號）進行處理。引自Abram N. Shulsky and Gary J. Schmitt, *Silent Warfare: Understanding the World of Intelligence*, 3rd Edition (Washington, DC: Potomac Books, 2002), p. 11.

第一節　間諜的類型

由於間諜活動十分廣泛，範圍不斷擴展，導致間諜的類型複雜多樣，只能從不同的角度對間諜進行分類。例如可分爲：專業間諜、業餘間諜、派遣間諜、招募間諜、定居間諜、機動間諜、現場間諜、對外活動間諜和對內活動間諜等。以上的分類，並不能把所有的間諜類型都囊括其中，實際上間諜的類型是五花八門、形形色色，很難對他們做一應俱全的分類。[2]本節依據間諜的產生方式，將其分爲三種類型，分別爲：「外來型」、「內間型」，以及「雙重（或多重）型」，以下除說明各類型間諜的意義之外，並各舉一件案例加以說明對照。另各類型間諜意義當中的國家（如外國、目標國、運作國、潛伏國）亦包含組織。

壹、外來型間諜

一、外來型間諜的意義

外來型間諜指由外國派遣進入目標國從事間諜行爲之人。透過身分掩護進入目標國進行間諜活動，從事如刺探、蒐集、竊取、交付公開或機密資訊、發展組織、進行破壞活動等間諜行爲。

二、外來型間諜的案例

例如中共間諜鎮小江。鎮小江於2005年底取得香港居民身分後，以經商或觀光名義來臺，再透過退役飛官周自立、宋嘉祿、退役陸官楊榮華牽

2 張殿清，《間諜與反間諜》，（臺北市：時英出版社，2001年），頁111-113。

線，及在高雄開設酒吧的老闆李寰宇引薦，吸收臺籍現役及退役軍官加入組織。當時擔任金門縣社會局長的許乃權（後參選金門縣長落敗）也被吸收。鎮小江透過多重管道，逐步擴大情報網，再將蒐集到的機密文件交付給中國情治人員。檢方查出鎮小江招待這些軍官免費至東南亞、南韓、日本等地旅遊，以餐敘方式安排與中國官員在第三地見面，再於席間刺探幻象2000戰機、新竹樂山雷達站位置等臺灣軍方相關情資。此外，鎮還贈送世博、奧運等特別紀念品，並在境外交付利誘吸收，籠絡人心，讓軍官簽約宣誓成爲情報組織一員。辦案人員指出，鎮小江是近來在臺灣境內第一位被逮捕的共諜，發展出的情報網人數逾十人，吸收軍官橫跨陸、空軍，是歷年來檢調破獲的最大共諜情報網。[3]

此案被稱爲史上最大共諜案，鎮小江來臺發展共諜組織，至少有4層情報組織，取得我幻象2000戰機、雷達站等軍事機密。臺北地院依違反國家安全法將鎮小江判刑4年、陸軍馬防部北竿前少將指揮官許乃權判刑3年，其他被告分獲1年6月至4月不等徒刑。[4]最高法院於2016年7月20日依違反《國家安全法》將許乃權判刑2年10月定讞，而鎮小江二審被判刑4年，因未上訴已確定。[5]其餘如周自立、宋嘉祿、楊榮華、馬伯樂等四名軍官、李寰宇和朱倩瑩兩人因認罪或未遂，分別判刑1年6月至4月，並給予2至5年緩刑確定，劉其儒則通緝中。[6]

---

3 陳慰慈、張筱笛，〈鎮小江共諜案退役少將許乃權起訴〉，《自由時報》，2015年1月17日，<http://news.ltn.com.tw/news/focus/paper/848194>（2024年5月25日查詢）。

4 林偉信，〈史上最大共諜案鎮小江判4年〉，《中時新聞網》，2015年9月2日，<http://www.chinatimes.com/newspapers/20150902000494-260106>（2024年5月25日查詢）。

5 林偉信，〈前陸軍少將洩軍機判2年10月〉，《中時新聞網》，2016年7月21日，<https://www.chinatimes.com/newspapers/20160721000768-260106?chdtv>（2024年5月25日查詢）。

6 楊國文，〈共諜案鎮小江判4年許乃權判2年10月定讞〉，《自由時報》，2016年7月20日，<https://news.ltn.com.tw/news/society/breakingnews/1769182>（2024年5月25日查詢）。

貳、內間型間諜

一、內間型間諜的意義

內間型間諜可再分為「打入型」以及「拉出型」兩種類型。

（一）打入型

指由外國派遣，滲透進入目標國內部擔任臥底內間，從事間諜行為。

（二）拉出型

指外國「吸收拉出」目標國內部人員擔任臥底內間，為其從事間諜行為。至於目標國人員被吸收拉出有「主動」接觸志願被吸收及「被動」被接觸吸收兩種。

二、內間型間諜的案例

（一）打入型

例如中共打入美國中央情報局的金無怠，他是美國歷史上最具破壞力的間諜之一。1940年，金無怠進入燕京大學就讀，期間學習英文。1947年完成學業，大約在他1947年畢業前後，金無怠被中國共產黨吸收，並於隔年進入美國駐上海總領事館任職。隨著共產黨在1949年贏得勝利，金無怠和領事館員工遷至香港，往後的職涯始終維持著美國政府雇員的身分。金無怠的身敗名裂，並非歸咎於自己的行為或是任何人的錯誤，而是源於一名潛伏在新成立的國安部裡的中央情報局間諜俞強聲。俞強聲未向美方透露金無怠的全名，但是他把中情局（Central Intelligence Agency, CIA）內部一名中國特務的旅行細節提供給對方。1983年金無怠退休後，聯邦調查局（Federal Bureau of Investigation, FBI）把這些旅行細節和他連結起來，並且在接下來的數月間對他展開調查。[7]

1985年11月22日，三名美國聯邦調查局幹員驅車前往金無怠家，帶走了63歲的金無怠。FBI指控金氏在CIA任職多年，竊取了大批情報給北京，嚴重損害了美國國家安全和利益。金無怠自己招供，一位燕大左傾室友介紹他認識一名地下黨員，這名黨員希望他到美國駐華機構做事，爲中共蒐集情報，他答應了。金在1948年進入美國駐上海總領事館，1950年5月，隨同總領事館撤往香港。朝鮮戰爭爆發後，他被派往南韓協助美軍訊問中國戰俘，期間常把美軍動態和戰俘營情況密報中共。1965年1月，金無怠歸化爲美國公民，1950年，成爲CIA譯員兼分析員，能接觸到最機密的情報。聯邦調查局指出，金無怠潛伏35年，從中國方面得到了百萬美元以上的獎金。其提供給北京的一份最重要文件，爲美國總統尼克森（Richard M. Nixon）打開中國之門。1986年3月17日陪審團裁定金無怠被控的17項罪名全部成立。在等候法官裁決期間，金在獄中早餐後以塑膠袋套在頭上，用鞋帶繫緊自殺。[8]

金無怠退休前是美國東亞政策研究室主任，不但爲美國政府制定對華決策提供決定性研究報告，還將美國政府對中國的政策、底線等絕密情報源源不斷地交給中國，使中國在外交上從容不迫，掌握主動。美國一位情報部門高官於90年代末，曾這樣評論金無怠：由於他的背叛給美國造成的損失遠遠超過已偵破間諜案（包括艾姆斯間諜案）給美國帶來損失的總和，也改變了歷史的進程。[9]金無怠從1952年至被逮捕的1985年期間，向中國出售了超過長達30年以上的秘密情資。雖然美國政府以收取金錢爲由

7 Peter Maltis and Mathew Brazil, *Chinese Communist Espionage: An Intelligence Primer* (Annapolis, Maryland: Naval Institute Press, 2022), pp. 203-204.

8 高南軍，《中國間諜》（臺北：領袖出版社，2012年），頁29-32。

9 聞東平，《正在進行的諜戰》，（紐約市：明鏡出版社，2011年），頁300。

起訴了金無怠，這期間至少易手了14萬美元，但此長時間的合作關係可能已經接受了百萬美元的款項。從此人的發言跡象顯示，他對中國的同情心態可能是其背叛的部分主要原因。[10]

（二）拉出型

例如我國被中共吸收的羅賢哲。陸軍通信電子資訊處處長羅賢哲少將，被查獲任內將機密的通訊情報洩漏給中共，已在春節前被軍事檢察官指揮調查局人員約談，並收押禁見。由於羅賢哲職掌多項國軍指管通情系統的高度機密，震驚高層，美國政府也高度關切。軍方官員表示，除了政府來臺初期曾大舉肅諜，查獲包括國防部次長吳石中將等共諜外，羅賢哲是近幾十年來犯案層級最高的共諜。羅的變節對國軍所造成的損害，目前難以估計。羅賢哲於2002年至2005年駐外期間，遭中共情報單位吸收，國防部去年發現羅涉嫌洩密，由保防系統蒐集事證後，移交軍法單位偵辦。2011年1月25日，軍事高等法院檢察署檢察官指揮調查局人員，到陸軍司令部進行搜索約談，隨即收押羅賢哲，移送偵辦。由於羅賢哲掌管陸軍通信資訊裝備，先前又擔任聯二（參謀本部情報次長室）國際處副處長，無論國軍與盟國間情報交流，或近年與美方合作建立情資即時網絡傳遞系統的「博勝案」，羅賢哲都是核心人物。因此羅通敵洩密，造成損害極大，甚至連美軍的通訊科技機密，也可能遭殃。[11]

羅賢哲擔任駐泰國武官時，被中共吸收刺探軍事機密，擔任共諜長達7年，收受賄賂約5百萬元。羅賢哲是政府解嚴後，被查獲遭中共策反、層級最高的共諜，也是首位被判處無期徒刑定讞的國軍將領。羅賢哲曾擔

---

10 Frederick P. Hitz, *Why Spy? Espionage in an Age of Uncertainty* (New York: St Martin's Press, 2008), pp. 62-63.

11 程嘉文，〈化身共諜9年陸軍少將羅賢哲收押〉，《聯合報》，2011年2月9日，版A1。

任陸軍司令部通資處處長等職務，可接觸許多機密情資，包括中美軍事合作相關資料。羅賢哲畢業於陸軍官校51期通信科，2000年晉升上校；因爲外語能力佳，2002年至2005年擔任國防部駐泰國軍事協調組上校組長。駐泰期間，中共人員拍攝到羅與歡場女子性交易過程的不雅照片，派人接觸後，要脅羅交付軍事機密情資。羅擔心照片公開會影響升遷，從2004年起被中共吸收，繳交個人書面履歷輸誠，並5次交付軍事機密。2008年1月1日，羅賢哲升任少將，擔任陸軍司令部通資處處長。前年國防部專案小組調查陸軍上校羅奇正被「雙面諜」羅彬策反，意外發現羅賢哲疑似命令下屬違法影印機密文件，另立案調查羅賢哲。2011年1月底，軍事檢察官搜索羅的辦公室、寢室，查獲來源可疑的機密資料，將羅移送高等軍事檢察署偵辦。軍高檢痛斥羅賢哲貪戀聲色、行爲不檢，嚴重影響國家安全起訴並求處無期徒刑。羅賢哲不服，最高法院駁回羅上訴，依「爲敵人從事間諜活動」等罪判處無期徒刑確定，全案定讞。[12]

參、雙重（多重）型間諜

一、雙重型間諜的意義

雙重型間諜（以下稱雙重間諜）即具有雙重身分的間諜，又稱雙面間諜、逆用間諜。如果一個間諜爲相互敵對的兩個間諜機關服務，或者爲一方的假服務，來達到另一方的眞服務，這類間諜稱爲雙重間諜。[13]雙重間諜雖爲一個情報機關工作，卻效忠於另一個情報機關並向其報告。[14]其同

12 王文玲，〈前少將共諜案羅賢哲無期徒刑定讞〉，《聯合報》，2012年4月27日，版A1。

13 張殿清，《間諜與反間諜》，頁141、144

14 James M. Olson, *To Catch a Spy: The Art of Counterintelligence* (Washington, DC: Georgetown University Press, 2019), p. 86.

時爲兩個情報機關從事秘密活動（clandestine activity），並提供一方的資訊給另一方，並在指示下對其中一方故意隱瞞重要資訊，或是在未知的情況下被操縱向對手隱瞞事實並造成重大影響。[15]

因此，雙重間諜係指同時爲兩個國家從事間諜行爲之人，同時具備雙重的間諜身分。至於「多重間諜」則指同時爲三個以上國家從事間諜行爲之人。以下僅就雙重間諜部分加以說明，此又可分爲「打入型」以及「拉出型」兩種類型。

（一）打入型

指由外國派遣，滲透進入目標國內部，同時爲運作國及潛伏國從事間諜行爲。

（二）拉出型

指外國「吸收拉出」目標國內部人員，同時爲運作國及潛伏國從事間諜行爲。至於目標國人員被吸收拉出有「主動」接觸志願被吸收及「被動」被接觸吸收兩種。

二、雙重間諜的案例

（一）打入型

例如中共派遣滲透進入我國軍事情報局的李志豪。李志豪被稱作有史以來滲透臺灣軍情局者中最知名的雙面間諜。[16]李志豪年少時爲一名游泳選手，原於廣州市警備隊服務，後於1980年代初期由廣州泅渡至香

---

15 Begoum, F. M., "Observations on the Double Agent," *Center for the Study of Intelligence*, September 9, 1995, <https://www.cia.gov/static/Observations-on-Double-Agent.pdf>（2024年5月15日查詢）。

16 Peter Maltis and Mathew Brazil, *Chinese Communist Espionage: An Intelligence Primer*, p. 236.

港，因具特殊背景，使其於1980年末以僑生身分被我國國防部特情室招募。[17]1990年，特情室併入軍情局三處（海外處）後，李由聘任幹部晉升爲工作小組長。1993年，李志豪於軍情局第三處服務，當時曾要求其重新進行背景調查的人事作業，卻遭李志豪拒絕，時任三處處長鄧明禮要求取消其任用；然而六處卻因急需業績，進而招攬李志豪，並給予其軍職身分，[18]

李志豪在年輕時就奉命由大陸偷渡到香港，然後設法投身軍情局。1994年千島湖事件期間，中共甚至刻意提供情報給李志豪，讓其「建功」獲取我方信任。[19]1994年，前軍情局副處長龐大爲曾進入大陸與前解放軍將領劉連昆會面，便由李志豪負責其中的後勤與交通，李志豪將龐大爲的動向告知中國國安部，使國安部跟監人員進行監視，亦曾將龐大爲所轉交的軍事機密文件轉予中國國安部，卻並不知曉劉連昆的身分，但雙重間諜李志豪從中傳遞情報亦成爲後來於1999年劉連昆失事被逮捕的原因之一。[20]

劉連昆被逮捕後，李志豪雙重間諜的身分於前軍情局局長胡家麒任內始識破，並於1999年將其引誘返臺，在其投宿於臺北力霸飯店時被逮捕，因長期蒐集軍情局組織人員資料、負責大陸情報工作的人員名單傳遞予中共，被依《妨害軍機治罪條例》判處無期徒刑，並進入新店的軍事監獄服刑。[21]臺灣與中國大陸在2015年10月中旬，進行秘密換俘行動，遭陸方監

17　呂昭隆，〈上校當共諜，羅奇正判18年定讞〉，《自由時報》，2015年11月25日，<https://www.chinatimes.com/newspapers/20091218000402-260102?chdtv>（2024年5月25日查詢）。

18　聞東平，《正在進行的諜戰》，頁446。

19　程嘉文，〈10月假釋共諜有玄機〉，《聯合報》，2015年12月1日，版A2。

20　樊冬寧，〈海峽論談：解密兩岸無間道，諜換諜有何內幕？〉，《美國之音》，2015年12月7日，<https://www.voachinese.com/a/voa-strait-talk-china-taiwan-20151206/3091060.html>（2024年5月25日查詢）。

21　陳耀宗，〈曾害多位臺灣特工被逮「雙面諜」李志豪近日可望假釋出獄〉，《風傳媒》，2015年10月11日，<https://www.storm.mg/article/68929>（2024年5月25日查詢）。

禁的我軍情局人員朱恭訓和徐章國獲釋，並返回臺灣，我方則是在10月底提前假釋共諜李志豪，兩岸首度交換被俘情報員。[22]

（二）拉出型

例如中共自我國軍事情報局吸收拉出的羅奇正。前軍情局上校羅奇正原任軍情局上校特種情報官，專門負責大陸情報研析與指導。[23]本名「羅士興」的羅彬，於2004年被羅奇正吸收，經軍情局考核通過，十度派往大陸蒐集情報；兩年後羅彬身分曝光，被軍情局資遣，他再赴大陸被中共國家安全部逮捕，要求戴罪立功，吸收羅奇正為大陸工作。[24]本案係2006年7月，羅彬遭中國國安部官員「小王」、福建省漳州市國安局官員化名「王總」、「小林」逮捕，在嚴刑拷打及恐嚇下，羅彬供出接受羅奇正單線領導，並被要求返臺建立共諜網，於同年9月轉向吸收羅奇正。羅奇正在得知羅彬已被中國國安部吸收後，卻為了情報績效選擇成為雙重間諜。2007年3月，羅彬前往香港，將羅奇正之軍人證與身分證影本轉交予福建省漳州市國安局官員「小林」，從中得到3000美元的報酬，並帶回大陸所提供的虛假情報及10000美元酬勞予羅奇正。[25]羅彬平均每兩個月到四個月回臺一次，羅彬付錢給羅奇正，羅奇正則交付內建臺灣軍情資料的隨身碟給羅彬帶回大陸。羅彬數次匯款到羅奇正指定的數個人頭帳戶。[26]

---

22 李曉儒、謝其文，〈兩岸首換俘我被關10年情報員返臺〉，《公視新聞網》，2015年11月30，<https://news.pts.org.tw/article/311612>（2024年5月25日查詢）。

23 黃哲民，〈情報員淪共諜，軍情局上校判18年定讞〉，《蘋果日報》，2015年11月24日，<https://tw.appledaily.com/local/20151124/4YKDT4ITHRQM2GXE2WO6LQ234Y/>（2024年5月28日查詢）。

24 王光慈、蕭白雪，〈共諜案羅奇正判無期〉，《聯合報》，2011年4月29日，版A15。

25 陳志賢，〈軍情局上校洩密案，雙羅諜對諜求刑1輕1重〉，《中國時報》，2011年1月5日，<https://www.chinatimes.com/newspapers/20110105000494-260106?chdtv>（2024年5月28日查詢）。

26 張宏業、王光慈，〈兩岸雙面諜軍情局上校收錢時被逮〉，《聯合報》，2010年11月2日，版A1。

軍檢聯合偵辦小組於2009年起開始監控羅奇正與羅彬，經歷一年多的跟監調查，於2010年10月31日在捷運昆陽站，兩人準備交接隨身碟時進行逮捕。[27]根據軍情局及檢調的調查，臺商羅彬共收受39700元美元及54600元港幣，最高法院合議庭於2012年5月依外患罪判刑3年6月確定，[28]羅彬已於2014年11月獲假釋出獄。羅奇正原依據軍事審判法被最高軍事法院依貪污與間諜等罪名判處無期徒刑，適逢《軍事審判法》修法，案件轉由普通法院審理，更二審認定羅奇正構成《陸海空軍刑法》為敵人從事間諜活動罪及《貪污治罪條例》利用職務上之機會詐取財物等罪，判刑18年、褫奪公權6年，追繳沒收不法所得12萬餘美元（約新臺幣386萬元）、105萬餘元港幣（約新臺幣425萬元），全案定讞。[29]

第二節　外來型與內間型間諜的犯罪模式

犯罪模式指不特定相關一群犯罪人間的作案手法，有相類似犯罪的途徑、手段、方法，可彙整出一套概括模式。[30]為進一步瞭解間諜犯罪共通性的手法，以下就犯罪模式的意義與分析加以敘述，並根據作者的研究，分就「外來型」與「內間型」間諜的犯罪模式說明如下。

27 楊國文、項程鎮，〈中國反間計，雙羅諜對諜〉，《自由時報》，2010年11月3日，<https://news.ltn.com.tw/news/politics/paper/440587>（2024年5月28日查詢）。

28 項程鎮，〈雙面諜臺商羅彬判刑3年半確定〉，《自由時報》，2012年5月25日，<https://news.ltn.com.tw/news/politics/paper/586536>（2024年5月28日查詢）。

29 蔡沛琪，〈前上校羅奇正當共諜，判18年定讞〉，《中央社》，2015年11月24日，<https://www.cna.com.tw/news/firstnews/201511240145.aspx>（2024年5月28日查詢）。

30 李名盛，《犯罪模式分析之研究—以臺灣海洛因及安非他命交易為例》（桃園：中央警察大學警政研究所碩士論文，1997年），頁10。

壹、犯罪模式的意義與分析

一、犯罪模式的意義

犯罪模式並不侷限於一特定嫌犯或一群嫌犯，它是一些具共通特徵（如犯罪類型、被害標的、犯罪工具、嫌疑人描述等），以及相近犯罪手法的合成。犯罪模式基本上是以不特定的犯罪人或犯罪集團的作案手法爲基礎，在蒐集適量同類型犯罪的作案手法樣本加以分析後，可以整理出一套共通性的作案手法，此即可稱爲犯罪模式。[31]

犯罪模式又可分爲地區模式及近似犯罪模式。其中，「地區模式」的重點在於分析一定區域範圍內的類似案件；至於「近似犯罪模式」指的則是兩件或兩件以上的案件具有相近似的作案方式。[32]一套好的犯罪模式也和一個好的犯罪理論同樣要具備相當的要件，它除了必須邏輯適切，而且有助於增進原本難以獲致的犯罪偵防新知之外，也必須大致適合於解釋絕大多數的同類型個別刑案；換言之，不能完全適用或者是例外情形越少，則表示該犯罪模式的解釋力越佳。[33]而犯罪模式也能在犯罪預防、[34]掌控辦案全局、教育訓練，以及犯罪資料庫上提供協助的功能。[35]

二、犯罪模式的分析

犯罪模式是犯罪偵查上極爲重要的概念，主要是概括描述在犯案歷

31 黃壬聰、林信雄、林燦璋，〈犯罪模式分析〉，林茂雄、林燦璋合編，《警察百科全書（七）刑事警察》（臺北：正中書局，2000年），頁37。
32 林燦璋，〈系統化的犯罪分析：程序、方式與自動化犯罪剖析之探討〉，《警政學報》，第24期（1994年1月），頁115。
33 林燦璋，〈犯罪模式、犯罪手法及簽名特徵在犯罪偵查上的分析比較—以連續型性侵害案爲例〉，《警學叢刊》，第31卷2期（2000年9月），頁98-99。
34 黃壬聰、林信雄、林燦璋，〈犯罪模式分析〉，頁39。
35 林燦璋，〈犯罪模式、犯罪手法及簽名特徵在犯罪偵查上的分析比較—以連續型性侵害案爲例〉，頁102。

程、途徑、時空、標的、手段或方法上的共通性，對犯罪偵查具實用性。通常犯罪模式分析大致可劃分爲：犯前行爲與準備（犯罪前）、犯案行爲（犯罪中）及犯後行爲（犯罪後）等三基本階段，進行分析時各階段的重點則視各類型犯罪的過程與特性而定。[36]

貳、外來型間諜的犯罪模式

根據前述犯罪模式分析的劃分，大致可分爲：犯前行爲與準備（犯罪前）、犯案行爲（犯罪中）及犯後行爲（犯罪後）等三基本階段，至於犯罪模式當中之犯罪前的準備、犯罪中的實際進行，以及犯罪後的行爲處置等是否涉及犯罪，仍以其行爲是否違反相關法律規定爲準。有關外來型間諜的犯罪前、犯罪中以及犯罪後的間諜行爲特徵如下：[37]

一、犯罪前階段

外來型間諜首先由運作國派遣至目標國，接著以身分掩護方式從事間諜活動。此階段可分爲3個行爲特徵：

（一）接受運作國派遣任務。

（二）進行身分掩護。

（三）進入目標國。

二、犯罪中階段

進入目標國後從事諸如以刺探、蒐集、竊取、交付機密、破壞活

---

36 林燦璋，〈犯罪模式、犯罪手法及簽名特徵在犯罪偵查上的分析比較—以連續型性侵害案爲例〉，頁99、103。

37 蕭銘慶，〈間諜行爲的犯罪模式建構〉，《安全與情報研究》，第2卷第2期（2019年7月），頁18-20。

動、或發展組織以從事前述行爲。此階段可分爲4個行爲特徵：

（一）發展組織。

（二）刺探、蒐集、竊取機密資料。

（三）洩漏、交付機密資料。

（四）進行破壞活動。

三、犯罪後階段

外來型間諜如其行爲被發現後即遭到逮捕判刑、處死，或可能因其他因素不再進行間諜活動，即所謂中止間諜行爲。至於繼續間諜行爲者指如該行爲如未被發現，仍繼續從事相關間諜行爲。此階段可分爲2個行爲特徵：

（一）中止間諜行爲。

（二）繼續間諜行爲。

綜合上述三個階段的行爲特徵，有關外來型間諜的犯罪模式如圖4-1。

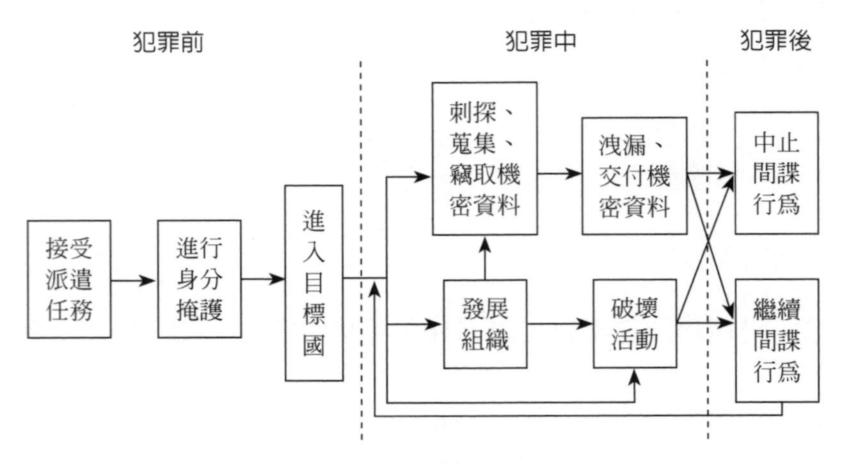

圖4-1　外來型間諜犯罪模式圖

資料來源：蕭銘慶，〈間諜行爲的犯罪模式建構〉，《安全與情報研究》，第2卷第2期，2019年7月，頁20。

參、內間型間諜的犯罪模式

內間型間諜可分爲打入型及拉出型二類，有關此二類型間諜的行爲特徵，以及犯罪模式分述如下：

一、打入型的犯罪模式

打入型的內間型間諜其犯罪前、犯罪中以及犯罪後的間諜行爲特徵爲：[38]

（一）犯罪前階段

內間型間諜（打入型）係由運作國派遣，進入目標國後設法滲透打入目標國的政府機關內部，再進行以蒐集、竊取、交付機密爲主要目的的間諜行爲。此階段可分爲3個行爲特徵：

1. 接受運作國派遣任務。
2. 進入目標國。
3. 滲透目標國政府機關內部潛伏臥底。

（二）犯罪中階段

當成功滲透進入目標國的政府機關內部後，即進行刺探、蒐集、竊取機密資料，再將機密資料洩漏或交付予運作國。此階段可分爲3個行爲特徵：

1. 發展組織。
2. 刺探、蒐集、竊取機密資料。
3. 洩漏、交付機密資料。

---

38 蕭銘慶，〈間諜行爲的犯罪模式建構〉，頁27-28。

（三）犯罪後階段

此類型間諜如其行爲被發現即被逮捕並判刑，隨即中止間諜行爲。此階段可分爲2個行爲特徵：

1. 中止間諜行爲。
2. 繼續間諜行爲。

綜合上述三個階段的行爲特徵，有關打入的內間型間諜的犯罪模式如圖4-2。

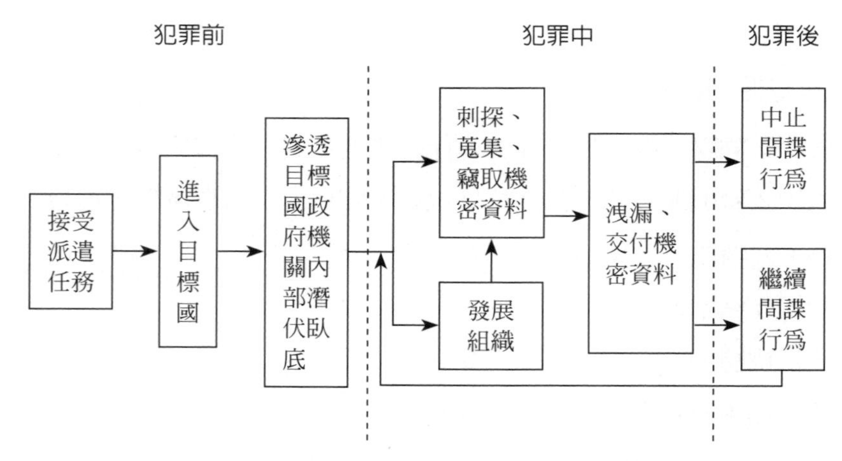

圖4-2　內間型間諜（打入型）犯罪模式圖

資料來源：蕭銘慶，〈間諜行爲的犯罪模式建構〉，《安全與情報研究》，第2卷第2期，2019年7月，頁28。

二、拉出型的犯罪模式

拉出型的內間型間諜其犯罪前、犯罪中以及犯罪後的間諜行爲特徵爲：[39]

39 蕭銘慶，〈間諜行爲的犯罪模式建構〉，頁35-36。

（一）犯罪前階段

內間型間諜（拉出型）係目標國內部人員主動或被動與運作國機關人員接觸並被吸收，進而潛伏於目標國政府機關內部擔任臥底內間。此階段可分爲3個行爲特徵：

1. 主動或被動接觸運作國。
2. 被運作國吸收。
3. 潛伏於目標國政府機關內部。

（二）犯罪中階段

當成功潛伏於目標國的政府機關內部後，即進行刺探、蒐集、竊取機密資料等，並將機密情資洩漏、交付給運作國。此外，亦可能在本國政府組織內部發展組織。此階段可分爲3個行爲特徵：

1. 發展組織。
2. 刺探、蒐集、竊取機密資料。
3. 洩漏、交付機密資料。

（三）犯罪後階段

此類型間諜如其行爲被發現即被逮捕並判刑，隨即中止間諜行爲。此階段可分爲2個行爲特徵：

1. 中止間諜行爲。
2. 繼續間諜行爲。

綜合上述三個階段的行爲特徵，有關內間型間諜（拉出型）的犯罪模式如圖4-3。

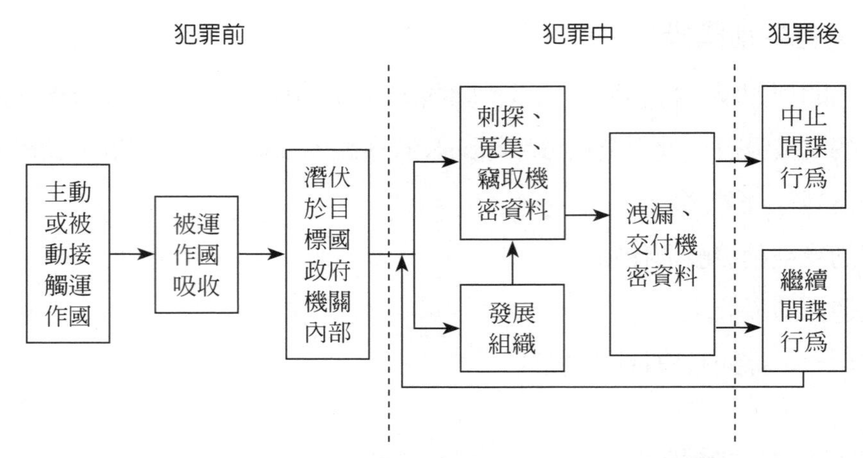

圖4-3　內間型間諜（拉出型）犯罪模式圖

資料來源：蕭銘慶，〈間諜行爲的犯罪模式建構〉，《安全與情報研究》，第2卷第2期（2019年7月），頁36。

第三節　雙重型間諜的運作過程

運用雙重型間諜（以下稱雙重間諜）主要即透過其提供有關對方情報和反情報機關的最新秘密活動，而運作雙重間諜也是情報機關在反情報活動當中需求最多、最複雜的行動之一。[40]由於雙重間諜同時爲兩個國家從事間諜行爲，涉及犯罪的爭議、運作過程複雜、且包括打入與拉出二種類型、模式較難建立，以下就運作過程的意義，以及根據作者研究雙重間諜的運作過程加以說明。

40 Begoum, F. M., "Observations on the Double Agent," <https://www.cia.gov/static/Observations-on-Double-Agent.pdf>（2024年5月15日查詢）。

壹、運作過程的意義

根據我國教育部針對「運作」與「過程」的解釋爲：「運作」：推展、進行。「過程」：事物發展或進行所經過的程序。[41]可得所謂的運作過程指：推展、進行所經過的歷程。

貳、雙重型間諜的運作過程

以下就雙重間諜運作過程的「前階段」、「中階段」，以及「後階段」等分別加以說明，並建構雙重間諜的運作過程。[42]

一、運作過程的階段

運作過程分爲「前階段」、「中階段」，以及「後階段」。所謂前階段指成爲雙重型間諜（以下稱雙重間諜）前與運作國接觸吸收的階段；中階段指成爲雙重間諜後從事間諜活動的階段；後階段則指其雙重間諜行爲被調查逮捕的階段。至於「運作國」指派遣進入或吸收雙重間諜加以運作的國家，「潛伏國」則指雙重間諜臥底進行刺探或蒐集機密資訊的國家。

（一）前階段

雙重間諜運作的開啓，始於與運作國的接觸吸收階段，此又可分爲主動與被動與運作國接觸並被吸收。

---

41 〈教育部重編國語辭典修訂本〉，《國家教育研究院》，<https://dict.revised.moe.edu.tw/dictView.jsp?ID=165803&q=1&word=%E9%81%8B%E4%BD%9C>；<https://dict.revised.moe.edu.tw/dictView.jsp?ID=72677&q=1&word=%E9%81%8E%E7%A8%8B>（2024年5月30日查詢）。

42 蕭銘慶，〈雙重間諜運作過程之探討〉，《中央警察大學警學叢刊》，第54卷第2期（2023年10月），頁66-68。

（二）中階段

成爲雙重間諜後從事雙重間諜行爲的階段，主要的運作過程有：

1. 同時爲兩個國家從事間諜行爲。
2. 臥底於潛伏國從事情報工作。
3. 期間運作國提供掩護，如提供情報資訊充當績效等。
4. 運作國可能透過其提供錯誤情報誤導潛伏國之情報行動或決策。
5. 刺探、蒐集潛伏國之機密資訊並洩漏、交付予運作國。

（三）後階段

此部分指雙重間諜行爲被潛伏國懷疑遭到調查，以及後續被逮捕、判刑或逃亡的階段。

二、運作過程的建構

運作過程的建構亦分爲：「前階段」、「中階段」與「後階段」。由於「前階段」爲吸收接觸或派遣打入的部分，實際運作在於「中階段」與「後階段」，故此二階段另分爲「潛伏國」與「運作國」二部分。

（一）前階段

1. 接觸吸收

(1) 主動接觸吸收：指潛伏國之情報人員主動與運作國人員接觸並被吸收的過程。如間諜主動與運作國人員聯繫表明願爲該國擔任雙重間諜，運作國先進行吸收「評估」，經調查後決定是否吸收，此在運作過程圖中以「虛線」路徑表示。

(2) 被動接觸吸收：指潛伏國之情報人員被動與運作國人員接觸並被吸收

的過程。如間諜與運作國「派出」之情報人員接觸，並基於相關成因動機爲運作國吸收成爲雙重間諜。

2. 派遣打入

指運作國派遣情報人員打入潛伏國的過程。如運作國派遣間諜設法打入潛伏國爲其吸收成爲雙重間諜。

（二）中階段

1. 潛伏國

(1) 潛伏臥底：指雙重間諜於潛伏國進行潛伏臥底的過程。其一方面在潛伏國從事情報工作，一方面伺機爲運作國從事間諜行爲。
(2) 刺探、蒐集機密資訊：指雙重間諜於潛伏國進行刺探、蒐集機密資訊的過程。此爲雙重間諜被運作國賦予的最主要任務。
(3) 洩漏、交付機密資訊：指雙重間諜將潛伏國刺探、蒐集所得之機密資訊交付、洩漏予運作國的過程。

2.運作國

(1) 提供情報績效：指運作國爲掩護雙重間諜提供情報資訊的過程。如提供情報資訊作爲工作績效，以利其在潛伏國中生存發展。
(2) 提供欺騙情資：指運作國透過雙重間諜提供錯誤情報資訊的過程。運作國的目的在於誤導潛伏國之情報行動或決策。
(3) 進行掩護：指運作國爲保護雙重間諜提供相關掩護措施的過程。如運作國提供雙面間諜情報績效，或協助其升職取得更多機密資訊。
(4) 取得機密資訊：指運作國取得雙重間諜提供機密資訊的過程。

（三）後階段

1. 潛伏國

(1) 懷疑調查：指雙重間諜遭到潛伏國情報機關懷疑及調查的過程。

(2) 逮捕：指雙重間諜被潛伏國逮捕的過程。

(3) 入監服刑：指雙重間諜經潛伏國逮捕後入監服刑的過程。

2. 運作國

(1) 誤導調查：指運作國在雙重間諜被懷疑或調查時提供錯誤情資誤導潛伏國調查偵辦的過程。

(2) 安排逃亡：指運作國在雙重間諜可能遭到逮捕時安排其逃亡的過程。

(3) 可能換俘：指運作國在雙重間諜被逮捕入監服刑後可能透過換俘方式安排其至運作國的過程。

綜合上述歸納分析，在雙重間諜運作過程的三個階段當中，前階段吸收接觸的部分，可分爲雙重間諜本身「主動」或「被動」爲運作國接觸吸收，以及運作國派遣進入潛伏國進行臥底等。中階段的部分爲雙重間諜於潛伏國臥底進行刺探、蒐集機密資訊，進而洩漏、交付給運作國，期間運作國爲保護雙重間諜進行多項掩護措施，提供情報資訊作爲情報績效，或是提供欺騙情資以誤導潛伏國情報機關等。至於後階段則是當雙重間諜遭到潛伏國懷疑時，運作國提供誤導調查的假情報資訊，或是安排逃亡進行安置，如遭到逮捕入監服刑時，運作國亦可能與潛伏國進行換伏等。有關雙重間諜的運作過程建構如圖4-4。

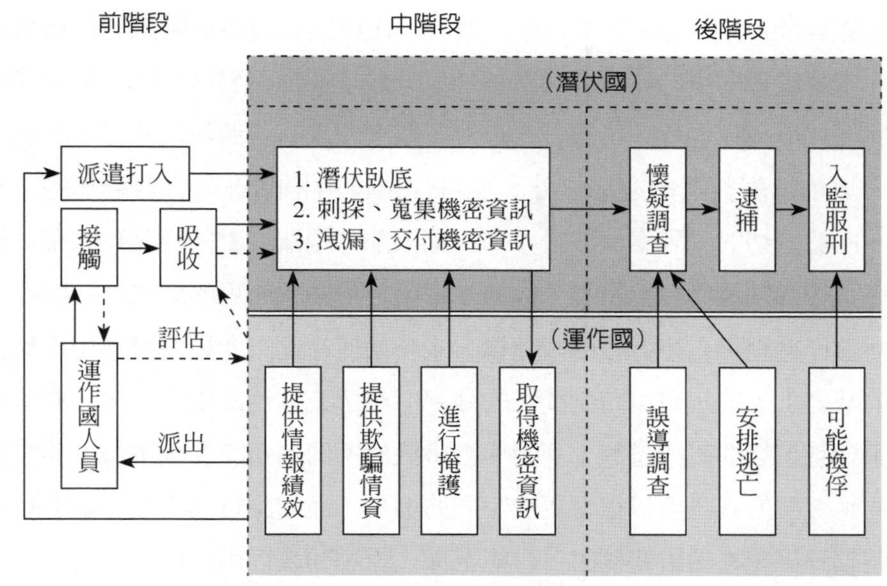

圖4-4　雙重型間諜運作過程圖

資料來源：蕭銘慶，〈雙重間諜運作過程之探討〉，《中央警察大學警學叢刊》，第54卷第2期（2023年10月），頁68。

第四節　結語

預先獲得訊息的願望毫無疑問是源自於人類生存的本能，而統治者也會向自己提出許多問題——接下來會發生什麼？我的事業如何更有成就？我接下來該採取什麼行動？我的敵人有多強大？他們準備怎樣反對我？自從人類有歷史記載以來，我們可以發現，不論是個人、團體—部落、王國（kingdom）與國家，也都會從對自身處境和未來前景的關注出發，提出這些疑問。[43]而這些重要訊息的獲得，往往都必須透過間諜的行為與活動。本章根據間諜的產生方式對其加以分類，並歸納建構相關類型間諜的犯罪模式與運作過程，可讓吾人瞭解各類型間諜在各個階段的行為特徵，除可更加瞭解其階段運作之外，並可作為後續相關研究的參考基礎。然而，由於適切的間諜案例取得不易，加上部分相關文獻內容欠缺完整，無法完全得知間諜的行為特徵，故而本章所分析歸納所得的間諜行為犯罪模式與運作過程仍有待持續驗證建構，未來如何在此犯罪模式與運作過程探討的基礎上，據以研擬防制間諜的竊密、滲透或進行破壞等措施，亦是極為重要且迫切的研究議題。面對與冷戰截然不同的國際安全情勢，間諜活動的範圍與方式也與以往有更為不同的面貌，而間諜行為也在不斷進化，相關議題仍應持續研究探討，方能更深入瞭解間諜行為的模式與運作。

---

43 Allen W. Dulles, *The Craft of Intelligence* (New York: Harper and Row, Publishers, 1963), p. 9.

第五章　間諜行爲的特性與常見手段

蒐集秘密情報的工作需要利用人，例如：間諜（agent）、線人（source），以及告密者（informant）。這個過程中也有可能運用到科技設備，藉以完成人類不能完成的事情，看到人類不能看到事物。如果對方察覺到我們的裝置，他們一定會設法阻止，所以這些工作都必須秘密進行，我們稱之爲秘密情報蒐集。關於這個概念，我們習慣使用的用詞是間諜活動（espionage）。[1]而其中的間諜，在整個情報蒐集行業裡，產量低且不可預測，學者赫茲（Frederick P. Hitz）即稱間諜爲「費力」（pick and shovel）的工作，繁瑣、緩慢、不可預知。但最重要的是，此職業能獲取一些分析師無法在其他地方蒐集到的資訊，例如對方的意圖。[2]此外，人員情報（Human Intelligence, HUMINT）這項工作的難度很高，這些情況已深植人心且形成文化，也難以改變。[3]作爲最傳統的情報蒐集方式，間諜行爲存在著諸多獨特的特性與工作手段，本章針對間諜行爲的特性，包含各類型間諜的共同特性與個別特性，以及間諜行爲常見的手段進行介紹探討，期能更深入瞭解此一深具神秘色彩的犯行。

---

1 Allen W. Dulles, *The Craft of Intelligence* (New York: Harper and Row, Publishers, 1963), p. 58.

2 Frederick P. Hitz, *Why Spy? Espionage in an Age of Uncertainty* (New York: St. Martin's Press, 2008), p. 182.

3 Richard A. Clarke and Robert K. Knake著，國防部譯，《網路戰爭：下一個國安威脅及因應之道》(*Cyber War: The Next Threat to National Security and What to Do*)（臺北市：中華民國國防部，2014年），頁229。

第一節　間諜行爲的共同特性

所謂「特性」指：某人或某事物所具有的獨特性質。[4]以下分就各類型間諜，包括外來型間諜、內間型間諜，以及雙重（多重）型間諜共同的12項行爲特性分別加以說明。

壹、普遍性

間諜行爲屬於人力情報當中的秘密人力情報方式，主要目的爲針對攸關國家安全或發展的機密訊息進行蒐集或竊取。各國爲營造有利的競爭條件，多設有情報機關，派遣間諜或吸收他國人員進行情報蒐集活動，藉此維護國家生存與發展的客觀需要，瞭解世界情勢變化與他國政府或組織團體的政治、軍事、社會等發展情況，以及對本國的戰略與圖謀，因此間諜活動是普遍國際競爭的產物與組成。[5]而在冷戰結束後，國際競爭的行爲不再侷限於與本國在政治、軍事層面敵對的國家，已逐漸擴展至經濟、工業等非傳統層面上的競爭，也使原本友好的國家間可能變成競爭對手。由於間諜行爲主要的目的在竊取他國或組織的機密資料，爲本國營造有利的競爭條件，故而各國政府或組織普遍設有情報機關，進行派遣間諜或吸收他國人員進行間諜犯罪活動，係一種普遍存在的國際競爭行爲。

4　〈教育部重編國語辭典修訂本〉，《國家教育研究院》，<https://dict.revised.moe.edu.tw/dictView.jsp?ID=49428&la=0&powerMode=0>（2024年5月30日查詢）。
5　張殿清，《間諜與反間諜》，（臺北市：時英出版社，2001年），頁5。

貳、跨國性

間諜行爲具有明顯的跨國特性。根據學者馬丁和羅馬諾（Martin and Romano）的分類，間諜活動屬跨國犯罪的類型之一，通常涉及兩個或多個國家，且是最古老的跨國犯罪，並非小團體、組織間的單打獨鬥，而是由各國間複雜的官僚機構所進行的大規模活動，係一系統性的犯罪，在人類的歷史當中，往往被視爲嚴重罪行。[6]所謂跨國犯罪（transnational crime）通常意味著犯罪活動至少涉及兩個不同的國家，有時也被稱爲跨境犯罪（cross-border crime）。[7]間諜行爲的發動必須透過外國政府或組織的規劃、策動，進行派遣外來型間諜或是吸收目標國的內間型間諜，或是運作同時爲兩個國家從事間諜行爲的雙重型間諜，並透過其伺機竊取或刺探機密資料，係一高度的組織性行爲，其集體行爲的程度以及與政治、經濟或其他社會機構結合（掛勾）的程度均高，爲涉及兩國以上的跨國犯罪行爲。

參、危險性

人力情報與各類技術蒐集活動不同，不能以遠程方式完成，他需要接近、接觸目標，因此必須與目標方的反情報能力一決高低，並讓人身處險境，且一旦被抓，其產生的政治影響遠非技術蒐集情報活動可比，所以人力情報的風險遠高於其他技術手段。[8]人力情報本身就是情報蒐集中非

---

6 John M. Martin and Anne T. Romano, *Multinational Crime: Terrorism, Espionage, Drug and Arms Trafficking (Studies in Crime, Law, and Criminal Justice)* (New York: SAGE Publications, 1992), pp. 38-39.

7 孟維德、江世雄、張維容，《外事警察專業法規解析彙編》（桃園：中央警察大學，2011年），頁626。

8 Mark M. Lowenthal, *Intelligence: From Secrets to Policy*, 8th Edition (Washington, DC: CQ Press,

常危險的一種形式，風險包括身分暴露、政治層面的尷尬處境與個人安危。[9]故透過間諜人員蒐集或竊取機密資訊，危險性極高，一旦被捕，往往必須面臨間諜罪名的追訴懲罰。例如本書第二章介紹的被蘇聯吸收的美國中央情報局（Central Intelligence Agency, CIA）間諜艾姆斯（Aldrich H. Ames），其在1994年遭到逮捕被判處終身監禁；被英國吸收的蘇聯間諜彭可夫斯基（Oleg Penkovsky），其在1962年遭到逮捕，1963年被判處間諜罪遭到槍決；以及被我國吸收的中共間諜劉連昆，被逮捕後判處死刑。此皆顯示間諜必須冒著被逮捕或被處死的風險從事間諜行爲，具有明顯的高危險特性。

肆、智慧性

間諜行爲必須暗中進行避免爲人發覺，具有極高的隱密性質。例如外來型間諜往往透過身分掩護如商務或旅遊活動等進入目標國，而內間型間諜多爲本國具有機會接觸機密的政府機關人員，在工作場域中伺機進行刺探或竊取機密。[10]而雙重型間諜則必須在運作國與目標國當中周旋以完成任務，需要高度的智慧與強韌的心理素質。此意味著間諜行爲的實施，需要周全的規劃準備，針對欲吸收的特定人員或欲蒐集的機密資料進行觀察瞭解，方可進行後續相關的間諜活動，如身分掩護的執行、間諜活動的運行、防範目標國家反情報行動的識別及欺敵行動的結合等，均考驗間諜行爲者的智慧與情報技術的能力，同時並需要縝密的計畫與技巧，因此行爲

2020), p. 131.

9 Robert M. Clark著，吳奕俊譯，《情報搜集》（*Intelligence Collection*）（北京：金城出版社，2021年），頁78-79。

10 蕭銘慶，〈間諜類型與行爲特性之探討〉，發表於「2016年安全研究與情報學術研討會」，（桃園：中央警察大學，2016年11月22日），頁100。

者本身須心思細膩，需具備高度智慧的人方能在間諜活動中完成使命。[11]

伍、隱密性

間諜行爲與其他形式的情報蒐集方法之間的區別，取決於其秘密特性和「非法」獲取手段。[12]《孫子兵法》指出：「間事不密，則爲己害。行間貴密，則大《易》言之矣：『機事不密則害成。』兵機皆貴密，不獨用間爲然也，而用間尤宜密。」意即間諜活動如果洩露，就將反爲敵方所害。進行間諜活動最重要的就是要隱密。軍事方面的事都很重視隱密性，這雖然不單是指間諜活動，但間諜活動尤其需要注意保密。[13]由於間諜行爲主要的活動係竊取目標國的國家或公務機密，甚至進行發展組織建構間諜網絡等，都必須暗中進行避免爲人發覺，行爲經過發動國家或組織的精密規劃設計，具有極高的隱密性質。換言之，間諜活動乃針對其他國家的機密、隱密性的公務、軍事、政治等資訊進行人員情報的蒐集，行爲上須隱密而爲之，包含身分上的掩護、竊取、滲透、潛入等手段都必須要暗中進行，不論是在自己內部或在對方的組織中，均是置身虎口的行爲，對秘密技術的要求十分重視。[14]此外，間諜活動最基本的就是必須找到目標與方法、或有何辦法，而能夠盡可能接近某一件事物，或某個地點、某個人去觀察、發現所需要的眞實情況，而又不引起情報機關的注意。[15]故而秘密性成爲間諜行爲一項極爲重要的特質。

---

11 張殿清，《間諜與反間諜》，頁89。

12 Frederick P. Hitz, *Why Spy? Espionage in an Age of Uncertainty*, p. 16.

13 朱逢甲著，楊易唯編譯，《間書》，（臺北：創智文化有限公司，2006年），頁61。

14 桂京山，《反情報工作概論》，（桃園：中央警官學校，1977年），頁84。

15 Allen W. Dulles, *The Craft of Intelligence*, pp. 58-59.

陸、重複性

間諜行為具有相當高的重複違犯可能性。其中的外來型間諜多為他國情報機關的情報人員或情報協助人員，間諜活動即為其職務或被賦予的職務行為。而內間型間諜由於被他國吸收後，其犯罪行為紀錄往往成為把柄，如不配合繼續實施，他國可能以舉發其犯行進行要脅，內間型間諜因懼怕之前的犯行曝光遭到追訴，往往必須繼續從事間諜行為。[16]至於雙重型間諜，其因顧忌雙重間諜身分為其中一方揭露，導致另外一方的追捕，故而必須繼續效忠其中一方或雙方。另一個重複的原因是在間諜行為的動機成因當中，如因金錢的誘惑所導致，從事間諜行為者容易上癮，當從事間諜行為能獲得豐厚的報酬時，容易使人一而再地違犯，以滿足其金錢物質慾望。或是基於性關係成因的間諜行為，易不易擺脫情感與肉體關係糾葛，導致間諜行為一再重複實施。

柒、金錢花費性

學者赫茲（Frederick P. Hitz）指出，利用間諜來蒐集國家安全信息是一種昂貴、低效率且非法的方式。僅有在實行目的是基於國家安全或國防需要才能成為正當理由。[17]此外，情報工作是普遍的工作，故形成其必然的浪費性。此在情報機關的組織、人員、器材，以及情報產生的方法暨其數量與質量比例上觀察，至為明顯。奧地利戰將莫德古古里（Raimondo Montecuculi）說：「戰爭之要素，第一是錢，第二是錢，第

16 蕭銘慶，〈間諜類型與行為特性之探討〉，頁100。

17 Frederick P. Hitz, *Why Spy? Espionage in an Age of Uncertainty*, p. 136.

三還是錢。」在情報戰爭上，尤不例外。[18]而傳統的人員情報蒐集，即間諜的運用，金錢或實際利益的交換是間諜行爲最常誘發的主因。[19]不管是吸收對方陣營人員或查緝敵諜，往往必須付出極高的金錢代價，例如美國政府爲破獲韓森間諜案，支付了700萬美元給俄羅斯情報機構的內間，獲得此案的關鍵證據——只留下叛國者韓森指紋的文件袋，才確認韓森的間諜行爲。[20]顯示間諜行爲具有的高金錢花費特性。

捌、成因多元性

選擇間諜這個職業或參與間諜活動，都有某種特殊的動機和心理需求。[21]分別爲信念和理想、金錢和物質、野心和權勢欲以及奇特的心態等四個因素。人從事間諜行爲主要有四大原因，將其字首綜合起來，可組成MICE（老鼠）一詞。M（Money）是金錢。I（Ideology）是思想體系（思想信條），冷戰時期，有人出於對政治信念的忠誠而成爲間諜，而現今對宗教、民族主義的忠誠則成爲主要原因。C（Compromise）是妥協，因名聲、信用暴露在危機中，私生活的醜聞使其動搖，所以被拉攏成爲間諜，就是透過竊聽、偷拍，抓住對方的弱點進行威脅。E（Ego）是自我意識（自尊心），就是被煽動、自尊心被激發而成爲情報提供者。[22]學者赫茲認爲，成爲間諜有七個主要的動機，分別爲意識形態、金錢物質因素、報復心理、性與感情及恐嚇勒索、友誼因素、民族或宗教因素以及間

---

18 杜陵，《情報學》（桃園：中央警察大學，1996年），頁44-45。

19 Frederick P. Hitz, *Why Spy? Espionage in an Age of Uncertainty*, p. 34.

20 Katherine A. S. Sibley, "Catching Spies in the United States," in Loch K. Johnson, eds., *Strategic Intelligence 4-Counterintelligence and Counterterrorism: Defending the Nation Against Hostile Forces* (London: Greenwood Publishing Group, 2007), p. 44.

21 張殿清，《間諜與反間諜》，頁233-234。

22 海野弘（Umino Hiroshi）著，蔡靜、熊葦渡譯，《世界間諜史》(*A History of Espionage*)（北京：中國書籍出版社，2011年），頁3。

諜遊戲等。[23]另外根據學者泰勒和史諾（Taylor and Snow）的研究發現，間諜行爲的動機可被歸納爲四個種類——金錢、意識形態、逢迎討好、不滿情緒和其他因素（包括英雄式幻想、凸顯個人的重要性以及親屬關係等）行爲成因動機相當多元，但其中的金錢因素係最主要的原因。[24]故而間諜的行爲動機成因，從意識形態到金錢利益等，可謂相當複雜多元，本書第六章將就此成因多元特性進行詳細的介紹探討。

玖、偵查困難性

間諜行爲的發掘偵查必須透過跟監、監聽等方式，蒐集外來型間諜竊取機密或發展間諜網絡等行爲，而內間型間諜則必須蒐集其與外國政府或組織人員接觸或交付相關機密時方能發覺查獲其犯行，加上犯罪人往往行動隱密或湮滅相關跡證，犯行不易爲人察覺，在偵查及蒐證上存在極高難度。[25]另由於隱密的特性，使得防制間諜行爲面臨巨大挑戰，而要偵測某國是否正從事間諜活動亦相當困難。例如目前各個國家刻正進行的間諜活動活動通常無法被偵知，且從事間諜行爲必須具備情報專業知識與技能，如缺乏相關的知能，偵查與蒐證工作勢將無法進行，也讓防制工作更爲不易。此外，間諜行爲者利用身分或職業進行掩護，並以隱密的行動躲避執法機關的查緝，不易被發現，且經常在破獲之後才爲人所知，對於各國情報機關而言亦是如此，對於他國針對本國的間諜行爲所能掌握的幾乎是微乎其微，有些雖是懷疑，卻也無法具備全盤的證據，如同只能看見冰山浮

---

23 Frederick P. Hitz, *Why Spy? Espionage in an Age of Uncertainty*, pp. 24-76.

24 Stan A. Taylor and Daniel Snow, "Cold War Spies: Why They Spied and How They Got Caught," in Loch K. Johnson and James J. Wirtz, *Intelligence: The Secret World of Spies: An Anthology*, 5th Edition (New York: Oxford University Press, 2018), pp. 272-273.

25 蕭銘慶，〈間諜類型與行爲特性之探討〉，頁100。

出水面的一角。[26]故而相關案件的偵查相當困難，並可能存在極高的犯罪黑數。

拾、犯罪爭議性

有關間諜的角色，「非法手段」（illegal means）的用詞過度禮貌，重點在於竊取機密，這是一種低下且骯髒的方式。而間諜活動與其他形式的情報蒐集方法之間的區別，在於其秘密性質和非法手段。[27]間諜行爲具有二個獨特的特性。一方面，各國情報機關公開承認自身情報機關，認爲其間諜活動是必要的，更是保護國家安全的防衛行爲；另一方面，各國積極譴責外國間諜活動，認爲自身的國家法益受到侵害，並將國內支持外國間諜活動的任何行爲定爲犯罪。[28]間諜行爲對被侵犯的目標國而言，涉及竊取或洩漏該國的機密，嚴重損害其國家安全與利益，係法定的犯罪行爲。然而對發動的國家或組織而言，視其爲一種國際競爭行爲，並非犯罪行爲。以美國爲例，情報人員若是蒐集到目標國家的機密資訊，即使該行爲在目標國家是違法的行爲，仍會獲得獎勵。[29]即間諜行爲對發動的國家而言係謀求國家利益的行爲，但對受到侵害的目標國家係非法的行爲，故在涉及的相關國家之間存在是否構成犯罪的爭議。[30]

26 張殿清，《間諜與反間諜》，頁110。

27 Frederick P. Hitz, *Why Spy? Espionage in an Age of Uncertainty*, pp. 15-16.

28 Darien Pun, "Rethinking Espionage in the Modern Era," *Chicago Journal of International Law*, Vol. 18, No.1, (2017), p. 355.

29 Arthur S. Hulnick, "The Intelligence Cycle," in Loch K. Johnson and James J. Wirtz, eds., *Intelligence: The Secret World of Spies: An Anthology*, 5th Edition, p. 58.

30 蕭銘慶，〈間諜行爲的本質、思辨與對應—兼論國家情報工作法等相關規定〉，《憲兵半年刊》，第98期（2024年6月），頁56。

拾壹、道德衝突性

情報活動在「和平與戰爭間的灰色地帶」遊走，具備秘密的特性，以此保護國家的重要資訊不被敵人取得，然該特性卻與民主法治原則、道德標準等相悖，造成情報與倫理間的兩難。從情報蒐集的角度觀之，間諜行爲可能涉及竊聽、竊取等違法及侵犯人權之行爲，或者透過心理技巧博取信任，抑或是賄賂、威脅、勒索等以取得合作等，均是與倫理規範有所衝突之行爲。從反情報的角度出發，反情報須破壞與抵銷他國之情報機關對本國從事的敵對行動，通常要透過雙重間諜滲入敵人組織內部或加強監控，常會挑起敏感的倫理爭議。[31]由於間諜行爲涉及操控其他人而獲取秘密訊息，蒐集技術主要爲利用心理技巧來獲得對方的信任，包含運用同情、奉承、行賄、訛詐勒索或提供性服務等，但政府是否應該利用這些活動方式來對付其他國家的公民，而無論是否爲敵對國家？[32]而利用間諜進行情報蒐集亦被視爲是一種骯髒的手段，大部分的秘密蒐集技巧在目標國都是違法的，運用拷問和暗殺等方式也顯然超過法律和道德的底線。在招募和管理間諜時，也不得不「與惡魔打交道」，爲了完成工作，必須忍受例如毒販和殺手這些令人厭惡的人，當雇用這些人被發現之後，情報機關也必須面臨形象受損的問題。[33]故而間諜本身的運用方式、人選爭議、行爲適法，以及使用欺騙手段等，都可能涉及倫理道德的爭議與衝突。[34]

---

31 汪毓瑋，《情報、反情報與變革（下）》，（臺北：元照出版社，2018年），頁1366-1374。

32 Mark M. Lowenthal, *Intelligence: From Secrets to Policy*, pp. 406-407.

33 Robert M. Clark著，吳奕俊譯，《情報搜集》（*Intelligence Collection*），頁78。

34 蕭銘慶，〈間諜行爲的本質、思辨與對應—兼論國家情報工作法等相關規定〉，頁57。

拾貳、評價兩極性

間諜行爲的評價隨著對立雙方立場而相悖，間諜可能被發動國視爲出生入死、勇敢愛國的英雄，卻可能被目標國視爲竊取國家機密、顚覆國家安全的犯罪行爲。[35]對於遭受損害的目標國家，外國派遣進入的間諜必須加以逮捕追訴懲罰，而內部被外國吸收爲其從事間諜行爲的人則是「叛徒」或「叛國」的行爲，必須依據相關法律加以懲治。然而在發動派遣進入或吸收他國內部人員從事間諜行爲之人，往往是該國的「英雄」或「功臣」。故而間諜行爲在其服務的國家與進行活動的目標國家之間，一爲爭取國家利益的行爲，一爲涉及叛國和犯罪的行爲，存在評價兩極化的現象。[36]例如本書第二章介紹的中共間諜劉連昆，其爲中共解放軍總後勤部軍械部長，1992年爲我方軍事情報局人員吸收，7年期間提供無數重要情報給臺灣，被認爲是中共建政以來最嚴重的間諜案，其在1999年被北京當局逮捕並處以死刑。[37]然而在我國軍事情報局視爲聖地，供奉近五千位烈士牌位的「忠烈堂」當中，即包括爲我方策反遇害的共軍少將劉連昆。[38]故而間諜行爲在其服務的國家與進行活動的目標國家之間，一爲爭取國家利益的行爲，一爲涉及叛國和犯罪的行爲，存在評價兩極化的現象。

---

35 張殿清，《情報與反情報》，頁7-10。

36 蕭銘慶，〈間諜行爲的本質、思辨與對應—兼論國家情報工作法等相關規定〉，頁56。

37 聞東平，《正在進行的諜戰》，頁225-226。

38 羅添斌，〈軍情局忠烈堂供奉共軍少將劉連昆靈位〉，《自由時報》，2018年3月26日，<https://news.ltn.com.tw/news/politics/paper/1187171>（2024年6月2日查詢）。

第二節　間諜行為的個別特性

外來型間諜由外國或組織派遣進入目標國，內間型間諜多為目標國人員被吸收拉出，至於雙重型間諜則同時為兩個國家從事間諜行為，各有其不同的行為特性，以下分別加以說明。

壹、外來型間諜

一、外國發動

指由外國政府或組織發動。外來型間諜行為由外國政府或組織所發動，透過派遣的外來型間諜，或發展組織藉以吸收本國的內間型間諜進行竊密等犯行，而發動者除了外國政府之外，亦包含非國家的組織，至於外國或組織的發動單位則多為情報機關發動派遣。[39]

二、犯行否認

指間諜犯罪行為曝光時的否認。間諜行為係由外國政府或組織所發動，一旦相關活動為目標國發掘偵破，發動之外國或組織為避免產生國際負面觀感與國際關係的破壞，往往會否認該行為係由該國或組織所發動。[40]

---

39 Hitz, Frederick P. *Why Spy? Espionage in an Age of Uncertainty*, pp. 14-15.
40 蕭銘慶，〈間諜類型與行為特性之探討〉，頁102。

貳、內間型間諜

一、職務身分

內間型間諜則多爲目標國容易接觸國家或公務機密的政府機關人員，此往往是外國政府或組織吸收進行竊取機密的對象。故此類間諜行爲多爲利用職務上之機會進行。[41]

二、接觸機會

間諜行爲主要的行爲態樣爲本國政府機關內部人員的洩密罪行。[42]因此，容易接觸機密的政府機關人員，尤其是國家安全情報人員執行任務多屬機密性質，往往成爲敵對勢力收買的目標。[43]由於間諜行爲的主要目的在刺探、蒐集，竊取機密資訊，並進一步洩漏、交付，而機密資訊的接觸與獲得，機會因素即扮演著重要的角色。對於間諜行爲者而言，在相關的成因動機之下，遇有合適之時空機會條件配合，即可能產生間諜行爲。尤其是擔任公務、軍職等有機會接觸內部機密資訊的人員，因其工作職務容易接觸而產生機會，或是外來的間諜行爲者利用發展組織製造刺探、蒐集機密資訊的機會，以達到其犯行目的。

---

41 蕭銘慶，〈間諜類型與行爲特性之探討〉，頁102。

42 周奇東，《從共諜案探討我國保防工作之研究》（桃園：中央警察大學公共安全研究所碩士論文，2005年），頁83。

43 張家豪，《我國反情報工作實施之研究》（桃園：中央警察大學公共安全研究所碩士論文，2010年），頁98。

參、雙重型間諜

一、同時為兩個國家服務

有別於傳統的間諜行爲係由國家情報機關派出至目標國（外來型間諜），或自目標國吸收拉出進行臥底從事間諜行爲（內間型間諜），此二類間諜只爲單一國家效忠服務。而雙重型間諜（以下稱雙重間諜）則同時爲兩個國家從事情報任務。雙重間諜有可能本來是眞正的間諜，但在暴露後改而投靠敵營。或可能是「搖擺者」（dangles），表面上願意爲目標情報機關充當間諜，實際上仍效忠本國。[44]即其同時具備雙重身分，爲兩個國家的情報機關從事間諜活動。

二、運作目的

美國國防部情報局曾依據馬斯特曼（John C. Masterman）所著—《1939年至1945年戰爭當中的雙十字系統》（*The Double-Cross System in the War of 1939 to 1945*）一書，說明雙重間諜活動的目標：（一）控制對手的間諜系統，讓這些人員轉而爲你服務；（二）確認、消滅或抑制新的間諜人員；（三）透過對手的據點，得知其人員和方法的資訊；（四）保護對付對方的代碼和密碼；（五）獲取對方意圖的證據；（六）影響敵人的作戰意圖；（七）對敵人進行系統性的欺騙。其中的第5項表達了「反」情報可以協助「積極」情報的重要性。得知敵手的情報蒐集活動的目標和重點，即可以洞察到對手的政策和意圖。[45]故而運用雙重間諜可達

---

44 Abram N. Shulsky and Gary J. Schmitt, *Silent Warfare: Understanding the World of Intelligence*, 3rd Edition (Washington, DC: Potomac Books, 2002), p. 112.

45 John C. Masterman, *The Double-Cross System in the War of 1939 to 1945* (New Haven, Conn.: Yale University Press, 1972) in Paul J. Redmond, "The Challenge of Counterintelligence," in Loch K. Johnson and James J. Wirtz, *Intelligence: The Secret World of Spies: An Anthology*, 3rd Edition (New York: Oxford University Press, 2011), pp. 302-303.

成的目標相當廣泛，最重要的即可藉以瞭解對方情報運作並誤導挫敗對方情報行動。

三、保護措施

雙重間諜通常在危險的環境中行動，在敵對地區行動時幾乎沒有任何保護選項，比起一般的間諜，雙重間諜更可能遭到對方的不信任。[46]反情報部門爲保護雙重間諜的人身安全，必須對周遭環境的變化保持警覺，並嚴加注意雙重間諜釋出的安全警訊。此外，是否該讓雙重間諜繼續執行其原本的任務亦是一大難題，尤其是當雙重間諜的任務是必須返回原服務國家時，一方面須擔憂其返回後的人身安全，另一方面則必須擔憂其若拒絕繼續執行任務將引來更多的懷疑。因此，反情報部門對此必須通盤考量，將損害降至最低。[47]

四、忠誠問題

雙重間諜通常針對對方經驗豐富的情報官員進行運作，透過定期的會面，從該官員的行爲中尋找可能爲我方服務的跡象，其中信任問題即扮演著重要的角色。[48]但雙重間諜的忠誠度極不穩定，所以經常發生被出賣的情事。[49]故而忠誠度是一項令人擔憂的問題，他們是否已經變節？或者他們在一個情報組織內發揮作用的同時，是否依然忠於自己的情報機關？[50]

---

46 Eleni Braat and Ben de Jong, “Between a Rock and a Hard Place: The Precarious State of a Double Agent during the Cold War,” *International Journal of Intelligence and Counterintelligence*, Vol. 36, No.1 (2023), p. 80.

47 James M. Olson, *To Catch a Spy: The Art of Counterintelligence* (Washington, DC: Georgetown University Press, 2019), p. 107.

48 Eleni Braat and Ben de Jong, “Between a Rock and a Hard Place: The Precarious State of a Double Agent during the Cold War,” p. 79.

49 Loch K. Johnson and James J. Wirtz, eds., *Intelligence: The Secret World of Spies: An Anthology*, 5th Edition, p. 253.

50 Mark M. Lowenthal, *Intelligence: From Secrets to Policy*, p. 215.

對於反情報單位而言，雙重間諜的忠誠度很難評估衡量。當情報官員在運作雙重間諜時，可藉由多種方法進行測試。例如檢視其是否持續生產有價值且可驗證的情報產品，並可對有所懷疑的雙重間諜進行測謊。而招募雙重間諜的情報官員亦必須培訓雙重間諜具備說謊的技能，以協助其克服測試。[51]

五、運作不易

運作雙重間諜是情報機關在反情報活動當中需求最多、最複雜的行動之一。[52]且運作較爲冗長也缺乏顯著的效果，此乃因爲現有的文件必須不斷地與新的訊息相互查證。運作時必須將可信文件交予雙重間諜，以保持其獲得對方信任，此亦相當不易，且必須讓對手信以爲眞，故爲了讓假文件獲得信任，眞實的文件也必須經常傳送給雙重間諜。但由於情報機關通常不願將機密情報交至敵方手上，導致這種方式成爲一種緩慢且具有爭議的行動。[53]

第三節　間諜行爲的常見手段

間諜爲完成其被賦予的情報任務，必須透過相關的手段以完成使命。間諜活動的手段常與其任務緊密相關，有什麼樣的任務，就有什麼樣相應的手段。[54]以下就間諜行爲常見的運用手段分述如下：

---

51 James M. Olson, *To Catch a Spy: The Art of Counterintelligence*, p. 112.

52 Begoum, F. M., “Observations on the Double Agent,” <https://www.cia.gov/static/Observations-on-Double-Agent.pdf>（2024年5月15日查詢）。

53 Loch K. Johnson and James J. Wirtz, *Intelligence: The Secret World of Spies: An Anthology*, 5th Edition, p. 291.

54 張殿清，《間諜與反間諜》，頁291。

壹、身分掩護

間諜行爲的常見手段之一，即爲利用身分進行掩護。其中的外來型間諜往往透過某種職業或名義，如商務或旅遊活動等方式進行身分掩護進入目標國，再滲透進入目標國相關政府機關或吸收該國特定人員進行刺探、竊密等犯罪。內間型間諜多爲目標國有機會接觸機密的政府機關人員，被吸收後以職務掩護其犯行，以特定職業活動或身分進行犯行的掩護。[55]由於間諜行爲主要目的在於竊取目標國的機密資訊，或發展組織建構間諜網絡等，都必須暗中進行避免爲人發覺。如果間諜被敵國知曉，他們就不能有效發揮作用。特別是秘密情報機構的人員，必須隱藏自己的眞正身分，因此就需要掩護。[56]間諜利用假身分以掩護其從事間諜活動，可分爲「官方掩護」以及「非官方掩護」二類。使用官方掩護的人員在政府內部工作，有正式職務，通常是大使館的人員。如果擁有官方掩護身分的秘密官員暴露，其外交身分可讓其免於被起訴。更有可能的是該官員被宣布爲不受歡迎的人，被該國驅逐出境。非官方掩護身分的人員需要一份全職工作，作爲身處該國的理由。他們不能與其上司或同事公開聯繫。此類人員沒有外交身分，因此一旦暴露危險更大。如果被捕，他們可能入獄服刑，或是被目標國用來與運作國拘押的人員進行交換。[57]例如本書第二章的日本間諜吉川猛夫（Takeo Yoshikawa），即是一個運用官方掩護的間諜。當時日本海軍情報部派遣吉川前往夏威夷，並以外務省工作人員的身分作爲掩護，前往檀香山領事館履職，並進行間諜活動。另蘇聯間諜佐爾格（Richard Sorge），其以記者身分作爲掩護，並組建間諜網絡，收集機密情報，則是以非官方身分掩護方式從事間諜行爲。此項手段的運用，在

---

55 蕭銘慶，〈間諜類型與行爲特性之探討〉，頁100。
56 Robert M. Clark著，吳奕俊譯，《情報搜集》（*Intelligence Collection*），頁73。
57 Mark M. Lowenthal, *Intelligence: From Secrets to Policy*, pp. 127-128.

法制條文當中亦有規範，以協助間諜或情報人員順利達成其情報任務。例如我國的《國家情報工作法》第9條即規定：「情報機關爲執行情報工作之必要，得採取身分掩護措施。前項身分掩護有關戶籍、兵籍、稅籍、學籍、保險、身分證明等文件之申請、製作、登載、塗銷或管理等事項，其他政府機關應予以協助，相關規定由主管機關會同有關機關定之。」

貳、蒐集竊取

情報蒐集就是在別人不同意、不合作、甚至不知覺的狀況下取得資料。在情報作業裡屬於「原料生產」部分，是純攻勢的作爲，也是最耗費人力、物力、財力、時間的工作。[58]蒐集情報的手段包含了諜報蒐集、外交管道蒐集、公開情報蒐集、密碼破譯、電子情報等基本手段，其中間諜秘密情報蒐集是一種不可缺少的基本情報活動。[59]因此，蒐集情報是間諜的基本任務與主要內容，竊取秘密成了間諜的永恆主題與最基本的手段。因此，竊取成了最傳統的手段，竊取的主要目標就是敵人或對手國的秘密文件，從中可準確摸清敵人的意圖動向與關鍵性的重大決策，讓己方從而採取相應的對策。世界各國的間諜情報機關總是把對方的秘密文件作爲獵取的主要對象。間諜情報人員有時會偷撬文件櫃，有時在廢紙簍、垃圾堆裡尋覓可能被當作廢紙扔掉的文件，有時拆掉密封的外交郵袋，有時劫持機要交通信使，所以秘密文件向來是間諜竊密的重要目標。[60]竊取就是「偷」，情報界有句話：「Beg, Borrow, Buy? No, We Steal.」（求？借？買？不，我們偷！），只要合法方法拿不到手，就是「偷」，「偷」也是

58 蕭台福，《情報的藝術—新智慧之戰（上）》，頁153。
59 Allen W. Dulles, *The Craft of Intelligence*, pp. 56-58.
60 張殿清，《間諜與反間諜》，頁291-292。

諜報活動中使用得最普遍的手法，偷看、偷聽、偷抄、偷抽屜、偷保險箱、偷手提箱、偷手提電腦、扒口袋、私下影印、非法下載…，都屬於竊取的範圍。[61]例如本書第二章的日本間諜吉川猛夫，蒐集珍珠港美軍的船艦類型和數量等資訊，屬於蒐集行爲。至於本國間諜劉岳龍，則是將軍機資料下載於筆記型電腦，再由其父劉禎國帶到大陸交付，屬於竊取機密行爲。

參、刺探套取

所謂的刺探意義指：暗中探聽，相似詞有密查、探聽。[62]套取秘密情報，就是不讓對方察覺自己的目的，而從其口中或其他活動中打探出自己所欲取得的秘密情報。套取的手法不一，常常在友好的交流中、融洽的宴會中、優雅的舞會交際中，或是在建立友誼和感情的基礎上悄悄地進行。冠冕堂皇的外交辭令、其樂融融的談笑風生、親密無間的莫逆懇談，往往能把窺測對方秘密、套取對方情報的詭秘企圖遮掩得不露一點蛛絲馬跡。[63]訪談、套取是資訊蒐集模式中合法、有效，且同時適用於民間與政府的作爲，即在交談方式中，藉機引誘對象有意無意之間告知己方所需要的資料，在注意人際關係、私人交情的社會，這種方式特別有其優勢。[64]例如本書第二章的蘇聯間諜艾姆斯，其在1993年遭到懷疑之後，便被分配至緝毒中心擔任分析的職務。然而，他仍然能夠巧妙地利用辦公室的個人電腦，以及和之前同事的聊天內容進行情報刺探套取，進而提供給蘇

61 蕭台福，《情報的藝術—新智慧之戰（上）》，頁189。

62 〈教育部重編國語辭典修訂本〉，《國家教育研究院》，<https://dict.revised.moe.edu.tw/dictView.jsp?ID=140789&la=0&powerMode=0>（2024年5月30日查詢）。

63 張殿清，《間諜與反間諜》，頁348。

64 蕭台福，《情報的藝術—新智慧之戰（上）》，頁172。

聯。[65]另外如第三章的中國大陸間諜鎮小江，係中共派遣至我國並吸收現役及退役軍官加入組織，刺探幻象2000戰機、新竹樂山雷達站位置等臺灣軍方機密情資，均屬刺探套取機密之間諜行爲。而在我國的《國家情報工作法》第3條第1項第6款當中，針對「間諜行爲」的定義爲：「指爲外國勢力、境外敵對勢力或其工作人員對本國從事情報工作而刺探、收集、洩漏或交付資訊者。」其中即包含「刺探」之行爲。

肆、傳遞

間諜竭盡心思所獲取的情報，若無法順利傳遞報告己方諜報機關，該獲取的情報或其間諜行爲則不具有任何意義。通常間諜在傳遞情報與通信聯絡的方法，不外是由暗語、密碼或符號、記號等方式，將獲取的情報迅速安全地傳遞至己方或特定聯絡對象，此種傳遞聯絡方式不受時空限制，且只有特定對象始能知悉其聯絡意思表示之意義。使用暗號、密碼、符號通信目的在確保當事人之間的秘密，防止無關第三者的探知、判讀或破解。即使現代電訊通信網路等高科技異常普及與發達，搭配使用暗語或密碼等方式傳遞通訊，避免被破解，仍是現代間諜行爲表現的主流。[66]對於機密資訊的傳遞，由於人員接觸式聯絡傳遞易遭到敵國反情報機構監控，風險較高，故而常採以所謂的轉手（Mail-Drop或Letter Box）方式。轉手分爲「活轉手」和「死轉手」兩種。「活轉手」（Live Letter Box）是交的人將物品交由第三者轉交，轉交者不會主動去問轉交物品的內容爲何，只要收的人「人員對辨」，就算完成轉交；「死轉手」（Dead Letter

65 Hitz, Frederick P. *Why Spy? Espionage in an Age of Uncertainty*, pp. 44-45.

66 歐廣南等合編，《間諜兵學理論與運用的現代意義之研究：以日本和我國的學說與理論實務爲例》（臺北市：國防大學政治作戰學院，2017年），頁160-161。

Box，簡稱DLB）是交接的雙方不直接接觸，交的人將物品寄放在第三地，由接的人自行去取，只要「貨物對辦」就算完成轉交。死轉手是情報機關很喜歡的聯絡工具，它的應用範圍最廣，除了連絡外，也可用於貯藏任何跟情報工作有關的東西——文件、金錢、無線電機、特種照相器材等。已知的死轉手型態有幾千種，它可能在地上或地下、戶內或戶外，從樹洞、橋洞、墓碑、磚縫、車站或百貨公司的置物櫃到特別設計可以放到軟土壤或金屬涵管中的塑膠盒、金屬磁性「信箱」，可使文件即使長期存放也可免受氣候及泥土的沾汙。水下的死轉手也被廣泛地運用。[67]例如第二章的美國間諜艾姆斯，即透過「死轉手」的方式交付機密資訊，其交付機密資訊與取得金錢的方式均於指定地點進行無人交遞，即在特殊地點留下記號指示接貨或送貨，並以層層包裝的黑塑膠袋將金錢或資料藏在隱密地點進行交易，當事人並不彼此接觸。[68]

伍、滲透

課報活動就是一種隱藏得很好的觀察活動，比觀察更具有長遠價值的間諜活動是滲透（infiltrate），也就是進入目標內部，並留在那裡，這又可分「打入」（penetrate）與「拉出」（convert）。[69]「打入」，就是打進目標國重要部門，或稱「安釘子」、「插暗樁」、也叫「滲透」，選派幹練情報間諜人員或代理人，打進目標國家的重要部門，刺探竊取秘密。「拉出」，則是指設法將對方人員爭取過來，成爲己方間諜，爲我所用。滲透的間諜以僞裝掩護身分打入到對方組織內部，設法接近秘密部門

67 蕭台福，《情報的藝術—新智慧之戰（上）》，頁92、95。
68 Peter Mass, *Killer Spy* (New York: Warner Books, 1995), p. 103.
69 Allen W. Dulles, *The Craft of Intelligence*, p. 61.

和能接近秘密部門的核心人物，並取得核心人物的信任，從而達到蒐集情報、竊取秘密的目的。間諜滲透的主要目標通常集中在：一、國家的黨政機關及其首腦人物或重要人物；二、對方的間諜情報機關反間諜情報人員，以及這個機關的工作人員；三、高科技研究單位、研究人員與生產部門；四、企業財團的核心部門及其核心人員。[70]例如蘇聯情報運作的主要途徑之一即爲滲透外國的安全機構和情報服務網絡，其主要目的爲：找出這些機構對蘇聯情報活動的瞭解程度、確認是否有反間諜被植入蘇聯機構或任何相關人員受到招聘、確認逮捕其他間諜的時機、運用設施對可疑人員進行偵查等。而滲透外國情報機關亦可讓蘇聯確保自國是否成功地創造了間諜網絡，以及確認其間諜的身分、傳輸的秘密信息、使用何種通訊方式等。此外，一位滲透進入外國情報機關的間諜不僅可以用來獲取秘密資訊，也可以成爲傳輸蘇聯和其他國家假訊息的管道。[71]

陸、策反

策反是招募吸收間諜的一種高級手法，即深入敵對一方的內部，採用政治影響、物質引誘、情色勾引、栽贓陷害、尋找把柄等手段方法，秘密進行策動，使敵方的間諜或工作人員反叛過來，爲己所用。這種反叛過來的間諜或工作人員，被孫子稱之爲：「反間」。策反的目的有時是爲了對某一關鍵人物或重要事件施加影響，有時是爲了對某種政治形勢進行控制，有時是爲了給某種勢力培養心腹，而更多時候則是爲了蒐集秘密情報。[72]例如本書第二章的中國大陸間諜劉連昆，被我國軍事情報局策

---

70 張殿清，《間諜與反間諜》，頁102-103、375。

71 Alexander Orlov, “The Soviet Intelligence Community,” in Loch K. Johnson and James J. Wirtz, *Intelligence: The Secret World of Spies: An Anthology*, 5th Edition, pp. 527-528.

72 張殿清，《間諜與反間諜》，頁396-397。

反。蘇聯間諜戈傑夫斯基（Oleg Gordievsky）被英國的軍情六處（Military Intelligence, Section 6, MI6）策反。而第三章的我國間諜羅賢哲，則是我國陸軍軍官遭對岸策反的案例，各國經常運用此種方式針對敵對方人員加以策反爲其效力。對此我國的《國家情報工作法》第22條第1項亦有規定：「情報機關從事反制間諜工作時，應報請情報機關首長核可後實施，並應將該工作專案名稱報請主管機關備查。但屬反爭取運用者，應經主管機關核可後實施」。第22條第4項規定：「反制間諜工作之定義、條件、範圍、程序及從事人員保障事項之辦法，由主管機關會商各情報機關定之。」條文當中反制間諜工作之「反爭取運用」，即針對從事間諜行爲之人加以反制爭取爲我所用，即屬所謂的策反手段。

柒、欺騙

所謂的欺騙，指故意用虛假言行騙人上當。[73]美國加州大學醫學院心理學教授保羅・艾克曼（Paul Ekman）爲謊言或欺騙所下的定義是：「一個人有心誤導別人，並經過算計，事先未透漏目的，對於其所作所爲，對方也不知情。」[74]就反情報的觀點而言，欺騙是機構用以影響敵方諜員、行動人員、官員，以及分析者的思想，以達到擊敗他們認知過程的方法，透過先期形塑敵對者之錯誤認知，進而再加以利用。[75]而間諜就此項手段的運用如外來型間諜捏造虛假的身分並掩蓋眞實的間諜身分，進入目標國從事間諜活動；內間型間諜被敵對方吸收後臥底於該國當中，掩蓋眞實的間諜身分，潛伏於目標國暗中執行任務；另雙重間諜亦可透過捏造虛假的

---

73 李鍌、蔡信發等，《中華語文大辭典》（臺北：中華文化總會，2016年），頁2207。

74 Paul Ekman, *Telling Lies: Clues to Deceit in the Marketplace, Politics, and Marriage* (W. W. Norton and Company, 2001), p. 28.

75 汪毓瑋，《情報、反情報與變革（下）》，（臺北：元照出版社，2018年），頁1592。

情報並掩蓋眞實的情報，誤導目標國決策或行動，此皆為間諜常用的欺騙手段。例如本書第二章的諾曼地登陸案，在1944年第二次世界大戰期間，盟軍進行諾曼地登陸之前，英國利用被捕獲的納粹間諜，以及龐大的假情報攻勢，建構一個完全虛構的聯軍戰役，顯示聯軍將入侵加萊海峽（Pas de Calais），而非諾曼地，此項舉動成功地說服了德國。而此行動的成功，歸功於英國精湛的反情報操作，即確認並瓦解所有在英國的納粹間諜消息來源，並消除任何德國可能對英國所釋放消息的任何疑慮。而德國對於戰役的欺騙所採取的信任態度，也大大的幫助了英國的勝利。[76]此外，欺騙的操作也與滲透（發展內部奸細）或雙重間諜關係密切。操作欺騙的手段就是企圖給敵人一個假象，使其採取違背自己利益的行動。[77]

捌、發展組織

間諜活動即是以隱蔽的手段，派遣僞裝身分的情報人員去刺探、收買、盜竊對方的情報和招募間諜，建立發展間諜組織或進行滲透、破壞、顚覆的活動。其主要手段包含「建立情報網」，即由情報間諜骨幹人員在國外物色、招募間諜，建立情報網，指揮渠等人員進行情報竊密活動。[78]間諜爲達成其刺探、蒐集、洩漏、交付機密資訊的任務，必須有情報的來源，因此必須將其人脈觸角擴展至具有情報價值的對象，並發展間諜組織，如吸收目標對象或可協助其傳遞情報等相關成員，以完成被賦予的任務。例如本書第二章的蘇聯間諜佐爾格，發展下線間諜尾崎秀實（Ozaki

---

76 Paul J. Redmond, "The Challenge of Counterintelligence," in Loch K. Johnson and James J. Wirtz, *Intelligence: The Secret World of Spies: An Anthology*, 3rd Edition, p. 264.

77 Loch K. Johnson and James J. Wirtz, *Intelligence: The Secret World of Spies: An Anthology*, 5th Edition, p. 254.

78 張殿清，《情報與反情報》，頁102-103。

Hotsumi），進行情報蒐集。另外如第三章的中國大陸間諜鎮小江，其經中共派遣進入我國之後，吸收現役及退役軍官加入組織，發展出的情報網人數逾十人，吸收軍官橫跨陸、空軍，是歷年來檢調破獲的最大共諜情報網。對此我國的《國家安全法》第2條即規定：「任何人不得爲外國、大陸地區、香港、澳門、境外敵對勢力或其所設立或實質控制之各類組織、機構、團體或其派遣之人爲下列行爲：一、發起、資助、主持、操縱、指揮或發展組織。二、洩漏、交付或傳遞關於公務上應秘密之文書、圖畫、影像、消息、物品或電磁紀錄。三、刺探或收集關於公務上應秘密之文書、圖畫、影像、消息、物品或電磁紀錄。」其中即包含「發展組織」的間諜罪行。

第四節　結語

傳統對於間諜的印象多來自於電影或小說當中的形象，甚至充斥著神祕、陰謀、欺騙、甚至謀殺等犯罪內容，而此一古老行業也因爲這些充滿冒險與刺激的行爲，成爲電影、戲劇或小說當中青睞的情節。然而眞實生活當中的間諜，其行爲的特性與常用手段，不論是學術研究或是實務工作面向，均具有重要的研究價值。本章發現，各類型間諜具有12項共同特性；各類型間諜的個別特性部分則因有不同的屬性或特性，其間仍有個別的差異。至於間諜常用的工作手段部分則有身分掩護等8項，惟相關手段是否違法，仍需視其是否違反法律的相關規定爲準。然而，由於間諜行爲相關議題的研究仍有許多有待開發之處，相關行爲特性與工作手段的瞭解，仍有待進一步開發探討。鑒於間諜行爲的高度危害，相關議題不僅值得吾人投以更大的關注，方能更加完整瞭解間諜犯罪行爲的樣貌。

第六章　間諜行爲的成因動機

間諜從事的情報蒐集或破壞行動，對國家安全造成極大的威脅與危害，各國無不積極防範各國或組織派遣的間諜從事活動，以及本國人員被吸收而導致的叛國行爲，因而各國多訂有相關的法令懲罰觸犯間諜行爲者。然而面對嚴厲的刑事懲罰和社會譴責，爲何仍有人願意鋌而走險犯下間諜的罪名，此等行爲是否受個人、社會、政治、經濟等因素的影響？其從事間諜行爲驅使的動機爲何？就學術研究或實務工作面向而言，均爲重要的研究課題。此外，如能在相關成因探討中歸納出行爲的發生動機，當能協助間諜行爲的預測，提升間諜行爲研究的科學性及精確性，據以研擬防制對策，並可藉由此成因動機策反外國間諜爲本國服務，故而探討間諜的行爲成因的重要性不言可喻。爲探討間諜行爲的成因動機，本章先就相關學者的見解，以及相關研究進行介紹，並說明間諜行爲成因動機的運用面向。

第一節　相關學者的見解

所謂動機是一種心理內在歷程，具有引發、導向、維持個體活動的功能，且與需求、驅力被認爲是相同意義。[1]動機是引發且維持個體活動，以及促使該活動朝向某目標進行的原動力。動機是看不見的，只能由個人的行爲表現來推估其動機。[2]有關間諜行爲產生的動機，學者斯伯利

1　郭靜晃等著，《心理學》（臺北市：揚智文化，1994年），頁237。
2　葉重新，《心理學（第五版）》（新北市：心理出版社，2020年），頁314。

（Katherine A. S. Sibley）指出，整體而言，至21世紀初期，間諜行爲的成因動機，相較於以往更爲多元，從政治意識形態、同情、民族主義傾向，甚至謀取商業利益等，而參與間諜行爲的國家也更爲多樣。[3]有關間諜的行爲成因動機，學者張殿清、聞東平、海野弘（Umino Hiroshi）、羅文索（Mark M. Lowenthal）以及赫茲（Frederick P. Hitz）等均提出相關的見解，分述如下。

壹、學者張殿清

選擇間諜這個職業或參與間諜活動，都有某種特殊的動機和心理需求。分別爲信念和理想、金錢和物質、野心和權勢欲以及奇特的心態等四個因素。[4]

一、信念和理想的追求

信念和理想是一種思想意識，是高級層次的心理需求，是指導實踐比較自覺的、明確的、完整的思想體系，它提供了行爲指標，是從事某種工作、或付諸行動的精神支柱。比如對共產主義的信仰、對和平的渴望、對民族獨立的追求、對宗教的虔誠、對某種道德規範的守護等。在現代無比激烈而複雜的世界範圍內的間諜戰中，受某種信念和理想的驅動而涉足間諜行列或甘心情願當間諜，甚至不惜獻身者不乏其人。美國獨立戰爭期間的黑爾（Nathan Hale）、蘇聯衛國戰爭期間的佐爾格（Richard Sorge），都是爲了實現崇高的信念和理想而投身到間諜事業中，並爲此獻出了寶貴

---

3 Katherine A. S. Sibley, "Catching Spies in the United States," in Loch K. Johnson, eds., *Strategic Intelligence 4-Counterintelligence and Counterterrorism: Defending the Nation Against Hostile Forces* (London: Greenwood Publishing Group, 2007), p. 47.

4 張殿清，《間諜與反間諜》（臺北市：時英出版社，2001年），頁233-234。

的生命。[5]

二、金錢和物質的誘惑

極端利己主義者大都無限制地追求物質享受，崇尚拜金主義，奉行「人不爲己，天誅地滅」的人生哲學。當他們物質享受的欲望得不到滿足時，往往不是用誠實的勞動，透過正當的途徑去創造財富，而是不擇手段地追逐錢財，以滿足和實現他們極端利己主義的心理需求。在金錢至上的西方世界，金錢的誘惑是一些人充當間諜出賣情報最常見的心理需求和動機。古今中外，無論哪個時代都有專爲金錢而充當間諜的人。第一次世界大戰期間發生在法國的哈麗（Mata Hari）間諜案，以及在1990年代被揭露的號稱當代最大間諜的艾姆斯（Aldrich H. Ames）間諜案，也是一個受金錢驅使而擔任間諜的人。[6]

三、野心和權勢欲的膨脹

政治野心和權勢欲是一種十分複雜而又自私的心理需求，也是驕傲自滿、喜歡炫耀和愛好虛榮等不良心理因素在某種條件影響下惡性膨脹的結果，並具有強烈的個人主義占有欲。在現代社會中，無論是東方還是西方，這種極端個人主義的表現和占有欲望，以及對政治和權勢的強烈追求，都是難以得到滿足。於是投身間諜行列，去「表現自我」，以間諜行爲來滿足自己的政治野心，強化自己的權勢欲，甚至不惜犧牲國家民族的利益。例如瑞典空軍上將溫納斯特諾姆（Stig Wennerstrom），就是在這種不斷膨脹的政治野心和權勢欲的驅使下步入諜海，他想成爲一個名聲顯赫的大人物，在這種心態下，受到蘇聯軍事情報機關的招募而成爲間諜。

5　張殿清，《間諜與反間諜》，頁234。
6　張殿清，《間諜與反間諜》，頁238-242。

他從1948年至1963年間充當蘇聯間諜15年，一種爲表現自我的虛榮心與權勢欲，一直是他充當間諜的精神支柱。[7]

四、奇特心態的驅動

有些人從事間諜的原因是受一種奇特的心理驅動，有時甚至是常人難以理解的。這是一種很複雜的心理現象，帶有強烈的衝動情緒。如追求刺激、報復上司等。例如英國陸軍諜報機構的高級官員博薩德（Frank Bossard）在1960年代被蘇聯招募成爲間諜，他在被美國聯邦調查局（Federal Bureau of Investigation, FBI）逮捕審訊時，告訴法庭說：「我開始背叛自己的祖國是爲了金錢……。但後來逐漸認識到，我當間諜並不僅僅是爲了錢，危險給我一種愉快的感覺，一種連續不斷的刺激，它就好像是使人上癮的毒品。」[8]

貳、學者聞東平

學者聞東平認爲，自古以來，諜報戰線的三大法寶就是金錢、女色、成就感和冒險慾望，數者併用的招募成功率自然更高。首先是接近，隨後以金錢、女色等利誘之後就是威逼。[9]

參、學者海野弘

人從事間諜行爲主要有四大原因，將其字首綜合起來，可組成MICE

---

7 張殿清，《間諜與反間諜》，頁245-246。
8 張殿清，《間諜與反間諜》，頁247-248。
9 聞東平，《正在進行的諜戰》（紐約市：明鏡出版社，2011年），頁261。

（老鼠）一詞。M（Money）是金錢。I（Ideology）是思想體系（思想信條），冷戰時期，有人出於對政治信念的忠誠而成爲間諜，而現今對宗教、民族主義的忠誠則成爲主要原因。C（Compromise）是妥協，因名聲、信用暴露在危機中，私生活的醜聞使其動搖，所以被拉攏成爲間諜，就是透過竊聽、偷拍，抓住對方的弱點進行威脅。E（Ego）是自我意識（自尊心），就是被煽動、自尊心被激發而成爲情報提供者。[10]

肆、學者羅文索

儘管任何一種動機類型的間諜案件都可能發生在任一國家或地區，但在英國，意識形態更可能成爲背叛的原因。而在美國，主要則是基於經濟因素。間諜的動機也可能是對上級或機關的報復、對自己或家人的勒索、刺激或與外國人的交往。儘管如此，最近美國大多數間諜案件主要還是受金錢驅使。反間諜官員將間諜活動的可能動機總結爲MICE：即M（Money）金錢、I（Ideology）思想、C（Compromise）妥協，以及E（Ego）自尊。精神病學家查尼（David L. Charney）曾訪談過幾位間諜，根據他們的陳述，由於自尊和自負的傷痛，以及無法忍受個人的失敗感，是決定從事間諜活動的主要動力。[11]

伍、學者赫茲

赫茲（Frederick P. Hitz）指出成爲間諜有七個主要動機，分別爲意識

---

10 海野弘（Umino Hiroshi）著，蔡靜、熊葦渡譯，《世界間諜史》（*A History of Espionage*）（北京：中國書籍出版社，2011年），頁3。

11 Mark M. Lowenthal, *Intelligence: From Secrets to Policy*, 8th Edition (Washington, DC: CQ Press, 2020), p. 205.

形態、金錢物質因素、報復心理、性與感情及恐嚇勒索、友誼因素、民族或宗教因素，以及間諜遊戲等，並提出諸多相關案例，在間諜行爲成因探討上相當深入。

一、意識形態

接近一位潛在間諜的第一時刻較屬於意識形態。什麼樣的人會和招聘者擁有同樣的哲學和政治利益？例如1930年代蘇聯的間諜招聘者在美國和歐洲的經濟大蕭條期間，運用意識形態成功地蒐集英國和美國的情報。蘇聯招聘者指出美國和歐洲在資本主義模式上的巨大失敗，以及華爾街投機者的貪婪，導致許多無辜的人失去工作。他們也指出俄羅斯社會主義建立工農合作夥伴的關係，讓蘇聯在現代化工業的顯著進展。此外，他們也利用對蘇聯共產主義的同情，接受蘇聯共產主義的招募。但經由意識形態招聘的間諜，本身如果沒有堅定的信仰，招聘行爲就可能前功盡棄。例如波蘭國防部的前高階軍官庫林斯基（Ryszard Kuklinski），其在1972年主動與美國聯繫願意提供情報服務。前後9年期間，他爲西方國家提供華沙公約組織（Warsaw Treaty Organization）高度機密的行動計畫內容。他將自己視爲拯救國家的波蘭民族主義者，只有透過告知美國人自國的國防內容和秘密，才能避免波蘭在戰爭期間遭受蘇聯軍隊的迫害。他在華沙（Warsaw）的冬季，冒著危險和不便，在大雪中傳遞和接收信息，更讓他堅信自身信念的正確。若是波蘭情報人員發現他與美國中央情報局（Central Intelligence Agency, CIA）官員交換情報，他的職業生涯將爲之結束。亦即因爲庫林斯基對信念的堅持，才讓其違背自身對波蘭軍隊的誓言，以背叛出賣同僚的方式，維持此種秘密合作關係。庫林斯基在1982年叛逃到美國，並受到美國中央情報局的照顧。中央情報局將庫林斯基視爲一位英勇的間諜，肯定其對美國國家安全艱鉅和堅定的貢獻，但許多他在波蘭的同事並不抱持同樣的想法，縱然庫林斯基的同僚並不支持蘇聯，卻也不會選擇和他同樣的道路。[12]

二、金錢物質

金錢或實際利益的交換是間諜行爲最常誘發的主因，大部分的情報組織都較喜歡此種類型的間諜。情報部門認爲這是提供服務所必須支付的代價，亦不牽涉意識形態的信仰，相較之下較於單純。蘇聯在1985年招聘艾姆斯的案件中，最主要的關鍵就是金錢。艾姆斯在美國中央情報局服務了30多年，主要負責蘇聯事務，當時在職業生涯上遭遇瓶頸，他原本堅信他的職位不久後應該獲得晉升。然而，他在1985年春天又面臨另一項經濟問題。當時他剛在墨西哥完成一項例行任務，但其長期的酗酒問題，導致他在招聘蘇聯人士的工作上遭受挫折。此外，艾姆斯在墨西哥任務之前已經分居的妻子，確定與其離婚，艾姆斯並決定與在墨西哥認識的一位哥倫比亞外交官羅莎莉歐（Rosario Descazes）結婚。爲了完成這個目標，他需要一大筆金錢，以還清債務和離婚贍養費。此外，他瞭解羅莎莉歐的用錢習慣，他必須有足夠的金錢以支付其昂貴的品味。艾姆斯的上級長官認爲此人是一位經驗豐富的蘇聯事務專家，擁有流利的俄語能力，並懂得如何處理蘇聯人士的招募問題，但他卻無法招聘新的來源，且有著持續性的酗酒問題。然而在返回華盛頓之後，先前的長官指派他接任蘇聯反間諜工作的運作與指導。之後他向蘇聯提供所有現任中央情報局和聯邦調查局（Federal Bureau of Investigation, FBI）的間諜訊息，這對蘇聯國家安全委員會（KGB）而言是一個夢幻般的巨大礦脈。[13]

---

12 Hitz, Frederick P. *Why Spy? Espionage in an Age of Uncertainty* (New York: St. Martin's Press, 2008), pp. 24-28.

13 Hitz, Frederick P. *Why Spy? Espionage in an Age of Uncertainty*, pp. 34-36.

三、報復心理

思想信仰和金錢只是間諜形成的原因之一，在七個成爲間諜的主要動機中，報復的心理或排解長期內心的不滿也是其中的一項因素。例如霍華德（Edward L. Howard），他在1980年代初是一位新任的中央情報局行動組學員，過去從未有任何從事間諜活動的紀錄。中央情報局認爲蘇聯國家安全委員會尚未發現其眞實身分，故而將此人選定爲參與莫斯科地區的行動人員。因此，他加入了莫斯科和鄰近國家的一系列特殊行動。然而，在霍華德出發至莫斯科之前的測謊檢查，卻發現霍華德可能是毒品和酒精濫用者，甚至有偷竊行爲。中央情報局因而取消了此人的任務，並草率地加以解雇。霍華德對於自身受到的待遇感到不滿，便向駐華盛頓的蘇聯大使館表達願意提供服務，並設計了一套如龐德（James Bond）的逃脫計畫，擺脫了中央情報局的監控離開美國。此後，他在提供KGB有關美國在莫斯科相關的情報行動上作出重大貢獻。[14]

四、性與感情及恐嚇勒索

英國和美國在冷戰期間都不常使用性誘惑來獲取利益，原因是因爲此種方式的成功率相當低，蘇聯人相較於其西方同行，較少與自身妻子以外或同性伴侶產生性關係，進而導致背叛國家的實例也較少發生。然而，蘇聯情報單位則是在利用「燕子」（swallows）引誘孤獨的西方官員上，獲得許多成功的案例。「燕子」都是接受過西方教育且訓練有素的蘇聯女性情報人員，她們的工作就是引誘粗心或受性欲控制的西方人，再讓KGB對這些不知情且不幸的受害者進行拍攝。最後這些照片將讓這些西方外交官與蘇聯進行「合作」的關係，否則這些證據將會交給受害者

---

14 Hitz, Frederick P. *Why Spy? Espionage in an Age of Uncertainty*, pp. 42-44.

任職的使館。例如前美國外交官布洛赫（Felix Bloch），其於1980年回到其出生地—奧地利的維也納，並擔任美國大使館的高階官員。在抵達目的地後，他著手的第一件事情就是與一位專門從事性虐待行爲的當地妓女每週進行幽會。蘇聯情報單位獲得此訊息之後，以其被偷拍照片並提出幫助布洛赫支付此性消費的方式，招募了布洛赫，讓他與KGB進行了近10年的合作關係。不幸的是，蘇聯置入於聯邦調查局的間諜—韓森（Robert P. Hanssen），先行將FBI的懷疑告知了KGB，讓其組織很快地終止與布洛赫的接觸。雖然布洛赫後來被迫退出美國國務院，但FBI從未在法庭上確切地掌握其間諜活動的罪證。此案件正是脆弱者因受到恐嚇勒索而受到招募的經典案例之一。[15]

五、友誼

成爲間諜的一大強烈動力就是單純的友誼，但此因素往往不受到注目。例如卡瑞基（Dewey Clarridge）在1960年代與一起服役於土耳其的波蘭貿易專員—雅旦斯基（Wladyslaw Adamsky）建立友誼的案例。卡瑞基在其自傳《無所不在的間諜》（*A Spy for All Seasons*）一書中，提到自己設法要求雅旦斯基違反波蘭的安全規定，讓雙方能在社交場合見面。但讓該友誼邁入最關鍵階段的是當卡瑞基主動提供雅旦斯基的妻子愛蓮娜（Irina Adamsky）墮胎藥，以終止其意外懷孕，最後讓他成功招募了雅旦斯基。雖然最後愛蓮娜是自然流產，但卡瑞基的主動協助仍讓對方相當感激，如此的事件則讓友誼無限升值。[16]

---

15 Hitz, Frederick P. *Why Spy? Espionage in an Age of Uncertainty*, pp. 51-52.
16 Hitz, Frederick P. *Why Spy? Espionage in an Age of Uncertainty*, pp. 58-59.

六、民族或宗教因素

在當今社會中，從事間諜活動的強烈動機之一即常見於間諜和國家彼此間的民族、文化或宗教因素。此項因素最讓人印象深刻的應屬1985年在美國被逮捕的波拉德（Jonathan J. Pollard）爲以色列從事間諜活動的案例。波拉德是一位任職於美國海軍情報單位的美國猶太人，爲了以色列的國家利益，提供了數千件的美國機密文件。雖然波拉德以身爲猶太人的理由拒絕承認其罪行，但卻認爲自己對以色列產生同情的原因是出自於「民族責任」（ethnic obligation）。他成長於印第安納州，並因其猶太身分而受到鄰里間的反猶太主義歧視。他在年輕時期即對以色列產生強烈的仰慕，並在1973年贖罪日戰爭（Yom Kippur War）時期，即在其就讀於史丹佛大學時期就申請擔服駐以色列的志願兵役，服役於以色列成爲他無法擺脫的迷思，最後甚至自願爲以色列進行情報服務，提供爲數龐大的機密資料，其中有些訊息甚至並未與以色列有所關聯。波拉德之後遭到逮捕，並被以爲以色列從事間諜活動判處終身監禁。每隔一段時間，以色列便會向美國總統請願要求釋放波拉德，認爲此人已經爲其間諜行爲付出代價。以色列甚至曾在2000年向當時的柯林頓（Bill Clinton）總統提出條件以交換釋放波拉德，但並未成功。而此案件也證明了民族和宗教因素也是間諜形成的主要原因之一。[17]

七、間諜遊戲

在冷戰時期，諸多案例都證實，許多間諜的形成動機僅是單純對間諜行爲的熱愛，而非爲了自身利益。例如韓森，他避免浮誇的生活方式，並決定絕不與其蘇聯操作者有直接的接觸。他急需金錢以支付其子女進入

---

[17] Hitz, Frederick P. *Why Spy? Espionage in an Age of Uncertainty*, pp. 61-62.

昂貴的學校，並提升家庭的生活水平，但韓森成爲間諜的部分原因並不僅是金錢。如同艾姆斯，韓森也相當看輕其聯邦調查局的同事，局內同事嘲笑其深色西裝和刻板的行事，但他自認爲比這些人都更爲聰明，尤其是在技術問題的處理上，這導致他採取了一些不必要的風險。例如，他經常在網路上閱讀自己的人事檔案，檢查是否有人質疑其蘇聯間諜的身分，他甚至攔截一份傳送給長官的報告，只爲了確認其中是否含有任何貶抑他的信息。韓森厭倦其被指派在華盛頓國務院追蹤外國外交官的職務，並渴望站在蘇聯間諜的聚光燈下。赫茲在研究韓森時發現，他在一封寫給其敵方聯絡人的信中寫道：「如同艾姆斯一樣，他覺得自己是天下無敵。」韓森認爲蘇聯並不知道他確實的身分，而且也不認爲任何調查局裡的人員擁有能與他相比擬的智慧。這種過度自信和命運的安排都讓韓森能先逃離其追捕者。例如，韓森在1985年及1986年被美國聯邦調查局指派找出霍華德和艾姆斯的同夥，然而，他自己就是那位第三位間諜。相信他爲此想法深感驕傲，他享受成爲那位唯一知道所有事情的人。[18]

第二節　相關研究

學者泰勒和史諾（Stan A. Tailor and Daniel Snow）研究美國在冷戰期間，139名犯下間諜行爲者的成因，發現在1950年代，某些美國人的背叛，是因爲受到蘇聯共產主義思想的吸引。而在後冷戰時期，金錢已成爲叛國的最主要動機。泰勒和史諾建立了一個由139名正式被指控間諜罪的美國人所組成的資料庫，試圖包含所有在冷戰期間被逮捕的叛國者，但研

---

18 Hitz, Frederick P. *Why Spy? Espionage in an Age of Uncertainty*, pp. 71-76.

究對象僅爲被外國情報機構吸收招募之美國公民。研究發現，所有的動機可被歸納爲四個種類——金錢、意識形態、逢迎和不滿情緒。在這四個項目中，金錢和不滿情緒的可能性逐漸升高，而意識形態和逢迎的機率則是逐漸減弱。研究也發現了一些其他因素的可能性，這些也都是不可忽視的變項，尤其是可能與其他動機結合。[19]

壹、金錢因素

金錢似乎是近期美國歷史裡，誘惑叛國者最爲普遍的一種。研究顯示，金錢因素在冷戰時期所有的間諜行爲動機當中占有55.4%的比例，也是迄今爲止最爲普遍的動機。這些是指以賺錢爲目的而被逮捕，或在款項轉手前就被發現的叛國者。當與次要因素結合時（如意識形態、不滿情緒等），金錢在139個案例中，更高占了62.6%的比例。在1980年代之前，低階軍事人員爲解決債務問題或提升生活水準，選擇投入間諜活動。他們轉向蘇聯國家安全委員會或相關服務單位尋求協助，而非向家人、朋友或銀行貸款。金錢因素動機比例的上升反映了崇尚物質和貪婪情形的日趨嚴重，也指出如何招募他國公民爲本國情報機構服務的技術方法。[20]

---

19 此項研究係根據公開資訊分析所得，可能無法呈現整體的實際狀況。但公開訊息所能提供的資訊其實比普遍認知的更爲豐富。研究者爲每項案例蒐集了約40個變項。相關變項包括出生日期、逮捕日期、個人習慣（賭博、酗酒和吸毒）、性取向、受招募之原因，以及其他變項範圍等。引自Stan A. Taylor and Daniel Snow, "Cold War Spies: Why They Spied and How They Got Caught," in Loch K. Johnson and James J. Wirtz, *Intelligence: The Secret World of Spies: An Anthology*, 5th Edition (New York: Oxford University Press, 2018), p. 269.

20 Stan A. Taylor and Daniel Snow, "Cold War Spies: Why They Spied and How They Got Caught," in Loch K. Johnson and James J. Wirtz, *Intelligence: The Secret World of Spies: An Anthology*, 5th Edition, p. 270.

貳、意識形態因素

傳統的觀念認為，大多數蘇聯公民背叛自國的原因為意識形態，而美國人則是因為金錢，但這種概括並不完全正確。事實上，所有的叛國者，無論是何種民族出身，多少都會受到社會環境變遷的影響。許多早期的叛國者是出自於意識形態原因，例如英國的劍橋幫（Cambridge Ring），即受到共產主義的吸引。但在經過1950年代著名的原子間諜案件之後，出自意識形態的美國間諜數量逐漸減少，就算有類似的原因發生，也都不是同情共產主義的典型案件。此外，某些國際事件的影響也造成此一趨勢，例如史達林（Joseph V. Stalin）的暴行在1950年代受到了反思與驗證。在139項案例中，因意識形態而從事間諜行為的比例占23.7%。[21]

參、逢迎因素

逢迎意指為了獲得友誼或愛情，或是贏得某人的好感，進而出賣情報信息。在泰勒和史諾的研究數據中，以逢迎為主要動機的案例為8件，比例占5.8%。其中的性動機，係利用同性或異性的「甜蜜陷阱」。雖然沒有公開的證據支持，但研究者相信這是KGB或相關單位吸引潛在叛徒的手段。逢迎案例的下降可能是因為幾項原因，其中之一是冷戰的結束，以及國際體系的不穩定和諜報技術的快速發展，使得長遠規劃的間諜行動失去效用，有效率的情報行動僅需短期監視，無須發展長期關係。此外，間諜行動中的性成分也一直受到高度關注。美國情報機關發現，擁有快樂和

---

21 Stan A. Taylor and Daniel Snow, "Cold War Spies: Why They Spied and How They Got Caught," in Loch K. Johnson and James J. Wirtz, *Intelligence: The Secret World of Spies: An Anthology*, 5th Edition, p. 271.

幸福家庭關係的情報人員，往往比性關係複雜和情緒缺乏穩定的情報人員更具工作效率。[22]

肆、不滿情緒因素

和金錢因素一樣，不滿情緒成爲一個日益重要的動機。在此研究者指的是出自於被忽視、過度疲勞和不被賞識所產生的不滿。在1940至1950年代並沒有任何不滿的案例產生。然而，由於軍事和國防工業的快速發展，心懷不滿的員工對其雇主採取報復背叛的可能性逐漸增加。研究發現，在139項案例當中，以不滿情緒爲主要動機的比例爲2.9%。不滿情緒源自於多種來源，通常因低工作報酬而導致個人試圖透過販賣情報來改善收入。研究者將這些案例歸類爲不滿，而非出自於貪婪。由於對其待遇感到不滿，進而導致個人從事間諜行爲。[23]

伍、其他因素

其他因素占所有案件比例的12.2%，但極少成爲唯一或主要的動機。包含以下三項：[24]

---

22 Stan A. Taylor and Daniel Snow, "Cold War Spies: Why They Spied and How They Got Caught," in Loch K. Johnson and James J. Wirtz, *Intelligence: The Secret World of Spies: An Anthology*, 5th Edition, pp. 271-272.

23 Stan A. Taylor and Daniel Snow, "Cold War Spies: Why They Spied and How They Got Caught," in Loch K. Johnson and James J. Wirtz, *Intelligence: The Secret World of Spies: An Anthology*, 5th Edition, p. 272.

24 Stan A. Taylor and Daniel Snow, "Cold War Spies: Why They Spied and How They Got Caught," in Loch K. Johnson and James J. Wirtz, *Intelligence: The Secret World of Spies: An Anthology*, 5th Edition, p. 273.

一、英雄式幻想

泰勒和史諾將其稱爲「詹姆士米提」（James Mitty）症候群，因爲其結合了詹姆士・龐德（James Bond）的生活方式，以及華特・米提（Walter Mitty）的幻想。[25]在許多以金錢、不滿情緒或意識形態爲主要動機的案例當中，也包含大量的執迷、興奮或對間諜的幻想。兩起間諜案件說明了這種動機。肯派爾斯（William Kampiles）是一位受到間諜生活誘惑的年輕男子。他在1977年3月進入中央情報局（CIA）服務，但卻被分配至電纜室工作。當他沒有被選定從事情報工作之後，便編造了一個計畫，企圖向長官證明他備有所有必要的技能。當他看見一份丟棄在檔案櫃中的機密文件，肯派爾斯將其偷竊並逃往希臘，最後把它賣給蘇聯大使館。他的邏輯是：「一旦被蘇聯國家安全委員會（KGB）吸收後，再向CIA承認他是雙重間諜。」另一位是皮克靈（Jeffery L. Pickering），他在1983年被判定從事間諜活動，且被形容爲一個對間諜活動充滿幻想的人。

二、凸顯個人的重要性

雖然與不滿情緒有著密切關係，但強調凸顯個人自我的重要性，在某些情況下也成爲叛國的因素。例如莫里森（Samuel L. Morison），他在1974年被聘爲海軍情報支援中心（Navy Intelligence Support Center, NISC）的分析師。被同事形容爲「古怪天才」（oddball genius）和「怪癖貴族」（eccentric patrician）的莫里森，自認爲應擁有更多權責，在1978年被

---

25 詹姆士・龐德（James Bond）是一套小說和系列電影的主角名稱。小說原作者是英國作家伊恩・佛萊明（Ian L. Flemin）。在故事裡，龐德是英國情報機構軍情六處的特務，代號007，被授予殺人執照（可以除去任何妨礙行動的人的權力）。華特・米提（Walter Mitty）是美國作家瑟博（James Thurber）所寫短篇小說《瓦爾特米提的秘密生活》（*The Secret Life of Walter Mitty*）中一位虛構的人物。書中的米提是一位喜歡做白日夢的人。引自《維基百科》，<http://zh.wikipedia.org/zh-tw/James_Bond>、<http://en.wikipedia.org/wiki/Walts#Use_of_the_term>（2024年6月5日查詢）。

NISC聘請後兩年，莫里森成爲詹氏防衛周刊（Jane’s Defense Weekly）的兼職主筆，莫里森經常觸及安全限制的規定。直到1984年，他提供詹氏防衛周刊三個美國對蘇聯正在建造的潛艇所拍攝的衛星照片。詹氏防衛周刊公布了這些照片，揭示了美國間諜衛星（KH-11）的辨識能力。莫里森的主要動機是爲了讓詹氏防衛周刊的上級長官留下深刻的印象。

三、親屬關係

親屬關係在一些案件中也是因素之一。著名的沃克（John Walker）間諜案涉及沃克的弟弟和兒子，最後是由他的前妻向美國聯邦調查局（FBI）舉發間諜案。波拉德（Jonathan J. Pollard）案件也涉及了親屬關係。霍華德的妻子幫助其逃亡，而成爲共犯。而艾姆斯（Aldrich Ames）的妻子也因協助從事間諜活動而被定罪。

泰勒和史諾結論認爲，對於來自各種原因而造成的間諜行爲，任何試圖分類的舉動都過於簡化，因爲每個人都是獨特的個體，且沒有任何人的行爲是起因於單一的動機因素。然而，該項研究發現，對金錢的貪婪、不滿情緒（包含對工作的不滿、企圖報復上司）、意識形態和逢迎都可以用來解釋大多數的叛國行爲。[26]有關泰勒和史諾研究所得間諜行爲成因比例詳圖6-1。

根據上述相關學者的見解與研究所得，作者綜合歸納間諜行爲相關的行爲成因動機爲以下7項，分別爲：金錢物質、意識形態（政治信念、宗教、民族主義）、成就感、遭受脅迫、報復心理、情感需求（獲得友誼、愛情或好感），以及親屬關係等。有關相關學者見解、研究及作者綜合歸納之間諜行爲成因動機詳表6-1。

---

26 Stan A. Taylor and Daniel Snow, “Cold War Spies: Why They Spied and How They Got Caught,” in Loch K. Johnson and James J. Wirtz, *Intelligence: The Secret World of Spies: An Anthology*, 5th Edition, pp. 273-274.

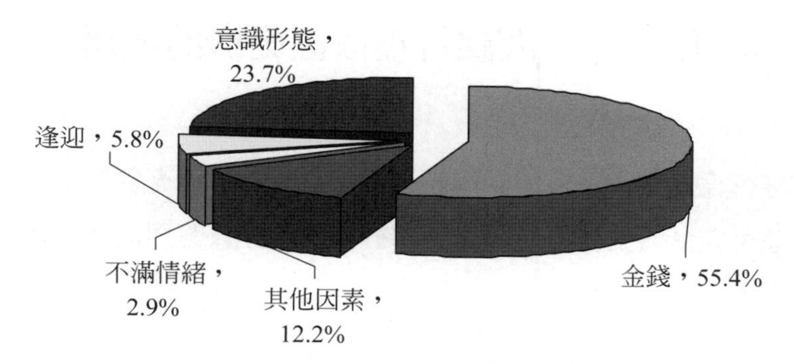

圖6-1　間諜行為成因比例圖

資料來源：Stan A. Taylor and Daniel Snow, "Cold War Spies: Why They Spied and How They Got Caught," in Loch K. Johnson and James J. Wirtz, *Intelligence: The Secret World of Spies: An Anthology*, 5th Edition (New York: Oxford University Press, 2018), p. 273.

表6-1　相關學者見解、研究及作者綜合歸納之間諜行為成因動機

學者	間諜行為成因動機
張殿清	信念和理想、金錢和物質、野心和權勢欲、奇特的心態
聞東平	金錢、女色、成就感和冒險慾望
海野弘	金錢、思想體系（思想信條，含宗教、民族主義）、妥協、自我意識（自尊心）
羅文索（Mark M. Lowenthal）	金錢、思想、妥協、自我（自尊心）
赫茲（Frederick P. Hitz）	意識形態、金錢物質、報復心理、性與感情及恐嚇勒索、友誼、民族或宗教因素、間諜遊戲（享受間諜行爲的成就感）
泰勒和史諾（Stan A. Tailor and Daniel Snow）	金錢、意識形態、逢迎（獲得友誼、愛情或好感）、不滿情緒、其他因素（英雄式幻想、凸顯個人的重要性、親屬關係）
作者綜合歸納	金錢物質、意識形態（政治信念、宗教、民族主義）、成就感、遭受脅迫、報復心理、情感需求（獲得友誼、愛情或好感）、親屬關係

資料來源：作者歸納整理。

第三節 間諜行爲成因動機的運用

間諜行爲相關行爲成因動機的分析探討，除了可充實學術研究面向的瞭解，並可在情報工作以及間諜犯罪行爲防制作爲等面向加以運用，說明如下。

壹、招募外國間諜為我所用

在現今的國際局勢下，各國家領導人都希望自身的情報和國內安全機構能獲得預警情資，避免遭受攻擊，並獲得協助決策的相關訊息。故而在維護國家安定與社會秩序的目標下，情報機關必須採行各種方式蒐集準確且即時的情報，其中對於間諜的行爲成因動機的瞭解與運用，即可藉以招募敵方間諜，使其轉而爲我方效力。如欲接近一位可能被招募的間諜對象，首先考慮的是被招聘者與我方有無同樣的意識形態以及政治利益。另外就是招募對象的弱點因素，如金錢物質、情感與性、友誼因素、甚至對方的醜聞把柄等，均可加以運用。亦即在瞭解間諜行爲的成因動機之後，方能根據對象可能爲我方吸收的因素，招募其爲我方所用，不僅可避免其間諜犯行對我方的國家安全與利益造成危害，甚至可策反其成爲我方的力量。

以蘇聯爲例，國家安全委員會（KGB）運用意識形態的動機因素，在1930和1940年代的間諜招募當中獲得極大的效益。其中的劍橋五人幫（the Cambridge Five），即是因爲許多英國知識份子希望支持國際共產主義以阻止法西斯主義的興起。另外蘇聯從曼哈頓計畫（the Manhattan Project）獲得研發第一個原子彈的情報來源，很大程度上也是出於理想主義的信念，即這種武器不應在戰後被美國壟斷。但之後被招募的間諜，如英國國家通訊總部（Government Communications Headquarters, GCHQ）的普萊（Geoffrey Prime）以及美國國家安全局（National Security Agency, NSA）的佩頓（Ronald Pelton），其動機則爲係出自於個人的貪婪、性格弱點和狂妄自大等因素。[27]

另外如金錢物質因素，在招聘間諜上亦是一項極爲重要的優勢，這些全來自於人性的需求與貪婪，艾姆斯和韓森等案即爲明證。此外，爲了有效招聘對方人員，獲得更多的訊息，亦必須瞭解招募對象的文化特質及專業知識，這些都是無法從文件、書籍、電影和電視連續劇中可以得知，只能從與對方之間密切且長期的對抗經驗中獲得，如能增加實際的接觸與瞭解，從行爲動機的根本上加以解除，當更能發揮更多的實際效果。對此應可參考冷戰時期的經驗，妥善運用並招募敵對組織的人員，以獲取更多的預警情報並削弱對手的實力。[28]此即是《孫子兵法》〈用間篇〉所說的五種間諜當中的「反間」，針對對方間諜相關的成因動機因素加以策反，讓他爲我方服務，變成我方的間諜，不僅可藉以得知對方的意圖，亦可利用其傳遞給敵人虛假情報等。

貳、避免我方人員遭到吸收

藉由各種因素瞭解組織人員行爲，可以幫助反情報官員瞭解個人的脆弱性，避免其成爲外國情報機關或組織招募的目標。[29]爲了讓情報機關

---

27 David Omand and Mark Phythian, *Principled Spying: The Ethics of Secret Intelligence* (Washington, DC: Georgetown University Press, 2018), p. 141.

28 Paul J. Redmond, "The Challenge of Counterintelligence," in Loch K. Johnson and James J. Wirtz, *Intelligence: The Secret World of Spies: An Anthology*, 3rd Edition (New York: Oxford University Press, 2011), p. 303.

29 Richard J. Kilroy Jr., "Counterintelligence," in Jonathan M. Acuff and LaMesha L. Craft, eds.,

的反情報人員能夠發現對機關的潛在威脅，他們需要瞭解是什麼成因促使個人進行間諜活動，並導致叛國的行為。而傳統的間諜行為動機即是金錢、意識形態、妥協（或勒索）和自我意識。[30]其中有關金錢因素的成因動機，美國反情報部門在評估安全風險時特別重視個人的財務問題。許多涉及美國最嚴重間諜案件的人員一艾姆斯、韓森、沃克（John Walker）間諜集團、佩頓、尼科爾森（Harold Nicholson），主要動機都是出於金錢物質的貪婪，而不是意識形態因素。至於蘇聯間諜羅森堡（Julius Rosenberg）、希斯（Alger Hiss）、中國間諜金無怠（Larry Wu-tai Chin）、古巴間諜蒙特斯（Ana B. Montes）、邁爾斯（Kendall Myers）、英國間諜菲爾比（Kim Philby）、布萊克（George Blake），則是基於意識形態因素而從事間諜活動。[31]

另外如我國近年來發生的間諜案件，相關人員從事間諜行為的原因當中，張憲義係被美國中央情報局吸收，將我國發展核武的資料洩漏給美國，或可解釋為意識形態因素。羅賢哲遭到中共吸收，係因其被中共人員拍攝不雅照片遭到脅迫，並接受中共的金錢，進而洩漏國防機密。中科院共諜案的葉裕鎭係被中共軍事情報機關以金錢、美色收買，竊取軍事機洩漏給對岸。劉禎國、劉岳龍父子洩密案，係因父子二人及母親陳金葉，接受中共情報機關的金錢收買，竊取並洩漏交付國防機密給中共。至於軍情局的羅奇正案，其被對岸吸收係因接受對岸提供情資作為情報工作績效，並接受金錢報酬等。

透過上述相關間諜案例可瞭解分析我方人員被敵方吸收的成因動

Introduction to intelligence: Institutions, Operations, and Analysis (Washington, DC: CQ Press, 2022), p. 166.

30 Richard J. Kilroy Jr., "Counterintelligence," in Jonathan M. Acuff and LaMesha L. Craft, eds., *Introduction to intelligence: Institutions, Operations, and Analysis*, pp. 165-166.

31 Mark M. Lowenthal, *Intelligence: From Secrets to Policy*, 8th Edition, p. 205.

機，據以研擬未來相關的防制對策。如「人事安全」部分，針對情報機關加強發掘我方可能爲對方接觸吸收的違常人員，經發現人員有違常情事，立即加強對其監督與檢查。一般人員除運用儀器測謊之外，平時亦應積極進行人員的安全查核與交往背景調查，並針對忠誠及財務有問題人員進行安全風險評估並加強列管，避免其產生成爲間諜的成因動機。「物理安全」部分則可藉由環境設計提升監控效果，並透過強化機密資訊設施防護，減少竊密機會。如破獲潛伏於我方情報機關之間諜亦應依法加以移送嚴懲，並列入機關案例教育，以收嚇阻效果。即透過相關行爲成因動機的瞭解探討，針對相關成因加強防範，並運用於人員的管理，針對機關內部可能被吸收的人員加強輔導監管，避免其成爲被吸收成爲我方臥底的間諜，進而對國家安全或利益造成危害。

參、瞭解行為成因動機趨勢

時序進入21世紀後，間諜的行爲成因已遠比以往來的多樣化，包括政治的意識形態、民族主義傾向，以及謀取利益因素等。[32]由於現今的國際安全局勢與冷戰時期已有極大的不同，對於冷戰時期間諜行爲成因的探討與防制經驗，即便面對現今不同的安全威脅情勢，仍具有參考的價值。其中的意識形態型間諜，其背後有其主張的理念、信仰或情感取向，相關意識形態的形成，均有其時代環境的背景，尤其在冷戰時期，對於共產主義的信仰或同情，往往是導致間諜行爲的一項主要原因。1930年代蘇聯的間諜招聘者即曾積極運用此意識形態成因成功地蒐集英國和美國的情報。[33]

---

32 Katherine A. S. Sibley, "Catching Spies in the United States," in Loch K. Johnson, eds., *Strategic Intelligence 4-Counterintelligence and Counterterrorism: Defending the Nation Against Hostile Forces*, p. 47.

33 Hitz, Frederick P. *Why Spy? Espionage in an Age of Uncertainty*, p. 24.

然而隨著冷戰的結束，民主陣營與共產主義壁壘分明的對抗情勢不再，國際關係與安全情勢進行重整。[34]隨著意識形態因素的轉弱，在當今社會中，從事間諜活動最強的動機之一，即是常見的存在於間諜和國家實體中的「倫理」（ethnic）、「文化」（cultural）或「宗教」（religious）因素的聯結。[35]

例如發生在美國的蒙特斯間諜案，她在911事件發生後第9天因其爲古巴從事間諜活動而遭到逮捕。她顯然對於美國對古巴實施的政策感到高度不滿，進而與古巴情報單位合作，向卡斯楚政府提供美國即將對古巴所採取的敵視行動。蒙特斯女士擁有波多黎各血統，並在44歲時擔任美國國防情報局（Defense Intelligence Agency, DIA）和五角大廈（The Pentagon）的古巴高級分析專家，她曾參與1998年由美國國防部（Department of Defense, DOD）所出版的報告撰寫，並提出古巴已不再對美國構成重大軍事威脅的建議。蒙特斯案例所引起的強大震撼多半來自此人在美國政府對古巴事務上的崇高地位與權威，也因爲她來自於一個非常愛國的美國家庭成員。她的家庭也對其自身的西班牙裔血統感到自豪，而這可能影響了她本身對古巴的態度。[36]蒙特斯從1985年便開始爲古巴提供情報服務，並在2002年3月承認其間諜罪行。她的行爲動機來自於她的信仰—「美國政策不尊重、不寬容、不理解古巴人民。」蒙特斯後來被判處25年的監禁。[37]另一個案例爲出生於臺灣的美國科學家李文和（Wen-Ho Lee），其任職於新墨西哥州（New Mexico）的洛斯阿拉莫斯國家實驗室（Los Alamos

---

34 Nation, Craig R. “Security in the West: History of a Concept” in Giacomello, Giampiero, eds., *Security in the West: Evolution of a Concept* (Milan, Italy: Litografia Solari Peschiera Borromeo, 2009), p. 52.

35 Hitz, Frederick P. *Why Spy? Espionage in an Age of Uncertainty*, p. 61.

36 Hitz, Frederick P. *Why Spy? Espionage in an Age of Uncertainty*, pp. 65-66.

37 Katherine A. S. Sibley, “Catching Spies in the United States,” in Loch K. Johnson, eds., *Strategic Intelligence 4-Counterintelligence and Counterterrorism: Defending the Nation Against Hostile Forces*, p. 45.

National Laboratory），長年處理敏感的核問題。1999年，李文和被指控將敏感的核彈技術提供給中國間諜。在調查李文和的過程中，美國政府發現他下載了十個極度敏感的機密武器資料電腦檔案，而這些關鍵檔案已經全部遺失。雖然李文和極力否認帶走了這些檔案，而聯邦調查局在廣泛的搜查中也無法尋獲這些關鍵的證據。這些遺失的檔案從未被尋獲，而美國也一直無法證明李文和的中國間諜身分。最後李文和僅對一項機密資料處理不當的罪名認罪，並隨後反過來控告美國歧視罪，並在此訴訟案中獲勝。中國在招聘華裔美國人成爲間諜的基礎上存在著特殊的因素，即中國人在文化和經濟地位上的卓越表現，而享有民族自豪的感覺。因此，中國在招募華裔美國人上極力奉行民族團結的信念，而中國正持續地使用該種策略，成功地招募華裔的美國人。[38]

誠如前述泰勒和史諾的研究指出，間諜的叛國行爲，多少都會受到社會環境變遷的影響。許多早期的叛國者是出自於意識形態原因，但隨著時代演進，金錢物質因素的成因動機成爲主要的動機，招聘間諜還是有機會獲得優勢。而在當今的國際社會當中，從事間諜活動的強烈動機之一，則是出自於間諜和國家彼此間的民族、文化或宗教因素。雖然對金錢的貪婪、不滿情緒（包含對工作的不滿、企圖報復上司）、意識形態和逢迎都可以用來解釋大多數的叛國行爲，然而隨著國際局勢的演進，間諜行爲的成因已產生變化，除了持續關注趨勢演變之外，並應積極化解行爲成因動機的根本因素，當更能有效防制間諜行爲的發生。

[38] Hitz, Frederick P. *Why Spy? Espionage in an Age of Uncertainty*, pp. 63-65.

肆、間諜行為的研究與防制

犯罪行爲之衡量（measurement）、瞭解（understanding）、控制（controlling）係犯罪學研究之三大目標。[39]就犯罪原因的瞭解而言，犯罪原因具有多層次的複雜性，爲一種以犯罪現象去剖析其發生原因的「以果溯因」研究，其具體內容包含：一、研究犯罪人產生犯罪行爲的原因：包括犯罪人的生物因素（如遺傳基因、心智缺陷等）、人格與個性、心理特徵、精神狀況、生長環境對個體影響因素等；二、研究社會誘發犯罪的因素與條件：包括經濟因素、政治因素、社會環境因素、價值觀及道德文化對犯罪的影響等；三、研究犯罪矯正機構的治療模式與矯正成效：包括機構性及非機構性矯正的模式、再犯與累犯產生原因等。[40]

間諜犯罪行爲成因多元，有些人受到意識形態、政治或愛國情操激勵，爲數驚人的間諜則因利而動，因爲財務報酬可能十分誘人，其他人則被性愛、勒索、傲慢、復仇、失望，或機密所能賦予那種特有的勝人一籌和袍澤情誼捲入了諜報工作，有些人嚴守紀律又勇敢，有些人則是貪得無厭又卑怯。[41]誠如學者泰勒和史諾所言：「當前的反間諜作法必須更注重間諜行爲的各種動機……。中央情報局找尋菲爾比的手法恐怕難以查獲艾姆斯此種類型的間諜。」[42]爲了有效防制間諜行爲，除了現象面的瞭解之外，間諜行爲的成因動機的探討即是重要的議題。間諜行爲的成因動機，有其複雜的層面，基於每個人都是獨特的個體，具有個別差異特性，自然

39 蔡德輝、楊士隆，《犯罪學》（臺北市：五南圖書出版公司，2023年），頁8-9。

40 黃富源、范國勇、張平吾，《犯罪學新論》（臺北市：三民書局，2012年），頁14。

41 Ben Macintyre, *The Spy and the Traitor: The Greatest Espionage Story of the Cold War* (New York: Broadway Books, 2019), p. 60.

42 Stan A. Taylor and Daniel Snow, “Cold War Spies: Why They Spied and How They Got Caught,” in Loch K. Johnson and James J. Wirtz, *Intelligence: The Secret World of Spies: An Anthology*, 5th Edition, p. 277.

無法以單一個別因素解釋。對於間諜行爲成因動機的瞭解，目前仍存在諸多未知的空間，而對此領域的探討，也可滿足吾人對間諜行爲科學研究的好奇心。

另就防制面而言，基於犯罪預防是犯罪控制之最高理想，而犯罪控制則是犯罪學理論研究之終極目標。[43]透過間諜行爲相關成因動機的探討，能協助吾人瞭解爲何在充滿危險與不信任的環境當中，仍有人從事間諜犯罪行爲，除能提升間諜行爲的學術研究之外，並能據以預防間諜犯罪行爲。因此，透過相關行爲科學解釋觀點，參酌間諜行爲成因的趨勢演變，設計妥適之研究方法加以驗證，發展建構間諜行爲成因的理論，並據以研擬相關防制對策，間諜行爲成因動機的探討即爲重要的基礎工作。

第四節　結語

根據本章相關學者的見解和研究顯示，間諜行爲的成因可歸納爲金錢、意識形態、不滿情緒、個人的野心、權勢欲望以及奇特心態等原因。而隨著國際局勢與安全威脅環境的改變，間諜的行爲成因動機也產生變化，意識形態的成因比例逐漸下降，金錢與不滿情緒的比例卻逐漸上升，加上現今間諜的行爲動機已更加多樣，諸如意識形態、金錢與物質因素、性與感情及恐嚇勒索、友誼因素、民族和宗教因素以及間諜遊戲心態等。然而這些原因亦有可能夾雜其他因素或目的。故而間諜的行爲成因可謂相當複雜多元。尤其面對與冷戰截然不同的國際安全情勢，間諜活動的範圍與方式也與以往有更爲不同的面貌。縱使現今的安全威脅與以往迥然不

---

43 鄧煌發、李修安，《犯罪預防》（臺北市：一品文化出版社，2022年），頁451。

同，但冷戰時期的情報競爭與間諜運用經驗仍應具有其時代意義與參考價值，對此除必須持續關注間諜行爲成因動機的趨勢演變之外，並應配合進行相關實證研究，方能對間諜行爲有更深入的瞭解，據以運用在間諜犯罪行爲的防制，對於維護國家安全與社會安定當更有正面的效益。

第七章　間諜行爲的犯罪學理論解釋

犯罪理論是要探討犯罪的確切原因，有了理論才有政策，有了政策才有計畫，而計畫就是犯罪防制的實務。犯罪學理論對我們生活的世界大用途，對我們瞭解犯罪，及形成有效的犯罪預防政策更是不可或缺。藉著說明犯罪的原因，犯罪學理論至少告訴我們兩件事：我們觀察的重心何在（如：心理特性、家庭或社會不平等），以及如何形成有效的犯罪預防公共政策。[1]犯罪學理論的起源發展可分爲兩個學派，即18世紀之犯罪學古典學派（Classical School）、19世紀之犯罪學實證學派（Positive School）及20世紀犯罪學理論之發展。[2]爲瞭解探討間諜行爲的原因，本章除介紹犯罪學的相關理論之外，並嘗試針對間諜行爲進行解釋，相關犯罪學理論包括古典學派、實證學派、批判學派，以及整合理論等。由於目前尚缺乏間諜犯罪行爲成因的理論解釋與實證研究，本章透過相關犯罪學理論的介紹探討，期能提供未來進一步探究間諜行爲成因研究的參考。

第一節　古典學派

古典學派源自18世紀歐洲的啓蒙運動。啓蒙運動是一種理性思維運動，強調個人應本於理性的自覺，以檢討一切社會及政治措施，評判其優劣得失，使歸於合理。古典學派即受此思想薰陶，乃敢起而批判是時刑法

1　許春金，《犯罪學》（臺北市：三民書局，2017年），頁179-180。
2　蔡德輝、楊士隆，《犯罪學》（臺北市：五南圖書出版公司，2023年），頁33-34。

制度的不合理。[3]以下就古典學派的古典犯罪理論、新古典犯罪理論，以及理性選擇理論等分別說明探討。

壹、古典犯罪理論

古典學派認爲，人是命運的主宰，人有自由意志與理性，解決犯罪問題，當從提高犯罪行爲的成本以及減少犯罪的利益著手。任何個人在面對犯罪的收益與損失的抉擇時，有鑒於犯罪的收益與成本的不成比例，必不樂於實施犯罪行爲。[4]即人類行爲均是追求享樂主義、功利主義、自我滿足，且逃避痛苦爲目的；換言之，人類是以快樂與痛苦的程度控制其行爲，如其自由意志爲追求自我滿足而發生犯罪行爲，則此等行爲均係經過其理性思考各種行爲而產生，因此可由行爲的結果來判明爲善或爲惡，法律應根據犯罪行爲結果去處罰犯罪人，且犯罪者應對其行爲負道義責任，此爲自由意志論及道義責任論的思想基礎。而每個人既然均有辨別是非能力及自由意志以選擇其該爲何種行爲，且選擇的行爲均是避免痛苦而趨向快樂，如果其所選擇的行爲屬於違法行爲，則必須接受刑罰的懲罰。[5]

古典犯罪學的主要論點之一是認爲，犯罪是個人自由意志（free will）及理性思考的結果。一個人會理性地考慮犯罪，而不是受到超越本身以外的力量所強迫去犯罪。這種思考過程中，嫌疑者會考慮因犯罪所得的利益，及所可能付出去的代價或懲罰。但同時他們也會考慮非犯罪行爲的代價和利益。因此，犯罪者是選擇對己有利的行爲。犯罪者具有自主主宰性，人具有自由意志且理性地選擇「犯罪」或「守法」。當所選擇

---

3 林山田、林東茂、林燦璋、賴擁連，《犯罪學》（臺北市：三民書局，2020年），頁72-73、85-86。

4 林山田、林東茂、林燦璋、賴擁連，《犯罪學》，頁71。

5 黃富源、范國勇、張平吾，《犯罪學新論》（臺北市：三民書局，2012年），頁40。

「犯罪」的利益大於成本時，則「犯罪」的可能性大增；而若所選擇的「犯罪」成本高於利益時，則「守法」的可能性大增。因此，古典理論主張，為了預防及減少犯罪，對犯罪的懲罰應該要迅速、確定及嚴厲以抵銷任何可能因犯罪而得的利益。但同時我們也可以增加守法的利益而使犯罪的可能性大幅下降。因此，古典犯罪學的基本論點包含了人類是理性的（rationalistic）、會考慮的、有自由意志、會選擇的、追求快樂或自我利益導向的動物。[6]

在犯罪預防理念部分，該學派認為犯罪是個人自由意志與理性選擇的結果，其基本假設認為不受懲罰恐懼的制衡，人均有犯罪的可能性與潛能。因而強調以威嚇主義作為一種犯罪預防理念，揭示了理性、自我本位的個體，透過計算利益得失而放棄犯罪動機的原因。[7]注重刑罰的功能是預防犯罪，而非對犯罪行為加以報復，並強調「預防勝於治療」是最好的立法，在預防犯罪原則方面，主張從法律與教育著手，即法律必須明文規定，並普及人民的法律知識，使人民對法規容易瞭解接受；且認為監獄是一所教育學府，應以各種教誨方式，使犯罪人消除惡性，改過遷善，避免再犯。[8]

貳、新古典犯罪理論

古典學派對犯罪與懲罰的概念——對於同樣的行為給予等量的懲罰，而常忽略了個人和個人環境的差異。到了19世紀下半葉，由於科學思想漸興，古典學派逐漸受到批判。由於實行上的困難，1791年的法國大法

6　許春金，《犯罪學》，頁191-192。
7　許福生，《犯罪學與犯罪預防》（臺北市：元照出版社，2018年），頁71。
8　黃富源、范國勇、張平吾，《犯罪學新論》，頁41。

典並不能在每一種情況下被執行，修正之說因此而起。這些修正更爲了行政上的便利，乃成爲所謂的新古典學派。實行純粹古典犯罪理論面臨幾項主要困難，例如忽略了個別差異以及特殊的環境；初犯和累犯接受同等的懲罰也不合情理；未成年人、白痴者、心神喪失者與其他能力有缺陷者與有完全能力者接受同等懲罰，亦値商榷。新古典學派針對古典學派進行修正，以排除執行法律的障礙。摘要來說，新古典學派可以四點加以說明，分別爲：對於自由意志原則的修正；接受環境可以影響個人意志的說法；對於部分責任能力者，懲罰應予以減輕；允許專家在法庭作證，以決定犯罪者所應負的責任。[9]

儘管古典犯罪學派在整個刑事科學的發展史上產生了一定的影響，並爲現代刑法的法典化及合理化提供理論依據。但在實踐上確實也出現些缺陷。19世紀末葉由於實證學派的興起，古典犯罪學便逐漸沒落，至20世紀中期以前期理論仍受到大多數犯罪學家的批評，對於許多無法控制的外在因素，諸如：貧窮、智力、教育及家庭生活等，被視爲導致犯罪的眞正因素，對犯罪客觀條件的處罰觀念認爲是愚蠢而殘忍，強調處遇勝於處罰的心理治療及諮商，在歐美矯治機構之間蔚爲風氣。對許多犯罪學家而言，引用古典犯罪學派的人類行爲理念於犯罪問題上，認爲犯罪是一種利益與損害之衡量，遠比只一味企圖矯治犯罪人來得更寬廣，這些思想家統稱之爲「現代新古典犯罪學派」（Modern Classical School of Criminology）。現代新古典犯罪學派已成爲一個強而有力的學派，影響各國刑事政策甚大，主要表現於理性選擇理論及環境犯罪學的運用。[10]

---

9 許春金，《犯罪學》，頁200-203。
10 許福生，《犯罪學與犯罪預防》，頁76-77。

參、理性選擇理論

由於對古典犯罪學的興趣，許多學者以實證的方法去探討其所主張的威嚇理論（認爲人是有理性及自我利益的導向，可被刑罰所嚇阻不去犯罪）。當代的「理性選擇犯罪理論」（Rational Choice Theory）就是建築在這種「人之理性」基本假設上。事實上，犯罪學上的「理性選擇」概念是從經濟研究引進的。在1968年，美國經濟學者貝克（Gary Becker）出版了一篇重要的論文：〈犯罪與懲罰：經濟觀點〉（*Crime and Punishment: A Economic Approach*）。在該篇論文中，他認爲有用的犯罪學理論，只是延伸經濟學對於選擇之分析。因此，貝克爲理性選擇犯罪理論立下了根基，認爲犯罪之決定機制與我們日常生活中購買物品、做選擇之決定機制是相同的，此稱爲「利益期望模式」（Expected Utility Model），主張即使在不確定完全情形的狀況下，人們還是必須要做出最有利於己的決定，這樣的結果是主觀而非客觀的，因此亦稱爲「主觀期望利益模式」（Subjective Utility Model）。此模式認爲，人們並非像電腦一般具有完全的理性與分析之能力，人們所擁有的是「有限度的理性」。所謂「有限度理性」意指：人類在規劃、推理的能力上有其界線或限度，人類並不能很周全地蒐集、儲存及處理資訊，人類也會有判斷上的錯誤或在決定上採取捷徑。從另一個角度而言，人類依據自我對外在世界的認知不可能是完整的，因此而引發的行動亦不可能是完整的理性。人類儘可能做到的是「滿足」，而非「極大化」自我的利益。換言之，人類行爲的傾向似乎是要滿足「當下」的需求，而非最大的可能利益。[11]

假設犯罪是一種理性的結果，而人們也會「選擇」去犯罪，則我們

---

11 許春金，《犯罪學》，頁204-206。

可藉著說服潛在犯罪者，告訴他們犯罪是一種不好的選擇，會帶來痛苦、懲罰和不良後果，而使他們不去犯罪，並進而排除犯罪，根據這種原理，就有許多的犯罪預防策略產生：包括情境犯罪預防、一般威嚇主義、特殊威嚇策略，以及長期監禁策略等。其中的情境犯罪預防策略是要說服嫌疑犯（或有動機的犯罪者），讓他們無法接近（或侵入）某種特殊的標的。例如，有些商店或住家裝設保全措施，或雇用私人警衛，就是強化現場監控能力，使潛在的犯罪者難以入侵標的物，而「理性選擇」不犯罪。而一般威嚇主義是引用古典犯罪理論「功利主義」與「理性概念」至刑事政策的結果。大體來說，威嚇主義的概念可分爲一般威嚇主義（General Deterrence）及特殊威嚇主義（Special Deterrence）二項。一般威嚇主義指對犯罪者的懲罰將對他人產生嚇阻犯罪活動的效果。換言之，潛在犯罪者（或一般社會大眾）認知到，若其犯罪將遭受懲罰是使其害怕而不犯罪的主因。特殊威嚇主義則指對於違法者的懲罰將產生嚇阻其進一步犯罪的效果。特殊威嚇主義認爲，假使如自由刑等懲罰的痛苦超越犯罪的利益，則犯罪者應不會繼續其犯罪行爲。至於長期監禁策略則針對具危險性之習慣犯加以長期監禁，使其在此期間無法再犯罪，讓犯罪者不再認爲犯罪是值得的，是吸引人的。許多的現代古典學者認爲，犯罪的發生乃因理性犯罪者瞭解到，犯罪的利益超過其痛苦或不便，如被逮捕、懲罰等。因此，犯罪率與刑罰的嚴厲性、確定性與迅速性應成反比。換言之，假使犯罪的刑罰增加，刑事司法體系的執法效率增高，則犯罪者的數目應會下降。但是，刑罰的嚴厲性、確定性與迅速性卻彼此影響。例如，搶劫犯的懲罰非常重，但搶劫犯被逮捕及懲罰的可能性卻非常低。因此，嚴厲的刑罰似無可能嚇阻搶劫犯罪。相反地，假使由於現代科技的使用，警察效率的提高，或其他因素等，使得嫌疑犯被逮捕和懲罰的可能性均非常高，則即使輕微的懲罰亦可嚇阻潛在的搶劫犯。[12]

古典學派強調人的犯罪行爲是自由意志與理性選擇的結果，對此可透過懲罰加以遏止。就間諜犯罪行爲而言，不論其係基於金錢物質、意識形態、追求成就、遭受脅迫、報復心理、情感需求或是因爲親屬關係等因素，犯罪者會考慮行爲的利益結果與懲罰的輕重，甚至會鑽研法律規定的漏洞或避開執法人員的監控等，這些都是經過理性選擇的結果。由於其對犯罪利害得失的權衡考量，對於犯罪行爲面臨的懲罰規定，亦將產生一定的嚇阻作用，故刑罰制裁對於此類犯罪者應具嚇阻效果。此外，執法因素亦會影響個人犯下間諜行爲的決意。軟弱的執法，將會使得許多間諜犯罪行爲者認爲，他們被逮捕及懲罰的風險相當小，如加上執法資源及人力的限制、相關的法令規定欠缺完備、查緝效果不彰以及對違法者懲罰的不確定等，都會鼓勵個人犯下間諜罪行。

第二節　實證學派

實證學派的興起，係受到自然科學發達的影響，試圖以科學研究的實證方式，探求犯罪現象，因此其研究方法，亦大別於古典學派之形而上學的玄想方式。[13]以下就犯罪生物學、犯罪心理學，以及犯罪社會學等三大支派加以說明探討。

---

12 許春金，《犯罪學》，頁210、217-218。
13 林山田、林東茂、林燦璋、賴擁連，《犯罪學》，頁86。

壹、犯罪生物學

科學犯罪學的誕生，始自義大利的犯罪生物學派，早期的犯罪生物學派信守一個基本觀念：結構決定功能（Structure Determines Function）。個人會有不同的行爲表現，是因爲他們的身體構造在基本上有異。[14]犯罪生物學理論乃犯罪人類學派發展之延伸，亦即從生物學之觀點來研究犯罪行爲。通常犯罪生物學理論之研究乃從型態學（Morphology）、生物體質之顯型（Phenotype）、生理學（Physiology）、內分泌異常（Endocrinal Abnormalities）遺傳之病態（Genetics Disorders）、腦的功能失調（Brain Dysfunction）、XYY性染色體異常（Abnormal Sex Chromosome）、生化不平衡（Orthomolecular Imbalances）、神經生理學（Neurophysiology）、過敏症狀（Allergies）、低血糖症（Hypoglycemia）、男性荷爾蒙、環境污染等方面來探討犯罪形成之相關性。[15]

犯罪行爲的生物學解釋在19世紀中葉逐漸盛行。龍布羅梭（Cesare Lombroso）的「生來犯罪人」和「隔代遺傳」（Atavistic）之概念爲實證學派開啓了一條光明大道，認爲犯罪行爲的決定因素遠超過個人自由意志之外。因此，自由意志理性選擇理論反而逐漸式微。龍布羅梭的學生蓋洛法羅（Raffaele Garofalo）也主張，某種生理上的特徵即意味著犯罪傾向。費利（Enrico Ferri）亦認爲，生理和社會因素的共同作用會導致犯罪。他甚至主張，犯罪者不應爲其犯罪行爲負責，因爲行爲的影響因素遠超過其個人所能決定。另外，尚有遺傳論者及體型論者亦均主張犯罪行爲有生物上的影響因素。[16]

14 林山田、林東茂、林燦璋、賴擁連，《犯罪學》，頁118。
15 蔡德輝、楊士隆，《犯罪學》，頁44。
16 許春金，《犯罪學》，頁243。

除少數外，犯罪生物學者泰半忽略或減低了環境因素對人類行爲的影響。心理學與社會學的研究，均說明了社會環境因素，在人類行爲領域裡扮演重要的角色。而這也是後來社會生物犯罪學（Biosocial Criminology）興起的主因。[17]惟生物遺傳論較受質疑之處，乃是過於簡化犯罪行爲，以及過於簡化生物學與人類行爲之間的關係。[18]

貳、犯罪心理學

從心理學的觀點研究犯罪人，無非在探求犯罪人的心靈。依據心理分析家的見解，行爲皆有其根本的動機，而動機不論其爲「原始動機」（Primary Motive）或「衍生動機」（Secondary Motive），都蘊藏於人的心靈。[19]自從心理學興起，許多學者便開始從人格的發展探討人類行爲，而犯罪行爲亦是人類行爲之一種，因而犯罪行爲亦應從內在之心理因素加以探討。心理因素強調人是思維、感情及意志之動物，而認知感情和意志是心理學方面之概念，因而運用許多概念諸如：本我、自我、超我、自己本身、態度和價値等介入變因來解釋行爲。因此，從上述心理學觀點之精神醫學理論、心理分析理論、人格特質理論以及心理增強作用來探討犯罪行爲發生之研究的理論，即爲犯罪心理學方面之理論。[20]

犯罪心理學家所追求的仍是最基本的問題：爲何人會從事暴力與攻擊行爲？是否有所謂的犯罪人格？幼時的經驗是否會影響成年時期的犯罪行爲？心理學者對上述的問題亦無完全一致的看法。有些心理學者從心

17 許春金，《犯罪學》，頁274-275。

18 Clarence R. *Jeffery, Criminology- An Interdisciplinary Approach* (NJ: Prentice Hall, 1990), p. 339；孟維德，《公司犯罪影響因素及其防制策略之實證研究：以美國無線電公司（RCA）污染事件爲例》（桃園：中央警察大學犯罪防治研究所博士論文，2000年），頁75。

19 林山田、林東茂、林燦璋、賴擁連，《犯罪學》，頁132。

20 蔡德輝、楊士隆，《犯罪學》，頁63。

理分析觀點（Psychoanalytic Perspective）或心理動力論（Psychodynamic Perspective）來看犯罪行為，認為幼兒早期的生活經驗影響其犯罪行為及人格。有些則以認知理論（Cognitive Theory）來解釋犯罪，認為人的認知與道德發展層次是瞭解其犯罪行為的重要關鍵。另外有些則強調社會學習（social leaning）或行為模仿（behavior modeling），以解釋犯罪行為是觀察學習的結果。而生理心理學家（psychobiologists）則探討生理活動、人格與犯罪行為之間的關係。所以，犯罪心理學主要不同觀點可分成：心理分析論、認知論、社會學習論及人格論等主要支派。但其主要論點是認為，犯罪是一種內在人格缺陷或外在學習的結果。[21]

此外，在人類歷史中，早已有人發覺獎賞與懲罰對於人類行為之影響。然而直到19世紀末葉，增強理論始正式出現。如果有機體與環境發生互動，而造成有機體行為的增加（Increase），此種過程叫做增強（Reinforcement）或報償，因為此增強會更加強化行為；如果有機體與環境發生互動，而造成有機體行為之減少（Decrease），此種過程即為懲罰，懲罰乃用來削弱其行為，使其不再發生。而增強亦可分為正面的增強（Positive Reinforcement）及反面的增強（Negative Reinforcement）。正面的增強指為獲得報償，例如拿取食物放入嘴裡或打開電燈或某人發動搶劫行為而獲得財物之享用。一般而言，大多數重大犯罪皆為財物犯罪，其犯罪原因乃強調獲得物質的報償。至於反面的增強（Negative Reinforcement）作用，則可用來說明例如服用藥物以去除頭痛或解除內心之痛苦、焦慮等厭惡之刺激而行暴力行為。大部分之殺人罪、傷害罪皆可用反面增強作用來說明。[22]

有關犯罪生物學領域，目前尚無以生物遺傳因子探討其與間諜犯罪行

21　許春金，《犯罪學》，頁277-278。

22　蔡德輝、楊士隆，《犯罪學》，頁73-75。

爲關連的實證研究，未來或可針對此理論探究其對間諜行爲的解釋力。至於犯罪心理學部分，間諜爲何要拋棄家人、朋友和正職工作的安全保障，投身危機四伏、動盪不安的秘密世界？尤其，爲何會有人加入一個情報機關，隨後卻轉而效忠敵方情報機構？[23]加上間諜活動充滿了困難和危險、忍受孤獨、時刻提心吊膽、被捕、監禁、乃至遭到暗殺……。這一切，時刻刺激著間諜的每一根神經。[24]犯罪心理學所主張個人的人格、心理病態、認知、社會學習、行爲模仿以及心理增強等觀點，是否可解釋間諜的行爲，未來可進一步加以驗證。面對眞眞假假的訊息與危險的工作環境，間諜行爲者的心理現象與特質爲何？顯然具有極大的探索空間。

參、犯罪社會學

以社會學取向的犯罪學理論，是在強調社會環境或結構，或社會化過程對於犯罪行爲的影響。[25]以下就無規範理論（Anomie Theory）、抑制理論（Containment Theory）、緊張理論（Strain Theory）、差別接觸理論（Differential Association Theory）、差別機會理論（Differential Opportunity Theory）、社會控制理論（Social Control Theory），以及一般化犯罪理論（A General Theory of Crime）等加以說明探討。

一、無規範理論

涂爾幹（Émile Durkheim）認爲缺乏規範引導約束的社會生活即是一種無規範（Anomie）。涂爾幹進一步指出人類一直在追求無法滿足之目

---

23 Ben Macintyre, *The Spy and the Traitor: The Greatest Espionage Story of the Cold War* (New York: Broadway Books, 2019), p. 60.

24 張殿清，《間諜與反間諜》（臺北市：時英出版社，2001年），頁233。

25 林山田、林東茂、林燦璋、賴擁連，《犯罪學》，頁143。

標，且其欲望是貪求無厭的，在這種狀態之下，社會如無明確規範加以約束，則這種社會會造成混亂不可忍受之局面。因此無規範產生之問題癥結所在，乃在於社會體系沒有提供清楚的規範（Norm）來指導人們之行動，以致人民無所適從而形成無規範產生偏差行爲。[26]

在涂爾幹的概念裡，亂迷（Anomie）是社會或團體一種無規範（normlessness）或規範喪失的狀態。涂爾幹認爲當現有的社會結構不能再對個人的需要和慾望加以控制時，亂迷的狀態即產生。因此，對涂爾幹而言，亂迷是指社會的一種狀況和特性，而非指個人的一種狀況。在這樣的社會狀態下，犯罪和其他社會問題（如自殺）將易於產生。雖然，在涂爾幹的原始概念裡，亂迷是由自然或人爲的災害，如經濟衰退、戰爭、飢荒等而引發的社會秩序失調；但涂爾幹也認爲社會財富快速地增加也會混淆社會上個人對規範，道德和行爲的概念，而爲產生所謂的「繁榮的亂迷」（Anomie of Prosperity），犯罪亦因而增加。[27]

根據此理論的觀點，當社會無法提供明確的規範時，將會導致人們無所適從，形成無規範而導致偏差或犯罪行爲。例如被外國吸收的內間型間諜，多爲有機會接觸國家或公務機密的軍人或公務人員，當其個人無正確的價值認知，導致偏差的意識形態，或是國家社會無法提供其正確的遵循規範或是敵我意識，在薄弱模糊的價值規範之下，個人極有可能因爲追求金錢物質或是個人的成就感等，產生間諜犯罪行爲。

二、抑制理論

美國犯罪學家雷克利斯（Walter Reckless）在1961年所提出的抑制理論，亦屬一種控制理論，而試圖結合所有早期犯罪學理論的觀念與變數。

---

26 蔡德輝、楊士隆，《犯罪學》，頁93。
27 許春金，《犯罪學》，頁310。

他認爲，所有的人都受到兩種力量的交互影響。一種是牽引他們犯罪或偏離規範的力量，一種則是抑制他們犯罪或偏離規範的力量，這兩種力量各包括許多變數。如果抑制力量強於牽引力量，則其人不至於犯罪。[28]

提出此理論的雷克利斯是芝加哥大學早期研究犯罪問題的學者之一。他的基本問題是：何種個人特性（individual characteristics）使一個人隔絕於外在足以導致犯罪的不良社會因素？他認爲忽略個人特性的社會學理論，並不足以解釋個人和團體的犯罪現象。雷克利斯認爲，雖然社會解組的過程使許多人自舊有的規範束縛中獲得解放，甚至犯罪，但許多人並不因此而犯罪或從事偏差行爲。對雷克利斯而言，這是因爲社會解組的力量爲個人特性或周遭立即環境（immediate environment）之力量所調和（mediated）的結果。雷克利斯稱這些力量爲內在抑制力（inner containment）和外在抑制力（outer containment），而他的理論亦被稱爲抑制理論（Containment Theory）。雷克利斯認爲內在抑制力因素包括：自我控制，良好的自我概念和超我（Superego），高度之挫折容忍力和責任感，目標導向，有尋找代替滿足的能力，有降低緊張和壓力的能力等。這些內在抑制因素一旦在社會化（socialization）的過程中形成，將使一個人隔絕於導使其犯罪的外在拉力（external pulls，如犯罪朋友，不良之大眾傳播內容等）和外在壓力（external pressures，如貧窮、失業、少數民族的身分、不公平等）等因素。不僅如此，外在的抑制力也是犯罪或偏差行爲的緩衝（buffer）。外在抑制力包括：一致的道德價值觀；明確的社會角色、規範和責任；有效的監督和訓練；精力及活力發洩的管道；提供接受、認同和附屬感的機會；社會規範、目標及期待之強化等。當這些外在抑制力強時，固可強化個人的內在抑制，但強而有力的內在抑制力卻

28 林山田、林東茂、林燦璋、賴擁連，《犯罪學》，頁167。

亦可強化微弱的外在抑制而使個人不易犯罪。雷克利斯亦認爲內在犯罪的推力（internal pushes，如：仇恨、反抗、內在衝突、焦慮、永無靜止的精力、不平和立即滿足的需要等）固可推使一個人去犯罪，但上述的內在抑制和外抑制的力量亦可中和這種犯罪的內在推力。根據雷克利斯的說法，當社會處於迅速變遷或高度解組的時期，將會導致外在抑制的異常缺乏和喪失，而產生許多的犯罪和偏差行爲。但是，既使在此時期，許多人由於擁有強而有力的內在抑制而使其能隔絕於犯罪的影響之外。因此，雷克利斯認爲，犯罪和偏差行爲的研究必須要經常考慮內在和外在抑制的互相影響。當兩者均強時，個人最不易犯罪，而當兩者均弱時，個人則最易於犯罪。[29]

根據抑制理論的主張，行爲內在和外在的抑制（restraints），決定一個人是否會守法或犯罪。內在的抑制是在家庭、學校以及其他重要團體影響下的社會化過程中產生，避免一個人在缺乏罪惡感的外部控制因素下產生犯罪。外在的抑制，則是畏懼法律及權威的制裁，和犯罪嚇阻同等重要。除了強化個人的內在抑制因素外，在外在控制因素部分，如果間諜行爲防制的法令政策不明確，或未落實執行有機會接觸國家或公務機密人員的查核，如發現有違常人員亦未積極查察，甚至追查相關的間諜網絡，此皆會讓間諜行爲者認爲缺乏外在的抑制，如個人內在的抑制力量薄弱時，將會導致間諜行爲的產生。

三、緊張理論

緊張理論著重於行爲人無法獲得合法的社會地位與財物上之成就，內心產生挫折與憤怒之緊張與壓力，導致犯罪行爲之產生。中上階層社會

---

29 許春金，《犯罪學》，頁314-315。

較少有緊張與壓力存在，乃因他們較易獲得較好教育與職業的機會，而下階層社會的人由於其個人之目標與實現的方法之間有矛盾且產生緊張壓力，而易導致其發生偏差行爲。最著名的緊張理論乃屬美國社會學家梅爾頓（Robert. K. Merton）的無規範理論（Theory of Anomie）。梅爾頓認爲各階層人們在渴望目標與實現目標之方法之間如產生矛盾，將會造成社會行爲規範與制度之薄弱，人們因而拒絕規範之權威而造成各種偏差行爲。因此，社會秩序之所以能夠維持，乃因文化目的（Goals）與社會方法（Means）之間沒有衝突分裂而產生均衡。如果每一社會均有一致性的文化（Uniformity of Culture）及成功的社會化（Success of Socialization），則社會不會有偏差行爲產生。亦即梅爾頓認爲，人們在社會結構中面臨壓力，而在文化結構（Culture Structure）或社會目的（Social Goals）及社會結構（Social Structure）或社會所認可之手段（Institutionalized Means）上產生衝突，導致產生偏差行爲。[30]

另美國社會學家安格紐（Robert Agnew）在1992年發表「一般化緊張理論」（General Strain Theory），以修正古典緊張理論，使其越益生活化及不強調犯罪之階級化或副文化。該理論則著重在解釋「微觀」（micro）層次（或個人層次）的犯罪與偏差行爲問題。安格紐的理論重在說明，何以經歷壓力和緊張的人容易犯罪。安格紐的核心概念走所謂的「負面情緒狀態」（negative affective states）。所謂的「負面情緒狀態」是指因個人負面或有破壞性的社會人際關係而產生的憤怒、挫折、不公及負面的情緒等，並進而影響一個人犯罪的可能性。他指出，這種負面情緒狀態的來源可以有下列四種情況：

（一）由於未能達到正面評價的目標（positively valued goods）而產生的

30 蔡德輝、楊士隆，《犯罪學》，頁95-96。

壓力。

（二）由於期望（expectation）和個人成就（achievement）之差距而產生的壓力。

（三）由於個人正面評價的刺激之移除（removal of positively valued stimuli）而產生的壓力。

（四）由於負面刺激（negative stimuli）之出現而產生的壓力。

以上四種壓力來源固可以彼此互相獨立，但亦可能彼此互相重疊和累積，而產生更大的效應。根據安格紐的說法，當個人的緊張經驗越多、強度（intensity）越大時，對於犯罪及偏差行爲的影響就越大。而每一種緊張均可能增加個人負面的情緒，如：失望、挫折、恐懼和憤怒等，同時，進而增加一個人受到傷害或不公平對待的認知。並因此而產生了報復、暴力或攻擊的念頭等。[31]

該理論指出各階層人們在渴望目標與實現目標之方法之間均會產生一定的矛盾或壓力。當間諜行爲者無法透過正當的途徑獲得地位或金錢，面對成功目標和合法途徑間的差距，其將面臨一定的緊張壓力，便可能採用違法的方式完成個人或組織的目標。或是個人對於失去一項重要職務或晉升機會，甚至被解雇，或是未受到單位的重視或對工作感到不滿時，爲強調個人的專業能力或進行報復，亦有可能導致個人在面臨緊張壓力時採取非法的途徑，而間諜行爲即爲其中的一種適應方式。

四、差別接觸理論

美國犯罪學家蘇哲蘭（Edwin H. Sutherland）於1939年在其《犯罪學

---

31 許春金，《犯罪學》，頁374-375。

的原理》（*Principles of Criminology*）第三版中提出其差別接觸理論（The Theory of Differential Association），認為犯罪主要緣於文化的衝突、社會的解組以及接觸的頻度和持續的時間而定。而社會解組主要是由於社會流動、社會競爭，及社會衝突之結果。但社會解組亦會造成文化衝突，產生不同的接觸，為此個人接觸到不同的社會價值，而產生不同的行為型態。而其中那些與犯罪人發生接觸的就容易產生犯罪行為，與犯罪人接觸次數越多，越容易犯罪。[32]

差別接觸理論最基本的觀念認為，犯罪是由政治所建立的一個構念。犯罪是由擁有司法權的政府機構所界定。在有文化衝突的社會裡，對犯罪的定義可能互不相同，在甲團體認為是犯罪的行為可能在乙團體並不是犯罪行為，不同團體的人易於否定對立團體的犯罪定義。易言之，人們對於犯罪可有不同的定義，而人們處於對犯罪有不同定義的社會中，其犯罪行為、動機及技巧的獲取是一種學習的過程，是由非犯罪人向犯罪人在接觸的過程中學習而得。而當一個人接觸犯罪人多過於接觸非犯罪人，即會傾向於犯罪。故稱為差別接觸。[33]

至於差別強化理論（Differential Reinforcement Theory）則是解釋犯罪為學習行為的另外一種企圖。它是融合史金納和班杜拉（Skinner and Bandura）的學習理論，並對蘇哲蘭的理論加以修正，由社會心理學者艾克斯（Ronald Akers）所提出。艾克斯認為，人們學習社會行為乃受其結果所影響（稱之為操作性制約，Operant Conditioning），或模仿他人的行為。行為因獲得獎賞和避免懲罰而受到強化，但卻因受到懲罰和獎賞的喪失而減弱。偏差或犯罪行為的開始及持續乃視該行為受到獎賞或懲罰的程度而定，以及其他可能的替代性行為（alternative behavior）的獎賞及懲罰

32 蔡德輝、楊士隆，《犯罪學》，頁106-107。
33 許春金，《犯罪學》，頁389-390。

如何，因此其重點是行爲受到增強，這就是所謂的「差別強化理論」。根據艾克斯的說法，人們乃透過在日常生活中與有意義的他人或團體（如家人、朋友及工作伙伴等）的互動而評估自己的行爲（即選擇何種行爲）。而在這種過程中，他們開始學習到態度、價值觀及規範等。若個人在這種互動過程中學習到界定自己的行爲爲好的或可以被合理化，而不是不好的，則他越可能選擇該項行爲。[34]

該理論認爲，人們會犯罪是透過學習而來，且大部分是經由主要團體間的交互作用及親密個人團體中的接觸所得，不只包括犯罪的技術，也包含支持犯罪的動機、態度及合理化行爲。一個人在學習到對違反法律有利的定義超過違反法律不利的定義之後，便會產生犯罪行爲。一旦個人參與而進入犯罪活動，其行爲則受多項因素所決定——社會環境，是否有偏差行爲模式及偏差行爲朋友，父母親及朋友對偏差行爲的態度等。由模仿而來的偏差行爲則因該項社會支持而持續。間諜行爲者往往透過親近團體的接觸學習犯罪手法、規避被發現的技巧以及行爲合理化的方式等。故而這些行爲多是透過生活中有意義的他人或團體學習而來。如前述的波拉德案與艾姆斯案，均有家人及親屬等涉及協助間諜罪行，此理論或可提供成因解釋的參考。

五、差別機會理論

克勞渥（Richard Cloward）和奧林（Lloyd E. Ohlin）於1960年提出少年犯罪與機會理論（Delinquency and Opportunity Theory），認爲少年之所以發生偏差行爲，有其不同機會結構（Differential Opportunity Structure）接觸非法之手段，造成犯罪機會不同，有些因他們之正當機會被剝奪，沒

---

34 許春金，《犯罪學》，頁394-395。

有機會合法地達成其目標，而使用非法方法達成以致陷入犯罪；有些少年仍需有機會來學習如何犯罪；有些從事犯罪行爲是因爲目標與方法之間矛盾產生壓力所引起。[35]

克勞渥和奧林理論的重心在於差別機會（differential opportunity）的概念。兩位都同意墨爾頓的說法，認爲不能以合法的手段獲取成功的人將會尋求革新的途徑，有些人甚至還會懷疑傳統社會的行爲準則，而開始採取非法的途徑。具有相同情況的人相聚一堂慢慢便形成一犯罪副文化。團體的支持使他們能夠處理羞恥、恐懼或因從事非法行爲而產生的罪惡感。因此，他們在犯罪副文化的參與使他們藉以獲取個人的成功。但是克勞渥和奧林認爲機會在此扮演很重要的角色。一個人雖然有不同的機會可獲取成功，但卻亦有不同的機會參與犯罪副文化，故稱爲差別機會。[36]

此理論強調，除了具有相同背景的人會形成犯罪副文化之外，「機會」也扮演著重要的角色。間諜行爲者的主要目的在竊取國家或公務機密，其中的內間型間諜往往爲公務或軍職等有機會接觸機密文件的人員，即因其工作職務關係容易接觸或產生犯罪機會，故而機會在此扮演相當重要的角色。

六、社會控制理論

對於社會控制理論最虔誠的信仰者，當屬美國的犯罪學家赫胥（Travis Hirschi）。他認爲殊無必要解釋少年犯罪的動機，因爲「我們都是動物，自然而然有犯罪的能力。」爲什麼人會犯罪，根本不需要解釋，而人爲什麼不犯罪，才需要解釋。因此，他建立了一個控制理論，用以解釋人爲什麼不犯罪。該理論的要旨是：與社會團體（如家庭、學校、同輩

---

35 蔡德輝、楊士隆，《犯罪學》，頁103。
36 許春金，《犯罪學》，頁371。

團體）緊密連結的人，較不易從事少年非行。[37]

赫胥在闡明人類何以不犯罪或養成守法的行為時，其認為：人類要是不受外在法律的控制和環境的陶冶與教養，便會自然傾向於犯罪。而這些外在的影響力量，如家庭、學校、職業、朋友、宗教及社會信仰甚至法律及警察等即是所謂的「社會控制」。因此，人類之所以不犯罪，乃由於這種外在環境之教養、陶冶和控制的結果。在這種社會化的過程中，人和社會建立起強度大小不同的社會鍵（social bond）而防止一個人去犯罪。因為，犯罪或違法行為會危害一個人和這些機構的關係。赫胥認為，社會鍵的要素有四：（一）附著或依附（attachment）；（二）奉獻或致力（commitment）；（三）參與（involvement）於傳統的家庭、父母、朋友與學校以及其他社會機構或活動等；（四）信仰（belief）於傳統的價值規範、信條（如忠誠、公正及道德等）。他認為青少年若與社會建立強有力的鍵，除非很強的犯罪動機將鍵打斷，否則他便不輕易犯罪。反之，若有很薄弱的鍵，即使有很弱的犯罪動機，亦可能導致犯罪的發生。[38]

此理論著重解釋個人不犯罪的原因，其中與傳統社會連結具有密切的關係。就間諜犯行而言，對內間型間諜的行為應更具解釋的參考價值，如其缺乏外在環境之教養、陶冶和控制，且未與傳統的社會建立強有力的鍵，甚至缺乏傳統對國家忠誠的價值信念，便容易從事間諜犯罪行為。

七、一般化犯罪理論

赫胥和蓋佛森（Hirschi and Gottfredson）在1990年出版《一般化犯罪理論》（*A General Theory of Crime*）。他們的理論將行為（古典犯罪

---

37 Travis Hirschi, *Causes of Delinquency* (Tranaction Publisher, 1969)；林山田、林東茂、林燦璋、賴擁連，《犯罪學》，頁168-169。

38 Travis Hirschi, *Causes of Delinquency* (Tranaction Publisher, 2001), pp. 16-34；許春金，《犯罪學》，頁316。

理論的重心）和人（實證犯罪理論的重心）作了區分。前者以「犯罪」（crime）一詞代表之，後者以「犯罪性」（criminality）一詞代表之。該理論認爲，「犯罪」是以力量或詐欺追尋個人自我利益的行爲。它必需要有特殊條件（如活動、機會、被害者和財物等）且爲追尋短暫利益的事件。「犯罪性」則被界定爲是行爲者追尋短暫、立即的享樂，而無視於長遠後果之傾向（propensity），是不同的個人在從事犯罪行爲（或其他類似行爲）上的差異。而犯罪可說是違反法律，滿足這種傾向的活動。但犯罪性並非犯罪的一個充分條件，因爲其他合法活動（如吸煙、喝酒等）亦可滿足相同的傾向。換言之，犯罪傾向高的人亦較有可能追求能提供立即快樂但卻有害長遠後果之事件，如吸煙、酗酒、開快車及冒險等。在這樣的理論下，犯罪性只不過是犯罪事件的一個要素而已。[39]兩位學者解釋個人生涯歷程中，犯罪傾向與內在低控制力（Low Self Control）有關，且這個犯罪傾向終其一生不變，會變化的是外在環境的犯罪機會，因此犯罪是個人低自我控制力和犯罪機會互動之下的結果；也就是在相同的犯罪機會下，有犯罪傾向者就較可能從事犯罪行爲。[40]

赫胥和蓋佛森認爲：「犯罪性」的最大特徵在於「低自我控制」。在他們的理論下，人性並無所謂的善惡（neither naturally good nor naturally evil），只是追尋自我的利益，或不損害自我利益，而與其在社會控制理論時之假設，人本非道德的動物，是相符合的。事實上，根據他們的說法，在一般的社會控制下，人性乃傾向於守法。但人性在幼年，尤其在兒童時期若未受到良好的社會化（socialization），則易產生「低自我控制」。其特徵爲：

（一）由於犯罪提供慾望的立即滿足，因此，低自我控制的一項特徵是

39 許春金，《犯罪學》，頁325-326。

40 林山田、林東茂、林燦璋、賴擁連，《犯罪學》，頁189。

「現在」和「此地」取向而無視行爲的未來後果（立即快樂性、慾望的立即滿足或當下主義）。

（二）由於犯罪行爲提供了簡單的慾望滿足，因此，低自我控制者缺乏「勤奮」、「執著」和「堅毅」（行爲的簡單性或容易性）。

（三）由於犯罪行爲是令人感到刺激、興奮，因此，低自我控制者較易冒險和刺激追求取向（如：危險、速度等）。

（四）由於犯罪行爲較冒險和興奮刺激，但卻常少有或缺乏長遠的利益，因此，低自我控制者常有不穩定的婚姻、友誼和工作（即：不穩定的人際關係）。

（五）由於犯罪並不需太多的技術、規劃和技術，因此，低自我控制者缺乏技術和遠見（尤其在學術和認知技術的缺乏）。

（六）犯罪對被害者造成痛苦和傷害，因此，低自我控制者常較自我取向、忽視他人、對他人意見較具漠視性。

（七）由於犯罪的利益不一定是利益的追求，有時可以是「痛苦的避免」，因此，低自我控制者較易挫折容忍力低，以「力量」而非「協調溝通」解決問題。

（八）由於犯罪是一種立即快樂的追求，因此，低自我控制者亦追求非犯罪行爲的立即快樂（包括：賭博、酗酒或非法的性行爲等）。

犯罪行爲較吸引低自我控制的人，乃因這些行爲提供簡單而立即的慾望滿足，如不需要勞動工作的金錢所得，不需要下工夫去追求的性滿足，以及一點也不會受到法律程序所耽擱的報復。但他們認爲，犯罪並非低自我控制的必然結果。許多非犯罪行爲，如意外事件、吸煙、酗酒等，也是低自我控制的表徵。另一方面，自我控制的缺乏並不意謂行爲人將犯某一特殊類型的犯罪，仍需視當時的環境和機會而定。換言之，仍需配合「犯罪理論」才可加以預測。[41]

赫胥和蓋佛森在1990年發表本理論之後，便有不少研究嘗試從各種途徑，驗證各有關論點，其中也包括跨文化的比較，研究結果大都獲得支持。最近另有些研究指出，低自我控制和犯罪機會互動的結果，的確會產生犯罪，其中的因果關係更可簡述如下：具衝動性人格者→欠缺自我控制→社會連結漸形凋零→當有機會犯罪→發生犯罪。[42]

該理論指出，大部分的犯罪是一群低自我控制者，在機會條件允許時使用力量或詐欺追求自我利益所發生的事件。間諜行爲的產生，常是因爲缺乏行爲內在和外在的抑制。所謂內在的抑制，指在家庭、學校以及其他重要團體影響下的社會化過程中產生，在此階段如果缺乏良好的管教與發展，便容易形成個人的「低自我控制」，在接觸到機會時，便容易產生間諜行爲。根據文獻發現，部分間諜行爲者多著重現時立即的利益如金錢物質等，並會對他們的犯罪行爲加以合理化並重新解釋，例如他並未傷害到任何被害者，並漠視被害者的感受。此外，某些間諜行爲者的婚姻狀況欠缺穩定或酗酒的習慣，如發生在1985年美國的艾姆斯間諜案，被中央情報局（CIA）成爲歷史上最具破壞性的情報打擊。艾姆斯是一位充滿情緒衝突的人物。他急需要金錢，卻因其傲慢，而沒有實質地運用這些財富。他不但每個月都積欠幾千元的信用卡債務，卻又追求政府薪水無法負擔的生活方式。艾姆斯以現金購買位於維吉尼亞州阿靈頓（Arlington, Virginia）的房子，卻從不花費時間計算工作的收入。他根本不相信任何中央情報局人員具備與他相同的智慧，這種自戀的心態也使得他承擔了一些愚蠢的風險，例如在開放電話中談論其間諜業務規劃。他自以爲是位間諜遊戲高手，認爲只要不提出他與蘇聯官員的接觸報告，同事就不會發現這些事

41 許春金，《犯罪學》，頁329-330。

42 林山田、林東茂、林燦璋、賴擁連，《犯罪學》，頁190。

件。[43]艾姆斯此種立即利益獲得、行爲合理化、低犯罪意識以及欠缺穩定生活等現象，也符合「低自我控制」的特徵。

第三節　批判學派

批判犯罪學興起於1960年代動盪不安的美國，當時社會上至少包含少數族裔主張的基本人權的爭取、婦女權益的解放以及社會上反越戰等大型社會運動等，再加上刑事司法系統與機構的擴張，促使師法馬克思（Karl Marx）衝突學派的批判犯罪學派（Critical School）獲得重視。代表人物有昆尼（Richard Quinney）與特克（Austin Turk）等。所謂批判，係針對現代社會的各個層面，進行分析與批判的一種理論，特別是師法馬克思的社會資本主義理論爲基礎，也深受德國法蘭克福學派之影響，反對資本主義的階級社會，批判當權階級所維繫的法律制度與統治工具，又區分爲工具與結構二大理論派別。[44]「工具性理論」（Instrumental Theory）主張刑事法與刑事司法體系是社會的當權派控制下階層或無產階級者的工具，國家以及刑事司法體系各部門，如警察、法院，特別是矯正系統，都是資本家或既得利益團體維繫自己利益與權力的工具。「結構性理論」（Structural Theory）則主張，法律與資本主義的關係是單向的（Unidirectional），是爲整體的資本主義所服務，並不是只爲單一的有權勢者服務，法律是沒有問題的。然而，政府卻爲了迎合資本主義的財團或大公司，進而破壞相關法律或怠惰執法，才是造成社會階級產生的主因，

43 Hitz, Frederick P. *Why Spy? Espionage in an Age of Uncertainty* (New York: St. Martin's Press, 2008), p. 74.
44 Larry J. Siegel, *Criminology: The Core*, 6th Edition (Cengage Learning, 2017), pp. 237-238.

因此，政府才是要撻伐的對象。[45]

批判犯罪理論探討的重心常是集中於發現社會的不平等，討論政府在犯罪原因中所扮演的角色，以及不同的權力和利益團體對刑事立法和刑事執法的影響等。相關理論共可分成：標籤理論、馬克思犯罪理論、衝突犯罪理論、基進理論（Radical Theory）、和平建構犯罪學（Peacemaking Criminology），及解構論（Deconstructionism）等六大支別。由於自形象互動理論（Symbolic Interaction Theory）所衍生而出之標籤理論可說最具衝突犯罪理論之特質——即根本上否定有所謂「本質上爲犯罪」之行爲的存在，犯罪只是官方社會機構標籤引用的結果，連刑法上「本質上爲邪惡之犯罪行爲」（mala in se）亦不例外，是爲深具刑法價值衝突觀之色彩。標籤理論在1970年代中期的影響最爲顯著。建築在互動理論之上，標籤理論認爲，犯罪是社會互動的產物。當個人被有意義的他人（significant others）——如教師、警察、鄰居、父母或朋友等貼上標籤，描述爲偏差行爲或犯罪者時，他就會逐漸成爲偏差行爲或犯罪者。標籤理論另一個重要原則是，刑事法律被差別地執行（differential enforcement）和引用至不同的團體，有利於經濟強勢團體和不利於經濟弱勢團體。標籤理論者認爲，法律的內涵基本上反映出社會的權力關係。白領犯罪者（white-collar criminals）常只受到輕微的處罰（罰金，而少被判入監服刑），但街頭犯罪者（如竊盜或搶奪等）則常受到較嚴厲的懲罰。因此，標籤理論者不僅認爲法律是被差別地制訂，更是被差別地執行。[46]

批判學派強調的重點在針對現代社會的各個層面，進行分析與批判的一種理論，反對資本主義的階級社會，批判當權階級所維繫的法律制度與統治工具。而其中的標籤理論更是特別強調並無本質上的犯罪，而是被標

---

45 林山田、林東茂、林燦璋、賴擁連，《犯罪學》，頁195-196。
46 許春金，《犯罪學》，頁405-406、409。

籤的結果，法律被差別地制訂，更是被差別地執行。對此根據本書第三章分析所得，近20年我國破獲的60件間諜案件，除一件涉及日諜案之外，所有的60件間諜案件均與對岸的中國大陸有關。然而，相關間諜犯罪案件的發生，是否存在差別立法、差別執法的官方機構偏見，值得進一步深入探討。

第四節　整合理論

古代的思想家及哲學家們均試圖建立一種放諸四海而皆準的知識體系，犯罪學家在20世紀後半期也希望將不同學科、理論及觀點加以整合，包含傑佛利（Ray C. Jeffery）的生物社會學習理論、索恩博利（Terence P. Thornberry）的互動理論及布列懷德（John Braithwaite）的明恥整合理論（Reintegrate Shaming Theory）。[47]由於犯罪為一錯綜複雜之社會現象，自非某一單一理論或某一單一學科所能解釋或單獨研究，因此，近年來趨向「科際整合」或「犯罪理論整合」之綜合研究。[48]犯罪學發展百餘年來，所建立的理論為數不少，然而理論與理論之間，有些預測卻是相互矛盾的，對此許多人認為必須透過否證（Falsification）程序，將預測情形和驗證結果，出現不一致的理論予以剔除，以減少理論個數。另有學者表示，前述作法基於許多理由並不會成功，理論與理論之間並不矛盾，只是對於相同現象有不同的關注點，自然會有不同的預測情形產生；因此，數個理論是可透過整合（Integration）程序，合併成為一個較大型的理論，

47 黃富源、范國勇、張平吾，《犯罪學新論》，頁170。
48 蔡德輝、楊士隆，《犯罪學》，頁162。

如此不但可減少理論個數，且此一新整合理論的解釋力也會更高。[49]本節限於篇幅，僅就「明恥整合理論」加以介紹。

布列懷德爲澳大利亞犯罪學家，於1989年在其所著《犯罪、羞恥與整合》（*Crime, Shame, and Reintegrate*）一書中提出此理論。[50]布列懷德有感於日本社會普遍強調羞恥感，此點發揮很大的社會控制功能。於是不僅整合了標籤、次文化、機會、控制、差別接觸和社會學習等理論，且另創出一個新概念—「明恥整合」，以標示其中各理論概念的適用情形。至於「明恥」（Shaming）即是一位已感受到羞恥，且（或）遭受別人非難而知所羞恥的人，企圖改正其不當舉止的社會過程。而羞恥又分爲烙印（是指被責難後，引發脫離感）、整合（是指被責難後，仍維繫順從感）兩種情況；羞辱烙印（Stigmatizing Shaming）會導致犯罪率升高，明恥整合（Reintegrative Shaming）則可促使犯罪率降低。此外，愈多社會連結者，愈可能有明恥整合，比較不會犯罪。標籤理論在此是用來解釋烙印問題，亦即被責難者一旦被烙印後，會轉而參與偏差次文化，因此可能參與犯罪。而都市化過快和流動性過高，伴隨高失業率和欠缺合法機會等，都不利於明恥整合，卻反而助長了烙印，影響所及使得犯罪率高居不下。[51]

而在犯罪行爲學習上，布列懷德強調「良心」學習的重要性，他認爲人類行爲並非單純的根據獎賞與懲罰來衡量良心的結果，而是根據所學習到的「良心」做爲判斷事物的依據，縱使人類行爲深受生物原始趨力的影響，會依此計算行爲的利弊得失，但人類仍能抗拒這些誘惑而決定依「良心」行事，亦即個人決定是否犯罪的關鍵在於「羞恥」，如果個人遭

---

49 Thomas J. Bernard, Jeffrey B. Snipes, and Alexander L. Gerould, *Theoretical Criminology*, 4th Edition (Oxford University Press, 1998), pp. 300-301.

50 黃富源，〈明恥整合理論—一個整合共通犯罪學理論之介紹與評估〉，《警學叢刊》，第23卷第2期（1992年12月），頁94。

51 Thomas J. Bernard, Jeffrey B. Snipes, and Alexander L. Gerould, *Theoretical Criminology*, 4th Edition, pp. 303-304.

遇強烈的「污名羞辱的烙印」，則個人極易因而步上參與犯罪副文化團體之中；而如果個人認知的是「明恥整合」的參考架構，凡事依「良心」行事，則少有犯罪行為。[52]由於本理論相關研究不多，尚未有較肯定的驗證結果。然而在澳洲，試著使犯罪者和被害者會面，目的在使犯罪者明白所為不當而產生羞恥感，並在犯罪者的家人和同儕陪同下，協助犯罪者以加強整合作用。雖然只是試驗性質，未必能普遍適用於各地和各類型犯罪，但若與強調嚴懲個人、絕不寬恕的當今司法系統（過於注重個別預防，形同羞辱烙印）相比，此舉顯得更為人性化。[53]

針對明恥整合理論指出被責難者一旦被污名烙印後，會轉而參與犯罪次文化，因此可能參與犯罪的主張，近代發生在美國的一件間諜案件或可為證：1980年代中情局一名新任的行動組學員霍華德（Edward L. Howard），在他出發至莫斯科之前所進行的測謊檢查，發現霍華德可能是毒品和酒精濫用者，也是一名竊賊。中情局因而草率地予以解雇。霍華德轉而投向蘇聯提供有關美國在莫斯科相關的情報行動。[54]霍華德為中央情報局對其自身的待遇感到不平，此汙名烙印，或許是使其成為蘇聯間諜的決意之一。此外，根據本書第六章針對間諜行為的成因動機的探討顯示，相關的成因動機多元複雜，恐非單一的犯罪學理論所能解釋，未來或可透過整合型理論的角度方式，或可更加完整周延。

52 黃富源、范國勇、張平吾，《犯罪學新論》，頁171-172。
53 Larry J. Siegel, *Criminology: The Core*, 6th Edition (Cengage Learning, 2017), p. 121.
54 Hitz, Frederick P. *Why Spy? Espionage in an Age of Uncertainty*, pp. 43-44.

第五節　結語

本章嘗試透過相關犯罪學理論的觀點針對間諜行爲加以解釋，應可進一步瞭解間諜行爲可能形成的背景或原因。但理論需要經過檢驗，其中最重要的標準就是它「與事實是否相符」。因爲，理論是外在世界的描繪或解釋，「好」的理論自應能正確地描繪外在世界。因此，若從理論出發，當然期待從理論演繹而出的命題能與外在世界相符合。而要決定犯罪學理論的認知效度往往是要進行實證研究，透過各種資料蒐集及統計分析等而得以決定理論與資料相符的程度。[55]相關的犯罪學理論是否能解釋間諜犯罪行爲，有待後續的實證研究加以驗證。故而未來應持續探討間諜行爲的現象與特性，並加強量化的資料分析，瞭解案件的趨勢走向，以及質化的重點個案訪談，深入探究其動機成因。此外，鑒於間諜行爲可能涉及犯罪學、情報學、國際關係、法律學、心理學等學科領域，具有複合性問題研究的特徵，欲完全瞭解其行爲全貌，自非任何單一學科所能勝任，或可以科際整合的觀點進行間諜行爲與相關議題的研究，在多面向的探討下，對於間諜行爲必有更爲清晰的認識與瞭解。

55 許春金，《犯罪學》，頁181-182。

第八章　間諜行爲的法制規範

爲有效防制間諜行爲，保護國家機密，保衛國家安全，不少國家不僅有《刑法》、《國家安全法》、《保密法》等，而且還制訂了專門性的反間諜法規，把間諜罪定爲特別危險的犯罪，對罪犯予以嚴厲的懲處。例如德國的《德意志法典》將對國家進行諜報活動、準備進行活動及中止犯罪活動均有明確的刑責；瑞士則在其《刑法》中明列間諜行爲的涵義及量刑。[1]此外，美國於1986年的《軍人間諜罪懲治法》，恢復了和平時期軍人犯間諜罪可處死刑的規定，並在1996年10月通過《反經濟間諜法》，針對竊取工商秘密的行爲，明確規範此類犯行爲聯邦罪行。[2]而對岸的中共則在2014年制定通過《反間諜法》，內容共計五章40條條文。其中第1條即明訂：「爲了防範、制止和懲治間諜行爲，維護國家安全，根據憲法，制定本法。」[3]我國有關間諜行爲防制的法律規定，則散見於相關法制規範當中，在「維護國家機密安全」部分，目前主要法律爲《國家機密保護法》、《國家安全法》、《刑法》、《要塞堡壘地帶法》、《陸海空軍刑法》等；另在「防制間諜滲透」部分，包含《國家安全法》、《刑法》、《陸海空軍刑法》等；至於「間諜偵防作爲」，則以《通訊保障及監察法》及《國家情報工作法》爲主。[4]由於我國並無間諜行爲防制的專法，本章將綜合整理相關的法律、法規命令以及行政規則，分就「安全查核」、「維護機密安全」、「防制間諜滲透」，以及「安全防護工作」等

1 張殿清，《間諜與反間諜》，（臺北市：時英出版社，2001年），頁283-285。
2 李竹，《國家安全立法研究》，（北京：中國法制出版社，2003年），頁49-52。
3 中國法制出版社，《中華人民共和國反間諜法》，（北京：中國法制出版社，2014年），頁2。
4 趙明旭，《新安全情勢下我國反情報工作之檢討與前瞻》（桃園：中央警察大學公共安全研究所碩士論文，2009年），頁145-146。

進行介紹說明。其中相關法律規定可於《全國法規資料庫》網站（網址：https://law.moj.gov.tw）查詢得知。

第一節　安全查核相關法制

間諜行為主要的行為態樣為本國政府機構內部人員的洩密罪行，而要維護內部安全，主要在於公務員之忠誠度，因此維護國家安全的最好方式，就是嚴密安全調查、確保內部純淨，以防敵人對我滲透。徵之往史，世界各國早有以安全調查來確認公務員或軍中官兵是否適合接觸機密資訊或擔任重要職位。[5]而其中的國家安全情報人員執行任務多屬機密性質，故往往成為敵對勢力攻擊或收買的目標，需比一般公務人員更重視對國家及憲法之忠誠，故有實施安全查核之必要。此外，國家機關內部人員之忠貞乃是任務成功之基礎，因此先進國家為維護國家安全，早已建立安全查核制度，其用意在防止接觸機密人員因背叛行為進而竊取機密或叛逃。例如美國曾在1940年訂定《史密斯法》（Smith Act）、1950年通過《國內安全法》（Internal Security Act），以及在2001年10月26日通過《美國愛國者法案》（USA PATRIOT Act）等均有相關安全查核管制規定。[6]

目前我國有關安全查核的法律為《國家情報工作法》，至於法規命令及行政規則部分則有《國家情報工作人員安全查核辦法》、《涉及國家安全或重大利益公務人員特殊查核辦法》，以及《國家情報工作督察作業辦法》。

5　周奇東，《從共諜案探討我國保防工作之研究》（桃園：中央警察大學公共安全研究所碩士論文，2005年），頁83。

6　張家豪，《我國反情報工作實施之研究》（桃園：中央警察大學公共安全研究所碩士論文，2010年），頁98、106-109。

壹、國家情報工作法

民國109年1月15日新修定之《國家情報工作法》第28條，針對相關人員進行安全查核方式予以規範，條文規定如下：

第28條

1. 情報機關對所屬情報人員應進行定期或不定期之安全查核。情報人員拒絕接受查核或查核未通過者，不得辦理國家機密業務。
2. 情報機關得於情報人員任用考試榜示後，對錄取人員進行安全查核。錄取人員拒絕接受查核或查核未通過者，應不予分配訓練或不予及格。
3. 情報機關對於規劃任用之情報人員及情報協助人員所爲之安全查核，準用前項之規定。
4. 第一項及第二項安全查核結果，應通知當事人，於當事人有不利之情形時，應許其陳述意見及申辯。
5. 第一項、第二項及第三項安全查核之程序、內容、救濟及其他應遵行事項之辦法，由主管機關會商有關機關定之。

貳、國家情報工作人員安全查核辦法

《國家情報工作人員安全查核辦法》係依據《國家情報工作法》第28條第5項規定訂定，並於民國109年2月12日修正公布，主要內容包括第2條適用範圍、第3條綜理單位、第4條查核對象、第5條查核事項、第13條定期查核、第16條不定期查核，以及第22條限制任職要件等，相關條文規定如下：

第2條

本辦法適用機關，指本法第三條第一項第一款及第二項所稱情報機關。

第3條

1. 各情報機關首長應指定所屬之保防、督察、政風或其他同性質單位，負責綜理本辦法所訂查核事項。
2. 各情報機關所屬其他機關（構）、單位，應配合執行本辦法所訂安全查核事項。

第4條

1. 安全查核之對象如下（以下稱受查核人）：
   一、情報機關所屬情報人員。
   二、本法第三條第二項所稱視同情報機關，其主管有關國家情報事項範圍內之人員。
   三、情報人員任用考試榜示後錄取人員。
   四、情報機關規劃任用之情報人員及情報協助人員。但情報協助人員，屬專案秘匿性質者，由專案業務單位，依其他相關法令辦理之。
   五、派任、配屬或支援本機關，而有接觸本機關之國家機密者。
2. 各情報機關得於必要時，查核前項受查核人之配偶、直系血親或同財共居之人員等有關資訊。

第5條

有下列情事之一者，經簽奉機關首長核定後，免予辦理安全查核作業而接觸國家機密：

一、機關委任之律師，於提供法律訴訟服務時，確有接觸機密資訊必要，並簽訂保密契約，願確遵國家機密保護法等相關法令者。

二、其他緊急情況下，有充分證明在有限時間內，確實無法遵循本辦法完成安全查核，並經簽陳權責長官核定授權者。

第13條

1. 本辦法所稱定期查核，指受查核人於任用後，因其業務職掌範圍或執行專案任務，有接觸國家機密事項者，依國家機密等級之區分，而辦理之定期性安全查核。
2. 前項定期查核之種類及接密權限區分如下：

   一、甲種查核：得接觸國家機密屬「絕對機密」等級資訊之權限。

   二、乙種查核：得接觸國家機密屬「極機密」等級資訊之權限。

   三、丙種查核：得接觸國家機密屬「機密」等級資訊之權限。
3. 第四條第一項所列之人員，其未任用或接觸前之安全查核，依丙種查核基準辦理；任用或接觸後依其實際接觸國家機密程度，另行辦理相對等級之查核。

第16條

1. 受查核人在前次查核效力存續期間，有以下情事之一者，得實施不定期之安全查核：

   一、職務異動、升等、晉升或將派赴專案任務者。

   二、預備將受查核人之接密等級提升。

   三、受查核人結婚前，或發覺受查核人有與非親屬間發生同財共居之情形者。

   四、發現受查核人有本辦法第七條至第十二條所列安全顧慮情事。

五、發生或可能發生洩漏國家機密或情報人員重大違法案件時，各情報機關首長或其授權之人，認有針對特定受查核人，實施不定期之安全查核者。

六、受查核人定期、不定期實施之心理測驗或科學儀器檢測結果，有異常反應者。

七、其他特殊情形。

2. 前項不定期安全查核事項，應由情報機關首長或其授權之人，以書面核定後實施。

第22條

機關現職人員查核未獲通過原因爲下列情形者，應限制其擔任情報工作之職務或採取必要之安全管制措施：

一、受查核人之配偶、直系血親、結婚對象或同財共居之人，具外國或大陸地區情報人員或情報協助人員身分、現在或曾經擔任大陸地區黨務、軍事、行政或具政治性機關（構）團體之職務或爲其委託機關（構）成員者。

二、在國家忠誠度或外國勢力影響之查核事項上，被判定有安全顧慮。

三、經科學儀器檢測，並有其他事實佐證，認以往情報工作歷程涉及違法或不當情事，有影響未來情報工作之安全顧慮者。

參、涉及國家安全或重大利益公務人員特殊查核辦法

《涉及國家安全或重大利益公務人員特殊查核辦法》於民國108年9月19日修正公布，主要內容包括第2條查核對象、第3條查核項目、第4條特殊查核，以及第5條查核時機等，相關條文規定如下：

第2條

1. 本辦法所稱涉及國家安全或重大利益公務人員，係指擔任附表表列職務一覽表之公務人員。
2. 各機關新增、刪除或修正須辦理特殊查核之職務，由各主管機關報請總統府、國家安全會議或主管院會同考試院核定公告後辦理之。

第3條

1. 依前條規定應辦理特殊查核職務之查核項目如下：

一、動員戡亂時期終止後，與曾犯內亂罪、外患罪，經判決確定或通緝有案尚未結案者有密切聯繫接觸者。

二、未經許可或授權，曾與外國情治單位、大陸地區或香港、澳門官方或其代表機構聯繫接觸者。但國際場合必要接觸且事後即循規定程序報備者，不在此限。

三、曾受到外國政府、大陸地區或香港、澳門官方之利誘、脅迫，從事不利國家安全或重大利益情事者。

四、中華民國八十一年九月十八日臺灣地區與大陸地區人民關係條例施行後，原爲大陸地區人民，經來臺設籍定居者。

五、原爲外國人或無國籍人，依國籍法規定申請歸化者；原爲我國國民依國籍法規定回復國籍或撤銷喪失國籍者。

六、本人或本人在臺灣地區三親等以內之血親、繼父母、配偶、配偶之父母，於中華民國七十六年十一月二日開放赴大陸探親後，曾在大陸地區或香港、澳門連續停留一年以上者。

七、本人、三親等以內之血親、繼父母、配偶或配偶之父母，曾在外國、大陸地區或香港、澳門擔任其黨務、軍事、行政或具政治性機關（構）、團體之職務者。

八、在外國居住，並已符合取得申請該國國民之資格；曾因具有外國國籍或居留權，在外國享有教育、醫療、福利金、退休金等福利；尋求或取得外國公職之身分；曾服外國兵役者。

九、曾犯洩密罪經判刑確定，或通緝有案尚未結案者，或違反相關安全保密規定，受懲戒處分、記過以上行政懲處者。

十、最近五年有酗酒滋事、藥物成癮或有客觀事實足認身心狀況不能執行職務，有具體事證者。

2. 各機關擬任人員經特殊查核，有前項各款情事之一者，各機關應審酌其情節及擬任職務之性質，交由人事甄審委員會審查，報請機關首長核定；認有危害國家安全或重大利益之虞者，應不得任用爲前條所定職務，但可擔任前條以外之職務。

3. 現職公務人員對於各機關之決定，認有違法或顯然不當致損害其權利或利益，得依公務人員保障法規定，提起救濟；非現職公務人員得依訴願法規定，提起救濟。

第4條

1. 各機關辦理特殊查核，除機關首長由上級機關人事機構報請首長函請法務部調查局辦理外，其餘人員應由各該機關人事機構或上級機關人事機構報請首長函請法務部調查局辦理。
2. 法務部調查局辦理前項特殊查核，有關機關應配合協助辦理。
3. 因從事情報工作，需要身分保密者，其查核作業，由主管機關協調法務部調查局辦理。
4. 法務部調查局辦理特殊查核，應依公平合理之原則，兼顧國家安全及當事人權益之維護，以適當方法爲之。

第5條

1. 各機關辦理特殊查核，應於擬任人員初任、再任或調任第二條所定職務前辦理完竣。但擬任人員於初任、再任或調任該職務前三個月內曾依本辦法規定辦理特殊查核，且無查核項目所列情事者，機關得免予辦理。
2. 考試及格人員分發至第二條所定職務前，應先辦理特殊查核。

肆、國家情報工作督察辦法

《國家情報工作督察辦法》係依據《國家情報工作法》第5條規定訂定，並於民國104年9月23日修正公布，主要內容包括第3條規定督察單位承機關首長之工作指導及任務賦予，辦理反制間諜及有關情報工作之紀律、保密、安全查核等事項之工作項目，相關條文規定如下：

第3條

1. 督察單位承機關首長之工作指導及任務賦予，辦理反制間諜及有關情報工作之紀律、保密、安全查核等事項；其工作項目如下：

   一、足以影響國家安全或利益之資訊，所進行之蒐集、研析、處理及運用等之監督與查察。

   二、用保防、偵防、安全管制等措施反制外國或敵對勢力對我國實行情報工作行爲等之監督與查察。

   三、情報人員身分、行動或通訊安全管制等事項之監督與查察。

   四、有關涉及洩漏或交付國家情報應秘密資訊之調查或協助司（軍）法檢察機關之犯罪偵查事項。

   五、其他與本機關及其他情報機關爲有效遂行國家情報工作有關之安全稽核、協調配合等之監督與查察。

2. 前項反制間諜及安全查核工作事項，另依相關法令辦理。

第二節　維護機密安全相關法制

鑒於國家機密對國家安全維護事關重大，且多爲情報活動所欲竊取之目標，故現代各國對國家機密均設有相關法令規範以嚴加保護，用意即在防止不法人員的洩密，更深層的意義在防止外國間諜的情報蒐集活動。例如美國除了《憲法》、《刑法》中有專項關於秘密和保密的規定外，還在諸多的行政法規、法令、命令中，分別就政治、軍事、經濟、工商、國防、科研、新聞、外交、科技等方面制定了大量的保密法規命令，對各方面秘密的內容、範圍、定密、解密、保密制度、失洩密懲罰等做了詳細的規定。[7]另外如英國1911年制定《公務機密法》，規範所有政府文件均須保密，任何公務人員未經授權不得透露其所知悉的資料，並在1989年修正《公務機密法》，將保守秘密的範圍限定在國家安全、國防、外交及法律執行等領域。而對岸的中共在歷經多次修頒保密條例後，1988年正式通過《保守國家秘密法》，明訂洩密之構成要件及罰則。因此，無論是民主國家或共產國家，均重視機密的保護。綜觀各國保密法規之內容，不外律定機密定義、保護、管理、罰則等職權，足證世界各國不僅重視機密維護，更注重依法保密之精神。[8]

至於我國有關維護機密安全的法律部分以《國家機密保護法》爲

7　張殿清，《竊密與反竊密》，（臺北市：時英出版社，2008年），頁285。

8　林瑞萍，《從國內間諜案檢討我國反情報法制》（桃園：中央警察大學公共安全研究所碩士論文，2014年），頁49。

主，其他如《國家情報工作法》、《國家安全法》、《刑法》、《陸海空軍刑法》、《要塞堡壘地帶法》，以及《國家機密保護法施行細則》等均有保護機密之相關規範及罰則。

壹、國家機密保護法

《國家機密保護法》於民國112年12月27日修正公布，主要內容包括第2條國家機密之定義、第3條機關之範圍、第7條機密核定權責、第11條保密期限或解除機密之條件、第12條情報來源保密、第26條出境應予核准之人員、第36條擅自出境或逾越核准地區之處罰，以及第39-1條國家機密重新核定與延長保密期限等，相關條文規定如下：

第2條

本法所稱國家機密，指為確保國家安全或利益而有保密之必要，對政府機關持有或保管之資訊，經依本法核定機密等級者。

第3條

1. 本法所稱機關，指中央、地方各級政府機關與其設立之實（試）驗、研究、文教、醫療、特種基金管理等機構及行政法人。
2. 受機關委託行使公權力之個人、法人或團體，於本法適用範圍內，就其受託事務視為機關。

第7條

1. 國家機密之核定權責如下：

一、絕對機密由下列人員親自核定：

（一）總統、行政院院長或經其授權之部會級首長。

（二）戰時，編階中將以上各級部隊主官或主管及部長授權之相關人員。

二、極機密由下列人員親自核定：

（一）前款所列之人員或經其授權之主管人員。

（二）立法院、司法院、考試院及監察院院長。

（三）國家安全會議秘書長、國家安全局局長。

（四）國防部部長、外交部部長、大陸委員會主任委員或經其授權之主管人員。

（五）戰時，編階少將以上各級部隊主官或主管及部長授權之相關人員。

三、機密由下列人員親自核定：

（一）前二款所列之人員或經其授權之主管人員。

（二）中央各院之部會及同等級之行、處、局、署等機關首長。

（三）駐外機關首長；無駐外機關首長者，經其上級機關授權之主管人員。

（四）戰時，編階中校以上各級部隊主官或主管及部長授權之相關人員。

2. 前項人員因故不能執行職務時，由其職務代理人代行核定之。

第11條

1. 核定國家機密等級時，應併予核定其保密期限或解除機密之條件。
2. 國家機密之最長保密期限，於絕對機密，不得逾三十年；於極機密，不得逾二十年；於機密，不得逾十年。其期限自核定之日起算。
3. 國家機密依前條變更機密等級者，其保密期限仍自原核定日起算。

4. 國家機密核定解除機密之條件而未核定保密期限者，其解除機密之條件逾第二項最長期限未成就時，視爲於期限屆滿時已成就。
5. 保密期限或解除機密之條件有延長或變更之必要時，應報請原核定機關或其上級機關有核定權責人員爲之，原核定期限與延長期限合計不得逾第二項規定之最長期限。國家機密至遲應於三十年內開放應用，其有特殊情形者，得經立法院同意延長其開放應用期限。
6. 前項之延長或變更，應通知有關機關。

第12條

1. 涉及國家安全情報來源或管道之國家機密，保密期限自核定之日起算不得逾三十年；其解除機密之條件逾三十年未成就時，視爲於期限屆滿時已成就。但經原核定機關檢討認有繼續保密之必要者，應敘明事實及理由，報請原核定機關或其上級機關有核定權責人員延長之，不適用前條第二項、第四項、第五項及檔案法第二十二條規定。
2. 前項延長之期限，每次不得逾十年；保密期限自原核定日起算逾六十年者，其延長應報請上級機關有核定權責人員核定，每次不得逾十年。

第26條

1. 下列人員出境，應經其（原）服務機關或委託機關首長或其授權之人核准：

   一、國家機密核定人員。

   二、辦理國家機密事項業務人員。

   三、前二款退離職或移交國家機密未滿三年之人員。

2. 前項第三款之期間，國家機密核定機關得視情形延長之。延長之期限，除有第十二條第一項情形者外，不得逾三年，並以一次爲限。
3. 第一項所列人員應於返臺後七個工作日內，向（原）服務機關或委託機關通報。

第36條

1. 違反第二十六條第一項規定未經核准而擅自出境或逾越核准地區者，處二年以下有期徒刑、拘役或科或併科新臺幣二十萬元以下罰金。
2. 第二十六條第一項第三款之非機關現職人員，違反第二十六條第三項規定未於期限內通報者，得由原服務機關或委託機關處新臺幣二萬元以上十萬元以下罰鍰。

第39-1條

1. 原依本法核定永久保密之國家機密，應於第十二條修正施行之日起二年內，依本法重新核定，其保密期限溯自原先核定之日起算；屆滿二年尚未重新核定者，自屆滿之日起，視爲解除機密，依第三十一條規定辦理。
2. 國家機密保密期限已逾三十年者，依前項規定重新核定延長保密期限，延長之期限應溯自國家機密保密期限屆滿三十年之次日起算，依第十二條規定逐次核定延長。

貳、國家情報工作法

主要內容包括第8條情報工作人員身分保密、第11條身分掩護資料保密、第30條、第30-1條，以及第30-2條罰則等，相關條文規定如下：

第8條

1. 涉及情報來源、管道或組織及有關情報人員與情報協助人員身分、行動或通訊安全管制之資訊，不得洩漏、交付、刺探、蒐集、毀棄、損壞或隱匿。但經權責人員書面同意者，得予交付。
2. 人民申請前項規定資訊之閱覽、複製、抄錄、錄音、錄影或攝影者，情報機關得拒絕之。

第11條

1. 依前二條規定所從事之行爲，爲依法令之行爲。
2. 情報機關設立掩護機構或採取身分掩護措施，應保存檔案紀錄，並依法保密及解除機密。

第30條

1. 違法洩漏或交付第八條第一項之資訊者，處七年以上有期徒刑。
2. 違法刺探或收集第八條第一項之資訊者，處三年以上十年以下有期徒刑。
3. 違法毀棄、損壞或隱匿第八條第一項之資訊者，處三年以上七年以下有期徒刑，得併科新臺幣二百萬元以下罰金。
4. 前三項之未遂犯罰之。
5. 因過失犯第一項或第三項之罪者，處一年以上三年以下有期徒刑，得併科新臺幣一百萬元以下罰金。
6. 情報人員或情報協助人員退（離）職未滿五年，犯第一項至第四項之罪者，加重其刑至二分之一。

第30-1條

1. 從事間諜行爲而洩漏或交付第八條第一項之資訊於外國勢力、境外敵對勢力或其工作人員者，處無期徒刑或十年以上有期徒刑；所洩漏或交付爲第八條第一項以外應秘密之資訊者，處七年以上十年以下有期徒刑。

2. 從事間諜行爲而刺探或收集第八條第一項之資訊者，處五年以上十二年以下有期徒刑；所刺探或收集爲第八條第一項以外應秘密之資訊者，處三年以上七年以下有期徒刑。
3. 前二項之未遂犯罰之。

第30-2條

情報人員犯第三十條第一項至第四項或第三十條之一之罪者，加重其刑至二分之一。

參、國家安全法

《國家安全法》於民國111年6月8日修正公布，主要內容包括第2條不得爲外國或大陸地區刺探、蒐集、交付或傳遞關於公務上應秘密之文書等、第3條經濟間諜罪、第4條國家安全之維護空間，以及第7條、第8條之罰則規定，相關條文規定如下：

第2條

任何人不得爲外國、大陸地區、香港、澳門、境外敵對勢力或其所設立或實質控制之各類組織、機構、團體或其派遣之人爲下列行爲：

一、發起、資助、主持、操縱、指揮或發展組織。

二、洩漏、交付或傳遞關於公務上應秘密之文書、圖畫、影像、消息、物品或電磁紀錄。

三、刺探或收集關於公務上應秘密之文書、圖畫、影像、消息、物品或電磁紀錄。

第3條

1. 任何人不得爲外國、大陸地區、香港、澳門、境外敵對勢力或其所設立或實質控制之各類組織、機構、團體或其派遣之人，爲下列行爲：

一、以竊取、侵占、詐術、脅迫、擅自重製或其他不正方法而取得國家核心關鍵技術之營業秘密，或取得後進而使用、洩漏。

二、知悉或持有國家核心關鍵技術之營業秘密，未經授權或逾越授權範圍而重製、使用或洩漏該營業秘密。

三、持有國家核心關鍵技術之營業秘密，經營業秘密所有人告知應刪除、銷毀後，不爲刪除、銷毀或隱匿該營業秘密。

四、明知他人知悉或持有之國家核心關鍵技術之營業秘密有前三款所定情形，而取得、使用或洩漏。

2. 任何人不得意圖在外國、大陸地區、香港或澳門使用國家核心關鍵技術之營業秘密，而爲前項各款行爲之一。

3. 第一項所稱國家核心關鍵技術，指如流入外國、大陸地區、香港、澳門或境外敵對勢力，將重大損害國家安全、產業競爭力或經濟發展，且符合下列條件之一者，並經行政院公告生效後，送請立法院備查：

一、基於國際公約、國防之需要或國家關鍵基礎設施安全防護考量，應進行管制。

二、可促使我國產生領導型技術或大幅提升重要產業競爭力。

4. 前項所稱國家核心關鍵技術之認定程序及其他應遵行事項之辦法，由國家科學及技術委員會會商有關機關定之。
5. 經認定國家核心關鍵技術者，應定期檢討。
6. 本條所稱營業秘密，指營業秘密法第二條所定之營業秘密。

第4條

國家安全之維護，應及於中華民國領域內網際空間及其實體空間。

第7條

1. 意圖危害國家安全或社會安定，爲大陸地區違反第二條第一款規定者，處七年以上有期徒刑，得併科新臺幣五千萬元以上一億元以下罰金；爲大陸地區以外違反第二條第一款規定者，處三年以上十年以下有期徒刑，得併科新臺幣三千萬元以下罰金。
2. 違反第二條第二款規定者，處一年以上七年以下有期徒刑，得併科新臺幣一千萬元以下罰金。
3. 違反第二條第三款規定者，處六月以上五年以下有期徒刑，得併科新臺幣三百萬元以下罰金。
4. 第一項至第三項之未遂犯罰之。
5. 因過失犯第二項之罪者，處一年以下有期徒刑、拘役或新臺幣三十萬元以下罰金。
6. 犯前五項之罪而自首者，得減輕或免除其刑；因而查獲其他正犯或共犯，或防止國家安全或利益受到重大危害情事者，免除其刑。
7. 犯第一項至第五項之罪，於偵查中及歷次審判中均自白者，得減輕其刑；因而查獲其他正犯或共犯，或防止國家安全或利益受到重大危害情事者，減輕或免除其刑。

8. 犯第一項之罪者，其參加之組織所有之財產，除實際合法發還被害人者外，應予沒收。
9. 犯第一項之罪者，對於參加組織後取得之財產，未能證明合法來源者，亦同。

第8條

1. 違反第三條第一項各款規定之一者，處五年以上十二年以下有期徒刑，得併科新臺幣五百萬元以上一億元以下之罰金。
2. 違反第三條第二項規定者，處三年以上十年以下有期徒刑，得併科新臺幣五百萬元以上五千萬元以下之罰金。
3. 第一項、第二項之未遂犯罰之。
4. 科罰金時，如犯罪行爲人所得之利益超過罰金最多額，得於所得利益之二倍至十倍範圍內酌量加重。
5. 犯第一項至第三項之罪而自首者，得減輕或免除其刑；因而查獲其他正犯或共犯，或防止國家安全或利益受到重大危害情事者，免除其刑。
6. 犯第一項至第三項之罪，於偵查中及歷次審判中均自白者，得減輕其刑；因而查獲其他正犯或共犯，或防止國家安全或利益受到重大危害情事者，減輕或免除其刑。
7. 法人之代表人、非法人團體之管理人或代表人、法人、非法人團體或自然人之代理人、受雇人或其他從業人員，因執行業務，犯第一項至第三項之罪者，除依各該項規定處罰其行爲人外，對該法人、非法人團體、自然人亦科各該項之罰金。但法人之代表人、非法人團體之管理人或代表人、自然人對於犯罪之發生，已盡力爲防止行爲者，不在此限。

肆、刑法

《中華民國刑法》於民國112年12月27日修正公布，主要內容包括第107條第4款加重助敵罪、第109條洩漏交付國防秘密罪、第110條公務員過失洩漏交付國防秘密罪、第111條刺探蒐集國防秘密罪，以及第132條洩漏國防以外之秘密罪等，相關條文規定如下：

第107條第4款

犯前條第一項之罪而有左列情形之一者，處死刑或無期徒刑：

四、以關於要塞、軍港、軍營、軍用船艦、航空機及其他軍用處所建築物或軍略之秘密文書、圖畫、消息或物品，洩漏或交付於敵國者。

第109條

1. 洩漏或交付關於中華民國國防應秘密之文書、圖畫、消息或物品者，處一年以上七年以下有期徒刑。
2. 洩漏或交付前項之文書、圖畫、消息或物品於外國或其派遣之人者，處三年以上十年以下有期徒刑。
3. 前二項之未遂犯罰之。
4. 預備或陰謀犯第一項或第二項之罪者，處二年以下有期徒刑。

第110條

公務員對於職務上知悉或持有前條第一項之文書、圖畫、消息或物品，因過失而洩漏或交付者，處二年以下有期徒刑、拘役或三萬元以下罰金。

第111條

1. 刺探或蒐集第一百零九條第一項之文書、圖畫、消息或物品者，處五年以下有期徒刑。

2. 前項之未遂犯罰之。
3. 預備或陰謀犯第一項之罪者，處一年以下有期徒刑。

第132條

1. 公務員洩漏或交付關於中華民國國防以外應秘密之文書、圖畫、消息或物品者，處三年以下有期徒刑。
2. 因過失犯前項之罪者，處一年以下有期徒刑、拘役或九千元以下罰金。
3. 非公務員因職務或業務知悉或持有第一項之文書、圖畫、消息或物品，而洩漏或交付之者，處一年以下有期徒刑、拘役或九千元以下罰金。

伍、陸海空軍刑法

《陸海空軍刑法》於民國112年12月27日修正公布，主要內容包括第20條洩漏交付軍事上應秘密之文書、第21條洩漏交付職務上持有知悉之軍事機密者加重其刑、第22條刺探蒐集軍事機密罪、第23條意圖刺探收集軍事機密罪，以及第31條委棄軍事上應秘密之文書罪等，相關條文規定如下：

第20條

1. 洩漏或交付關於中華民國軍事上應秘密之文書、圖畫、消息、電磁紀錄或物品者，處三年以上十年以下有期徒刑。戰時犯之者，處無期徒刑或七年以上有期徒刑。
2. 洩漏或交付前項之軍事機密於敵人者，處死刑或無期徒刑。

3. 前二項之未遂犯，罰之。
4. 因過失犯第一項前段之罪者，處三年以下有期徒刑、拘役或新臺幣三十萬元以下罰金。戰時犯之者，處一年以上七年以下有期徒刑。
5. 預備或陰謀犯第一項或第二項之罪者，處五年以下有期徒刑。

第21條

洩漏或交付職務上所持有或知悉之前條第一項軍事機密者，加重其刑至二分之一。

第22條

1. 刺探或收集第二十條第一項之軍事機密者，處一年以上七年以下有期徒刑。戰時犯之者，處三年以上十年以下有期徒刑。
2. 爲敵人刺探或收集第二十條第一項之軍事機密者，處五年以上十二年以下有期徒刑。戰時犯之者，處無期徒刑或七年以上有期徒刑。
3. 前二項之未遂犯，罰之。
4. 預備或陰謀犯第一項或第二項之罪者，處二年以下有期徒刑、拘役或新臺幣二十萬元以下罰金。

第23條

1. 意圖刺探或收集第二十條第一項之軍事機密，未受允准而侵入軍事要塞、堡壘、港口、航空站、軍營、軍用艦船、航空器、械彈廠庫或其他軍事處所、建築物，或留滯其內者，處三年以上十年以下有期徒刑。戰時犯之者，加重其刑至二分之一。
2. 前項之未遂犯，罰之。
3. 預備或陰謀犯第一項之罪者，處二年以下有期徒刑、拘役或新臺幣二十萬元以下罰金。

第31條

1. 委棄軍事上應秘密之文書、圖畫、電磁紀錄或其他物品者，處三年以下有期徒刑、拘役或新臺幣三十萬元以下罰金。
2. 棄置前項物品於敵者，處七年以下有期徒刑。
3. 因過失犯前二項之罪，致生軍事上之不利益者，處二年以下有期徒刑、拘役或新臺幣二十萬元以下罰金。
4. 戰時犯第一項或第二項之罪者，處無期徒刑或七年以上有期徒刑；致生軍事上之不利益者，處死刑、無期徒刑或十年以上有期徒刑；犯第三項之罪者，處一年以上七年以下有期徒刑。

陸、要塞堡壘地帶法

《要塞堡壘地帶法》於民國91年4月17日修正公布，主要內容包括第4條第1款非受有國防部之特別命令不得爲軍事上偵察事項、第5條第1款非經要塞司令之許可不得爲軍事上偵察事項、以及第9條罰則等，相關條文規定如下：

第4條第1款

非受有國防部之特別命令，不得爲測量、攝影、描繪、記述及其他關於軍事上之偵察事項。

第5條第1款

非經要塞司令之許可，不得爲測量、攝影、描繪、記述及其他關於軍事上偵察事項。

第9條

1. 犯第四條第一款或第五條第一款之規定者，處一年以上、七年以下有期徒刑。
2. 因過失犯前項之規定者，處一年以下有期徒刑、拘役或五百元以下罰金。

柒、國家機密保護法施行細則

《國家機密保護法施行細則》於民國92年9月26日修正公布，主要內容包括第2條國家機密範圍、第6條第3款重大損害，以及第16條情報來源或管道之定義，相關條文規定如下：

第2條

本法所定國家機密之範圍如下：

一、軍事計畫、武器系統或軍事行動。

二、外國政府之國防、政治或經濟資訊。

三、情報組織及其活動。

四、政府通信、資訊之保密技術、設備或設施。

五、外交或大陸事務。

六、科技或經濟事務。

七、其他爲確保國家安全或利益而有保密之必要者。

第6條第3款

本法第四條第二款所稱重大損害，指有下列各款情形之一：

三、危害從事或協助從事情報工作人員之身家安全，或中斷、破壞情報組織之運作。

第16條

本法第十二條第一項所稱涉及國家安全情報來源或管道之國家機密，指從事或協助從事國家安全情報工作之組織或人員，及足資辨別從事或協助從事國家安全情報工作之組織或人員之相關資訊。

第三節　防制間諜滲透相關法制

反間諜是防範、發現和破獲間諜所進行的竊取情報、顚覆、破壞等活動的工作，即偵查間諜、清除間諜的工作。世界各國，不論是東方還是西方，也不論是社會主義國家還是資本主義國家，都運用法律手段懲治間諜行爲，以有效維護國家的安全、榮譽和利益。[9]面對間諜活動的威脅，各國對內加強人員管理及防止背叛行爲；對外則運用法律手段懲治間諜行爲以有效維護國家安全與利益，並制定且不斷修訂有關防範、制止間諜行爲的各種法律規定。例如對岸的中共在2014年制訂通過的《反間諜法》第二章當中，明訂國家安全機構在反間諜工作中的職權。[10]

而在我國，爲有效防制間諜行爲，避免其滲透國內進行機密竊取或破壞活動，相關的法制規範在法律部分包括《國家情報工作法》、《陸海空軍刑法》、《入出國及移民法》，以及《通訊保障及監察法》，至於在法規命令及行政規則部分則有《情報機關反制間諜工作辦法》。

9　張殿清，《間諜與反間諜》，頁255、283。
10　中國法制出版社，《中華人民共和國反間諜法》，頁2。

壹、國家情報工作法

主要內容包括第3條第1項第6款間諜行爲名詞定義、第22條反制間諜工作、第22-1條減刑規定，以及第31條罰則等，相關條文規定如下：

第3條第1項第6款

本法用詞定義如下：

六、間諜行爲：指爲外國勢力、境外敵對勢力或其工作人員對本國從事情報工作而刺探、收集、洩漏或交付資訊者。

第22條

1. 情報機關從事反制間諜工作時，應報請情報機關首長核可後實施，並應將該工作專案名稱報請主管機關核備。但屬反爭取運用者，應經主管機關核可後實施。
2. 情報機關從事前項反制間諜工作時，得經機關首長核准，向其他政府機關（構）、單位調閱涉嫌間諜行爲之人及其幫助之人之有關資料，該管監督機關（構）、單位除有妨害國家安全或利益者外，不得拒絕。
3. 第一項但書情形，應由主管機關報告國家安全會議秘書長，於經最高法院檢察署檢察總長或最高軍事法院檢察署檢察長同意後，由主管機關協調各該情報機關決定案件移送偵辦時機、移送之對象及移送之內容。
4. 反制間諜工作之定義、條件、範圍、程序及從事人員保障事項之辦法，由主管機關會商各情報機關定之。

第22-1條

1. 情報人員或情報協助人員自首其曾對本國從事間諜行爲，並據實供述，因而查獲其他間諜或防止國家安全或利益受到重大危害情事者，其間諜行爲所觸及之刑事犯罪，得減輕或免除其刑。

2. 情報人員或情報協助人員因間諜行爲所觸及之刑事犯罪，於偵查或審判中自白，並據實供述，因而查獲其他間諜或防止國家安全或利益受到重大危害情事者，得減輕其刑。

3. 情報人員或情報協助人員曾有違法失職情事，致遭外國勢力、境外敵對勢力或其派遣之人掌握並脅迫爲其擔任間諜，在尚未從事間諜行爲前自首犯行者，原所觸及之刑事犯罪，得減輕其刑。主動向所屬機關陳報失職情事者，減輕或免除其行政責任。

4. 前三項刑事犯罪減輕或免除其刑者，有犯罪所得之財物，仍應予追繳或沒收，如全部或一部無法追繳或沒收時，應追繳其價額或以其財產抵償之。

5. 前四項之規定，對退離職情報人員或停止運用之情報協助人員，適用之。

第31條

1. 現職或退（離）職之情報人員爲外國勢力、境外敵對勢力或其工作人員從事情報工作而刺探、收集、洩漏或交付非秘密之資訊者，處三年以上十年以下有期徒刑。

2. 前項之未遂犯罰之。

貳、陸海空軍刑法

《陸海空軍刑法》主要內容爲第17條第2款間諜罪，條文規定如下：

第17條第2款

有下列行爲之一者，處死刑或無期徒刑：

二、爲敵人從事間諜活動，或幫助敵人之間諜從事活動者。

參、入出國及移民法

《入出國及移民法》於民國112年6月28日修正公布，主要內容爲第18條第13款禁止入境，條文規定如下：

第18條第13款

外國人有下列情形之一者，移民署得禁止其入國：

十三、有危害我國利益、公共安全或公共秩序之虞。

肆、通訊保障及監察法

《通訊保障及監察法》於民國107年5月23日修正公布，主要內容包括第2條通訊監察限度、第5條第1款通訊監察條件、第7條蒐集情報通訊監察目的及對象、第8條外國勢力及境外敵對勢力定義、第9條外國勢力或境外敵對勢力工作人員定義，以及第10條運用及處置等，相關條文規定如下：

第2條

1. 通訊監察，除爲確保國家安全、維持社會秩序所必要者外，不得爲之。
2. 前項監察，不得逾越所欲達成目的之必要限度，且應以侵害最少之適當方法爲之。

第5條第1款

有事實足認被告或犯罪嫌疑人有下列各款罪嫌之一，並危害國家安全、經濟秩序或社會秩序情節重大，而有相當理由可信其通訊內容與本案有關，且不能或難以其他方法蒐集或調查證據者，得發通訊監察書。

第7條

1. 爲避免國家安全遭受危害，而有監察下列通訊，以蒐集外國勢力或境外敵對勢力情報之必要者，綜理國家情報工作機關首長得核發通訊監察書。

   一、外國勢力、境外敵對勢力或其工作人員在境內之通訊。

   二、外國勢力、境外敵對勢力或其工作人員跨境之通訊。

   三、外國勢力、境外敵對勢力或其工作人員在境外之通訊。

2. 前項各款通訊之受監察人在境內設有戶籍者，其通訊監察書之核發，應先經綜理國家情報工作機關所在地之高等法院專責法官同意。但情況急迫者不在此限。

3. 前項但書情形，綜理國家情報工作機關應即將通訊監察書核發情形，通知綜理國家情報工作機關所在地之高等法院之專責法官補行同意；其未在四十八小時內獲得同意者，應即停止監察。

第8條

前條第一項所稱外國勢力或境外敵對勢力如下：

一、外國政府、外國或境外政治實體或其所屬機關或代表機構。

二、由外國政府、外國或境外政治實體指揮或控制之組織。

三、以從事國際或跨境恐怖活動爲宗旨之組織。

第9條

第七條第一項所稱外國勢力或境外敵對勢力工作人員如下：

一、爲外國勢力或境外敵對勢力從事秘密情報蒐集活動或其他秘密情報活動，而有危害國家安全之虞，或教唆或幫助他人爲之者。

二、爲外國勢力或境外敵對勢力從事破壞行爲或國際或跨境恐怖活動，或教唆或幫助他人爲之者。

三、擔任外國勢力或境外敵對勢力之官員或受僱人或國際恐怖組織之成員者。

第10條

依第七條規定執行通訊監察所得資料，僅作爲國家安全預警情報之用。但發現有第五條所定情事者，應將所得資料移送司法警察機關、司法機關或軍事審判機關依法處理。

伍、情報機關反制間諜工作辦法

《情報機關反制間諜工作辦法》係依據《國家情報工作法》第22條第4項規定訂定，並於民國109年2月12日修正公布，主要內容包括第2條名詞定義、第3條反間諜工作實施之原則、第4條反間諜實施方式、第5條通訊監察、第6條案件管轄、第7條儀器檢測，以及第8條秘密方式，相關條文規定如下：

第2條

本辦法用詞定義如下：

一、反制間諜工作：指情報機關爲防止所屬情報人員或情報協助人員遭到外國或敵對勢力之接觸、吸收或利用，所採取之監督、檢查、調查及反爭取運用等作為。

二、違常人員：指情報機關所屬情報人員及情報協助人員，涉嫌被外國或敵對勢力接觸、吸收、利用者。

第3條

1. 情報機關應指定專責單位或人員負責反制間諜工作，並報送主管機關備查。
2. 主管機關督察部門負責統合指導、協調及支援情報機關反制間諜工作。

第4條

1. 情報機關對違常人員之監督或檢查，得經機關首長核准，以下列方式執行之：

一、運用人員蒐證。

二、對內部監督機具設備實施內容檢查。

三、對其辦公處所內之機具、電腦、資訊儲存媒體、辦公桌、公文櫃及保險櫃等公務設備或因職務關係持有之文書實施安全檢查。

四、要求誠實報告與澄清其所涉之違常事項。

五、比對出入境行程資料。

六、經評估應採取之其他監督或檢查，但其方式應遵守相關法令規定。

七、對情報協助人員實施前項各款之監督或檢查，應由其聯繫指導單位執行之。

2. 情報機關執行第一項之監督或檢查時，應在能達成目的狀況下，選擇侵害最少的方式為之。

第5條

情報機關之人員蒐獲機關所屬人員涉及與外國或敵對勢力接觸、吸收或利用之相關情資時，應立即送交依第三條第一項指定之專責單位或人員處理，不得隱匿、自行處理或告知涉嫌人及專責以外之人。

第6條

情報機關對違常人員有監察其通訊之必要時，應依通訊保障及監察法之規定，實施通訊監察。

第7條

1. 情報機關得以儀器檢測方式，對違常人員進行監督與調查。
2. 前項儀器檢測內容，以下列事項為限：

   一、有無受外國或敵對勢力接觸、吸收、利用情事。

   二、有無涉及違反情報工作紀律或相關法令情事。

   三、有無財務收支異常或收受不正當利益情事。

   四、其他與情報工作有關事項。

第8條

1. 情報機關對違常人員採取之反制間諜工作，應經機關首長核定後，以秘密方式為之。
2. 情報機關發覺違常人員涉嫌間諜行為時，得經機關首長核准，向其他政府機關（構）、單位調閱其相關個人資料。
3. 前項取得之資訊，非經各該情報機關以書面同意，不得公開之。

第四節　安全防護工作相關法制

保防工作的意義有二：一是「保密」，就是用以防止敵人或非友好國家及任何非法定人員獲得或知悉我國家機密所採取的各種措施。二是「防諜」，就是防止及破獲任何陰謀背叛或顛覆我政府危害我國家安全的陰謀組織及人員所應採取的一切措施。「保密」與「防諜」兩者的共同目的，係在保守國家機密，肅清潛在敵人，以維護與增進國家的安全爲宗旨。[11]惟根據〈保防工作作業要點修正總說明〉略以：茲因「保防」一詞起源於戒嚴時期之反共思潮，包含「機密保護、防制滲透、安全防護、保防教育」等概念，有其歷史背景因素。由於時代變遷，我國民主法制及人權思想高漲，舊時「保密防諜」思維已不再被社會大眾所接受，加上動員戡亂時期政府偶有執法過度，致使保防工作常遭扭曲及污名化。…而現行之保防工作，即係國家對抗外力對我竊密、破壞之機密維護、安全維護工作，爲使保防工作之執行符合社會民主化之期待，乃以「安全防護」取代「保防」一詞，較符合現代安全風險管理之意涵。[12]故相關法制原使用「保防工作」用語，已於民國108年12月11日修正爲「安全防護工作」。

目前有關安全防護工作相關法制規範，法律的部分有《法務部調查局組織法》，至於在法規命令及行政規則部分則有《國防部政治作戰局處務規程》、《安全防護工作作業要點》、《全國安全防護工作會報設置要點》，以及《社會安全防護工作實施要點》。

11 翁榮昌、賈宗湘，《保防實務》，（桃園：中央警官學校，1988年），頁3-4。
12 〈保防工作作業要點修正總說明〉，《法務部主管法規查詢系統》，<https://mojlaw.moj.gov.tw/NewsContent.aspx?id=9071>（2024年6月8日查詢）。

壹、法務部調查局組織法

《法務部調查局組織法》於民國112年12月15日修正公布，主要內容爲第2條律定調查局的法定掌理業務，其中的第11項爲負責機關保防業務及全國保防、國民保防教育之協調、執行事項，相關條文規定如下：

第2條

法務部調查局（以下簡稱本局）掌理下列事項：

一、內亂防制事項。

二、外患防制事項。

三、洩漏國家機密防制事項。

四、貪瀆防制及賄選查察事項。

五、重大經濟犯罪防制事項。

六、毒品防制事項。

七、洗錢防制事項。

八、電腦犯罪防制、資安鑑識及資通安全處理事項。

九、組織犯罪防制之協同辦理事項。

十、國內安全調查事項。

十一、機關保防業務及全國保防、國民保防教育之協調、執行事項。

十二、國內、外相關機構之協調聯繫、國際合作、涉外國家安全調查及跨國犯罪案件協助查組事項。

十三、兩岸情勢及犯罪活動資料之蒐集、建檔、研析事項。

十四、國內安全及犯罪調查、防制之諮詢規劃、管理事項。

十五、化學、文書、物理、法醫鑑識及科技支援事項。

十六、通訊監察及蒐證器材管理支援事項。

十七、本局財產、文書、檔案、出納、庶務管理事項。

十八、本局工作宣導、受理陳情檢舉、接待參觀、新聞聯繫處理、爲民服務及其他公共事務事項。

十九、調查人員風紀考核、業務監督與查察事項。

二十、上級機關特交有關國家安全及國家利益之調查、保防事項。

貳、國防部政治作戰局處務規程

《國防部政治作戰局處務規程》於民國111年1月17日修正公布，主要內容爲第6條律定保防安全處掌理事項，其中的第一項爲國軍保防安全工作政策等，相關條文規定如下：

第6條

保防安全處掌理事項如下：

一、國軍保防安全工作政策、法令之擬訂與保防人員培育、保防教育、人員安全調查、機密維護（不含國防部公務機密維護）、安全狀況掌握、安全防護、諮詢部署、特種勤務危安目標情報作業等事項之規劃、執行及督導。

二、國軍洩（違）密案件之情報蒐集、調查、處理及機密資訊鑑定。

三、蒐集、研析、處理及運用足以影響國家安全或利益之資訊。

四、全國保防工作會報分工事項之規劃、督導及與各保防體系之協調。

五、國家情報協調會報分工事項之協調及執行。

六、防諜情報蒐集與敵（間）諜案件之調查及處理。

七、作戰區反情報工作之規劃、督導及與情報機關之協調。

八、國軍反情報預算之編列及執行。

九、督導國軍密碼保密與本局所屬保防安全機構及部隊相關業務。

十、其他有關保防安全事項。

參、全國安全防護工作作業要點

《全國安全防護工作作業要點》於民國108年12月11日修正公布，主要內容包括第1點明定立法目的；第3至6點區分安全防護工作爲機關、軍中、社會安全防護，分別將機關安全防護由法務部調查局及廉政署辦理，軍中安全防護由政治作戰局辦理，社會安全防護由內政部警政署及移民署辦理，海洋委員會海巡署協助辦理；第8點律定安全防護工作的業務範圍；第9點設置全國安全防護工作會報，相關條文規定如下：

一、爲貫徹執行有關危害國家安全及違反國家利益之安全防護工作，特訂定本要點。

二、全國安全防護工作，由法務部主管，並指定調查局協調執行。

三、全國安全防護工作之區分如下：

（一）機關安全防護。

（二）軍中安全防護。

（三）社會安全防護。

四、機關安全防護工作，由法務部督導調查局及廉政署辦理。

五、軍中安全防護工作，由國防部督導政治作戰局辦理。

六、社會安全防護工作，由內政部督導警政署及移民署辦理；海洋委員會海巡署協助辦理。

八、全國安全防護工作之業務範圍如下：

（一）機密維護。

（二）安全維護。

（三）機密及安全維護教育。

九、爲協調各有關機關，配合執行全國安全防護工作，特設置全國安全防護工作會報，其設置要點另定之。

肆、全國安全防護工作會報設置要點

民國112年11月23日修正公布的《全國安全防護工作會報設置要點》係依據《全國安全防護工作作業要點》第9點訂定，主要內容包括第1點爲協調各機關推動全國安全防護工作，設置全國安全防護工作會報；第2點規定本會報由法務部部長召集，並指定調查局綜理秘書業務；第3點設置委員21人；第4點本會報之上級指導爲行政院，並邀請國家安全局列席；第6點律定工作會報之任務；第7點各直轄市、縣（市）設置地區安全防護工作執行會報，相關條文規定如下：[13]

一、爲協調各機關推動全國安全防護工作，特依全國安全防護工作作業要點第九點規定，設置全國安全防護工作會報（以下簡稱本會報）。

二、本會報由法務部部長召集，並指定調查局綜理秘書業務。

三、本會報置委員二十二人，除召集人爲當然委員外，由內政部、外交部、國防部、財政部、教育部、法務部、經濟部、交通部、農業部、

13 〈全國安全防護工作會報設置要點〉，《法務部主管法規查詢系統》，<https://mojlaw.moj.gov.tw/LawContent.aspx?LSID=FL041612>（2024年6月8日查詢）。

文化部、數位發展部、國家發展委員會、國家科學及技術委員會、大陸委員會之機關副首長，及海洋委員會海巡署、法務部調查局、法務部廉政署、國防部政治作戰局、國防部憲兵指揮部、內政部警政署、內政部移民署之機關首長兼任之。

本會報得視議題需要，邀請未列本會報之機關副首長出席。

四、本會報之上級指導爲行政院，並邀請國家安全局列席。

六、本會報任務如下：

（一）關於全國安全防護工作決策及重大措施之規劃事項。

（二）關於重大全國安全防護工作計畫之諮詢審議事項。

（三）關於全國安全防護工作法令之研擬、諮詢審議事項。

（四）關於全國安全防護工作之諮詢、評議事項。

（五）關於全國機密及安全維護教育之推行事項。

（六）其他有關全國安全防護工作之協調事項。

七、爲貫徹本會報決策，另設置督導小組，並在各直轄市、縣（市）設置地區安全防護工作執行會報，其組成及運作方式如下：

（一）督導小組：由法務部調查局、法務部廉政署、國防部政治作戰局、國防部憲兵指揮部、內政部警政署、內政部移民署、海洋委員會海巡署之副首長，及所屬機關業務主管組成，調查局局長負責召集，每半年召開督導小組會報一次，必要時得召開臨時會報，會議紀錄陳報本會報備查。

（二）地區安全防護工作執行會報：由機關、軍中、社會安全防護主管機關指定之機關（單位）首長組成，法務部調查局所屬調查處（站）主管負責召集，並邀請轄區直轄市、縣（市）政府負責統合、督導安全防護工作之副首長或幕僚長列席，每半年召開會議一次，必要時，得召開臨時會報或邀請地區相關機關人員列席，除臨時會報外，督導小組應輪派成員列席指導。

各作戰區得視需要，邀集地區安全防護工作執行會報成員及相關機關業務主管召開臨時會報。

伍、社會安全防護工作實施要點

《社會安全防護工作實施要點》於民國109年6月8日修正公布，主要內容爲第2點律定安全防護工作的定義；第3點規定社會安全防護工作之對象區分爲一般社會及入出國移民安全防護工作，第4點律定社會安全防護工作業務；第8點得視業務需要，運用民間現有組織及諮詢布置，相關條文規定如下：[14]

二、本要點所稱安全防護工作，指機密維護，執行安全維護與推行機密及安全維護教育，以維護國家安全之工作。

三、社會安全防護工作之對象區分如下：

（一）一般社會安全防護工作

1. 臺灣地區居民、民營事業機構、廠礦及指定之社團。
2. 安檢相關之廢紙造紙業、航空相關行業、貨櫃倉儲業與貨櫃運輸業等民營事業機構及其相關團體。
3. 民間電信相關之電信、電子工廠、民營廣播電臺、電視臺、各相關電器同業公會、協會、工會及國際數據電路專線用戶。
4. 觀光飯店、旅館、民宿、旅行社與各該行業之同業公會、協會、工會與其從業人員、在臺灣地區居或停留就業之外僑及華僑等。

（二）入出國移民安全防護工作

14 警政署，《警察實用法令》，（臺北市：內政部警政署，2021年），頁1347-1348。

1. 移民機構與各該行業之同業公會、協會、工會及其從業人員。

2. 在臺灣地區之居留或停留之大陸地區人民。

四、社會安全防護工作之業務如下：

（一）機密及安全維護教育宣導之實施。

（二）機密維護措施之舉辦。

（三）洩密事件之查處。

（四）危害國家安全線索之發掘及處理。

（五）諮詢布置工作之策辦。

（六）社會治安調查資料之蒐集及處理。

（七）安全防護工作之推行。

（八）其他安全措施。

八、警察及移民機關人員應就其業務、勤務及工作特性，分別擔負一般社會安全防護工作與入出國移民安全防護工作，並得視業務需要，運用民間現有組織及諮詢布置。

第五節　結語

目前我國有關間諜行爲的法令規定散見於相關法制當中，並未制訂專法。然檢視相關法制，仍存在部分可檢討改進之空間。例如有關危害國家安全通訊之監察，目前係依據《通訊保障及監察法》相關規定執行，由於該法另包含刑事監聽等相關規定，爲建構專業獨立的情報監聽機制，有效查組偵辦間諜行爲案件，建議應另訂《情報工作通訊保障及監察法》。[15]

---

15 蕭銘慶，〈間諜行爲的本質、思辨與對應—兼論國家情報工作法等相關規定〉，《憲兵半年刊》，第98期（2024年6月），頁61。

相對於西方國家以集中立法方式制訂專法如《間諜法》、《反間諜法》等，應是我國未來可參考之方向。尤其在面對現今國際安全環境的複雜，以及間諜行爲成因的轉變趨勢，法制面更應保持彈性的作法，隨時檢討相關規定是否周延可行，不僅提供間諜行爲防制工作執行面具體的法律依據，並能發揮完善的運作與效能。而除了法制面的努力之外，在執行層面，各項間諜防制工作必須恪遵「依法行政」原則，在維護國家安全與兼顧人民權益保障之間取得衡平，避免以國家安全之名，行侵害人權之實，而爲落實此項精神，完備的法制規範極爲重要。有關本章介紹探討的間諜行爲相關法制詳表8-1。

表8-1　間諜行為相關法制一覽表

類別	相關法制
安全查核	國家情報工作法
	國家情報工作人員安全查核辦法
	涉及國家安全或重大利益公務人員特殊查核辦法
	國家情報工作督察作業辦法
維護機密安全	國家機密保護法
	國家情報工作法
	國家安全法
	刑法
	陸海空軍刑法
	要塞堡壘地帶法
	國家機密保護法施行細則
防制間諜滲透	國家情報工作法
	陸海空軍刑法
	入出國及移民法
	通訊保障及監察法
	情報機關反制間諜工作辦法

類別	相關法制
安全防護工作	法務部調查局組織法
	國防部政治作戰局處務規程
	全國安全防護工作作業要點
	全國安全防護工作會報設置要點
	社會安全防護工作實施要點

資料來源：作者歸納整理。

第九章　間諜行爲的防制策略

間諜行爲運用諸多涉及違法的手段，危害國家安全與社會秩序。犯罪學就是要對人類社會的殘暴、攻擊、破壞、不公義和對於社會秩序之傷害加以研究，累積成系統性的知識，並形成有效的預防和處理對策，以建立公義和健康的社會。[1]其中的犯罪防制工作，更是希望透過各種策略，將犯罪案件減至最低，避免其造成的傷害。由於間諜活動已成爲現代的國際競爭當中，一種各國心照不宣的事實，世界各國的情報機關，一方面採取主動進攻戰略，全方位、多層次地對他國進行間諜活動；另一方面又針對無孔不入的間諜活動，運用相關作爲以加強自身的防護能力。[2]傳統的防制策略係運用「反情報」相關作爲，藉以加強自身的防護能力，查緝間諜犯行，達成保衛國家安全的目標。然而間諜案件發生之後，即便被查獲，往往已造成損害，故而事前的預防，絕對重於事後的查處。爲防制間諜行爲，本章首先說明傳統的反情報策略作爲，並就相關的犯罪預防理論與作法，如三級犯罪預防模式、犯罪機會理論與情境犯罪預防策略等進行介紹探討，以作爲未來間諜行爲防制的參考。

第一節　反情報防制策略

根據美國情報學者歐丹（William E. Odom）指出，反情報是最神

---

1 許春金，《犯罪學》（臺北市：三民書局，2017年），頁7。

2 Arthur S. Hulnick, “The Intelligence Cycle,” in Loch K. Johnson and James J. Wirtz, *Intelligence: The Secret World of Spies: An Anthology*, 5th Edition (New York: Oxford University Press, 2018), p. 58.

秘、組織上最散亂、準則上最模糊不清、在法律上及政治上又是最敏感的情報活動。[3]而學者雷蒙德（Paul J. Redmond）亦認爲，反情報（counterintelligence）是一個難以定義、複雜且具爭議性的議題。[4]以下就反情報的定義與內涵、反情報相關的防制策略作爲說明如下。

壹、反情報的定義與內涵

一、反情報的定義

反情報的定義並未受到普遍認同，同政府內的不同情報（安全）單位也使用不同的詞語。例如德國聯邦調查局（German Federal Intelligence, BND）使用「Gegenspionage（反間諜）」，從字面上翻譯，是指「打擊間諜活動的行爲」，但內部安全服務單位——德國聯邦憲法保護辦公室（Federal Office for the Protection of the Constitution, BfV）則是使用「Spionageabwehr」，意即「反間諜」。[5]廣義而言，反情報指爲保衛本國免受敵方情報機關侵害進行訊息的蒐集分析，以及爲此目的而開展的行動。狹義而言，反情報通常專指防備敵方獲取對其有利的訊息的行動。[6]有關本國及西方學者針對反情報的定義與見解如下：

3 William E. Odom著，國防部史政編譯室編譯，《情報改革》（*Fixing Intelligence*）（臺北市：中華民國國防部，2005年），頁167。

4 Paul J. Redmond, "The Challenge of Counterintelligence," in Loch K. Johnson and James J. Wirtz, *Intelligence: The Secret World of Spies: An Anthology*, 3rd Edition (New York: Oxford University Press, 2011), p. 257.

5 Paul J. Redmond, "The Challenge of Counterintelligence," in Loch K. Johnson and James J. Wirtz, *Intelligence: The Secret World of Spies: An Anthology*, 3rd Edition, p. 258.

6 Abram N. Shulsky and Gary J. Schmitt, *Silent Warfare: Understanding the World of Intelligence*, 3rd Edition (Washington, DC: Potomac Books, 2002), p. 99.

（一）本國學者

1. 學者桂京山

反情報的意義可以歸納以下兩點概念：(1)反情報的最初意義，主要是「保密」與「防諜」，係一種阻止敵方與他人之情報活動，及防止我方行動外洩之防禦措施，其目的在於瞭解敵情，維護本國安全；(2)反情報雖屬消極性的範疇，但在防禦之中，仍應採取各種積極的手段，從事於減弱、制壓、破壞敵方與他人的情報活動的效能，並能注意防止各種秘密破壞——包括心理的破壞，以及防制陰謀叛亂等，故亦具有堅強的積極性概念。[7]

2. 學者杜陵

反情報是防敵工作，積極方面是在運用保密防諜及調查、管制、偵防諸手段，防制、鎮壓、撲滅敵方的情報、滲透、顛覆、破壞及暴動等陰謀活動。[8]

3. 學者宋筱元

反情報工作主要是在防止其他國家、團體及個人對本國所進行的各種情報或破壞活動。[9]

4. 學者汪毓瑋

反情報是關於瞭解及可能對所有外（敵）國情報活動之面向加以抵銷之努力。是關係到資訊之蒐集與行動之執行，以對抗間諜、其他情報活動，及代表外國政府、組織、個人之破壞行動與暗殺等。[10]

---

7 桂京山，《反情報工作概論》（桃園：中央警官學校，1977年），頁2。
8 杜陵，《情報學》（桃園：中央警官學校，1996年），頁26。
9 宋筱元，《國家情報問題之研究》（桃園：中央警察大學出版社，1999年），頁59。
10 汪毓瑋，《新安全威脅下之國家情報工作研究》（臺北：遠景基金會，2003年），頁264。

（二）西方學者

1. 學者肯特（Sherman Kent）

肯特將反情報稱爲「安全情報」（security intelligence），安全情報可認爲是政府執行警察職權所需之情報，其任務在保護國家及人民免受不良份子之危害。一方面它是指外國所派秘密間諜進行偵監工作的情報而言。另一方面，它是指防止外敵偷入本國邊境的一種活動。[11]

2. 學者侯特（Pat M. Holt）

反情報首先關心政府機密的保護，對外國情報單位進行滲透，並瞭解它們運用什麼方式打擊我們。[12]

3. 學者哈尼克（Arthur S. Hulnick）

反情報通常意味著以間諜從事反間諜的活動，制止敵人、對手、甚至是友好國家的間諜，防止其竊取本國的機密，以達到保護秘密的目的。[13]

4. 學者雷德蒙得（Paul J. Redmond）

反情報代表針對由外國勢力、組織、個人或其管理人、國際恐怖組織或團體所執行的破壞或暗殺活動，進行訊息蒐集，以識別、欺騙、利用、破壞或阻止間諜及其他情報活動。[14]

5. 學者羅文索（Mark M. Lowenthal）

羅文索認爲反情報不只是一項防禦的活動，至少應具備蒐集

---

11 Sherman Kent著，國家安全局譯，《戰略情報學》（*Strategic Intelligence*）（臺北市：國家安全局譯印，1956年），頁181；桂京山，《反情報工作概論》，頁1。

12 Pat M. Holt, *Secret Intelligence and Public Policy: A Dilemma of Democracy* (Washington, DC: CQ Press, 1995), p. 109.

13 Arthur S. Hulnick, "The Intelligence Cycle," in Loch K. Johnson and James J. Wirtz, *Intelligence: The Secret World of Spies: An Anthology*, 5th Edition, p. 58.

14 Paul J. Redmond, "The Challenge of Counterintelligence," in Loch K. Johnson and James J. Wirtz, *Intelligence: The Secret World of Spies: An Anthology*, 3rd Edition, p. 257.

（collection）、防禦（defensive）、攻擊（offensive）等三項內涵。[15]

綜合歸納上述的見解可將反情報定義爲；反情報具有守勢及攻勢作爲。守勢作爲包括國家機密保護、機關設施安全維護及人員安全調查；攻勢作爲包含蒐集、掌握、防制敵方情報組織及其行動。

二、反情報的內涵

美國學者法拉哥（Ladislas Farago）稱反情報爲「消極情報」（negative intelligence）之一種，所謂消極情報是一個普通名詞，指著三件不同的事情，即：「安全情報」、「反情報」及「反諜報」。安全情報是指所有隱瞞國家政策、外交決策、軍事資料以及一切足以影響國家安全的秘密情報的一種努力，這種努力的目的是爲防止情報落入不應知道的人手中。安全情報同反情報的最好劃分，就是後者是一種有組織的努力，以保護特殊資料，不爲敵方情報機關所取得爲目的。[16]

學者強生和維茲（Johnson and Wirtz）則認爲，反情報（counterintelligence）是由兩種相互配合的活動所組成：反間諜（counterespionage）作爲和安全防護措施。反間諜是反情報中較爲積極的一面，包括確認具體的對手，並詳細瞭解其正在策劃或進行相關運作的資訊。而反間諜人員必須利用滲透進入組織的方式，以試圖阻止對手的各種活動，並達到反制的目的。[17]

根據上述學者的見解可得反情報的內涵有二，一爲守勢、消極性、靜態性的「安全防護」工作，包含保護國家機密、機關設施安全維護及人員

---

15 Mark M. Lowenthal, *Intelligence: From Secrets to Policy*, 8th Edition (Washington, DC: CQ Press, 2020), p. 201.

16 桂京山，《反情報工作概論》，頁1。

17 Loch K. Johnson and James J. Wirtz, *Intelligence: The Secret World of Spies: An Anthology*, 5th Edition, p. 251.

安全調查等作為。另一為攻勢、積極性、動態性的「反間諜」工作，包含蒐集、掌握、防制敵方情報組織及其行動。

貳、反情報防制策略作為

反情報活動的目的是揭露及阻止任何敵對的外國情報活動，尤其是針對外國間諜的滲入。[18]根據前述反情報的定義與內涵可得，反情報防制策略可分為消極的「安全防護」工作與積極的「反間諜」工作。相關作為說明如下：

一、安全防護

安全防護措施是反情報作為中被動或防守的一面，即操作靜態防禦，以防備任何敵對的行為，包括檢查和人員管制，以及建立保護機密情報訊息的機制，進行安全控制管理，目標是防禦任何與本國敵對的人員、設施和相關作為。其中為了保護機密情報訊息所使用的具體防禦措施包含安全許可、測謊機、安全防禦教育、文件審查、偽裝以及運用代碼等。以美國為例，警犬會不定時巡邏中央情報局（Central Intelligence Agency, CIA）總部的電網圍籬，內部則有測謊專家對新進人員進行忠誠測試，並定期檢測經驗豐富的情報人員，交叉測謊這些人員是否與其他國外人員進行聯繫。除了武裝警衛之外，實質的安全設備還包含圍欄、照明燈、常設系統、警報器、識別標誌和通行證等。特定區域則必須進行宵禁、檢查和管制，以確保各項安全防護措施能有效保護國家的機密情報與利益。[19]即

---

[18] Loch K. Johnson and James J. Wirtz, *Intelligence: The Secret World of Spies: An Anthology*, 5th Edition, p. 249.

[19] Loch K. Johnson and James J. Wirtz, *Intelligence: The Secret World of Spies: An Anthology*, 5th Edition, p. 251.

採取各種行動，爲敵方情報機關的情報蒐集活動製造障礙，防止敵方接觸（或利用特定的管道接觸）我方人員、檔案資料以及通信等方面的訊息，阻止敵方爲獲取重要情報而開展的行動。這些措施組成了保護機密訊息的圍牆，此又可分爲「人事安全」與「物理安全」二項作法。[20]

（一）人事安全

人事安全涉及人員聘用的甄審程序，即甄聘人員前，針對那些未來有權接觸特定訊息（敵方情報機關希望獲取的訊息）的人員先行審查，並透過審查特定在職的人員是否符合接觸此類訊息規定的標準。甄審程序的主要作用是判斷未來的機構人員保守秘密的意志和能力，此類判斷的關鍵因素是人員的性格和忠誠度。欲判斷人員的性格，必須考慮個人的心理穩定性，以及其人是否有被敵方情報機關吸收的弱點。甄審調查決定一個人能否通過忠誠調查及其是否有權接觸保密資訊。調查根據個人安全問卷所反映的結果，相關機構並將查閱各類司法機構以及其他政府部門的資料，對調查進行確認和補充。根據該人授權可接觸資訊的敏感度，拜訪其朋友、熟人、現在和過去的鄰居、同事和同學等。如果被調查者將接觸特別敏感的資訊，則必須對其再次進行調查。然而，由於種種原因，此類背景調查在確定被調查者的忠誠度和性格特點方面並不一定有效。另一種方法是測謊機的運用，該項技術主要爲美國情報機關所使用，其他西方國家的情報機關不像美國那樣對其抱有很大信心。隨著時代演進，安全威脅的性質亦在轉變。爲了加強人事安全，必須採取新的措施，如制定詳細的人員心理評估制度，以便在有權接觸保密訊息的人遇到經濟困難或其生活水平明顯

20 Abram N. Shulsky and Gary J. Schmitt, *Silent Warfare: Understanding the World of Intelligence*, 3rd Edition, p. 105.

超出其經濟收入時，能向機構的安全人員發出警訊。[21]

（二）物理安全

物理安全是指防止外國間諜接觸機密資訊。相關措施包括：放置機密資訊的保險箱強度，檢測情報人員處理機密訊息區域遭受非法入侵的警報系統，使用先進系統保護儲存於電腦中的機密資料。大部分的物理安全措施並不神秘，只是在程度上與一般企業的保密措施（保護貨品、設備或公司敏感資料檔案的措施）有所不同。然而，物理安全要保護的不僅是資料檔案，還包括資訊本身，這是主要的差別。由於入侵者能快速秘密地安裝竊聽裝置，以監聽機密工作區域內的對話，故而需要對通往相關區域的路徑和在此使用的設備實施更爲嚴格的管制。因此，對進出此區域的物品實施管控即非常重要。此外，對整個區域進行「徹底檢查」以檢測和排除竊聽裝置，但這反而促成開發更難以發現的竊聽系統。例如1970年代，美國駐莫斯科大使館檔案室的煙囪當中發現了一根蘇聯天線，在沒有美國監督的情況下，蘇聯利用美國的安全疏忽，設計了竊聽裝置，將整個建築作爲天線來傳輸信號，而該系統相當複雜，美國當時也未能理解它的運作原理。[22]

二、反間諜

上述的安全防護措施屬於被動性質，因爲它們並不能直接消除敵方的情報威脅，而只是努力阻止其接觸訊息。比較主動的措施應是研究敵方情報機關的運作方式，以擊退或破壞其行動，並最終利用這些行動，以利

---

[21] Abram N. Shulsky and Gary J. Schmitt, *Silent Warfare: Understanding the World of Intelligence*, 3rd Edition, pp. 105-106.

[22] Abram N. Shulsky and Gary J. Schmitt, *Silent Warfare: Understanding the World of Intelligence*, 3rd Edition, pp. 106-107.

於已方，這常常被稱爲「反間諜」。[23]一直以來，反間諜工作的目標是蒐尋對手、識別對手並設法使對手的策略無效。[24]反間諜工作的相關作法如下：

（一）監視

監視（surveillance）是一個表示盯睄和尾隨的專業詞語。與反間諜各項活動一樣，進行盯睄時必須非常謹慎，以免被跟蹤目標察覺。[25]許多反間諜方法都是緊密監視，此類似犯罪跟監的方式。美國對已知的外國使領館與情報人員，尤其是那些敵對國家，都保持著密切的監視。而使領館與其內部人員的電話和信函也被廣泛地監控。[26]由於監視不易進行且成本較高，選定眞正的情報官員作爲目標非常重要。敵方情報機關可以利用各種官方掩護身分爲其情報官員提供掩護，如外交官、領事館官員、貿易代表、政府經營的媒體記者，以及聯合國等國際組織的雇員。重點在於如何確認這些職位的人何者爲眞正的情報官員。而透過檢視人事輪調也可確定人員的身分。如果確定某人爲情報人員，替換該人者極可能是情報人員。另外，也可利用情報蒐集確定敵對情報機關在駐在國的行動。對情報機關及其運作方式瞭解越多，監視行動就越有效。使用雙重間諜以確定敵方情報官員的身分，亦爲另一種有效的方式。[27]

此外，電子監視是另一種已被證明有效的方法。這種針對潛在目標的

---

23 Abram N. Shulsky and Gary J. Schmitt, *Silent Warfare: Understanding the World of Intelligence*, 3rd Edition, p. 108.

24 Allen W. Dulles, *The Craft of Intelligence* (New York: Harper and Row Publishers, 1963), p. 123.

25 Allen W. Dulles, *The Craft of Intelligence*, p. 128.

26 Stan A. Taylor and Daniel Snow, “Cold War Spies: Why They Spied and How They Got Caught,” in Loch K. Johnson and James J. Wirtz, *Intelligence: The Secret World of Spies: An Anthology*, 5th Edition, pp. 273-274.

27 Abram N. Shulsky and Gary J. Schmitt, *Silent Warfare: Understanding the World of Intelligence*, 3rd Edition, pp. 108-109.

監視，只要經過情報機關的同意即可安裝。在美國，這些規則相對較為嚴格，反情報官員必須經過一定的法律程序，才能對特定的美國公民、居住美國的外國人民、或是美國人民進行監視。[28]反間諜作為還包括以下幾種監控作法：暗中監聽、郵件與物品檢查、秘密攝影、對嫌疑者的審訊（有時會將其與外界隔絕，直到其供詞得到確認）、將敵對方傳遞給我方滲透其內部的臥底奸細的機密情報加以解讀、跟蹤有嫌疑的情報人員、觀察間諜進行的情報交換（指間諜與其上線交換物品，如秘密文件或指示），以及拍攝進入大使館或其他政府單位的人員等。[29]

（二）情報蒐集

要實現反情報目標，最直接的方式是直接透過人員或技術方式從敵方情報機關蒐集情報。例如在第二次世界大戰後，潛伏在英國軍情六處（秘密情報局前身）的蘇聯間諜菲爾比（Kim Philby）及時提供蘇聯國家安全委員會（KGB）有關英國和美國在波羅的海沿岸國家、烏克蘭、俄羅斯和阿爾巴尼亞展開秘密行動的情報。據菲爾比自述，他曾出賣數百個英國與美國的間諜。同樣在1980年代初，英國軍情六處把KGB駐倫敦情報站副站長戈傑夫斯基（Oleg Gordievsky）作為重要的情報來源，他讓英國人確信KGB在軍情五處和軍情六處中沒有臥底線人。1983年，他及時發出警告，一位軍情五處的官員心生不滿，主動聯繫充當KGB的間諜。這些例子均顯示，反間諜與情報蒐集的工作相當類似，但反間諜的目標是對方的情報機關，而不是其政府領導人、武裝部隊或其他機構。[30]

---

28 Arthur S. Hulnick, "The Intelligence Cycle," in Loch K. Johnson and James J. Wirtz, *Intelligence: The Secret World of Spies*, 5th Edition, p. 59.

29 Loch K. Johnson and James J. Wirtz, *Intelligence: The Secret World of Spies: An Anthology*, 5th Edition, p. 253.

30 Abram N. Shulsky and Gary J. Schmitt, *Silent Warfare: Understanding the World of Intelligence*, 3rd Edition, pp. 109-110.

以蘇聯的情報活動為例，對於蘇聯而言，眞正的情報是以竊取別人的秘密為基礎。重要的機密必須從其他國家政府辦公室內的機密文件中攔截取得，或是透過公務體系的臥底人員的告知。當蘇聯懷疑其他國家正在試圖聯合對抗該國時，蘇聯不會從報紙的社論、分組討論或歷史案例當中搜尋資訊，即便這些都有可能獲得相關資訊或啓發，而是直接竊取秘密情報或招募相關線人。當蘇聯希望知道潛在對手所擁有的轟炸機正確數字時，他們也不會在圖書館資料室中研究飛機的生產能力或是聽從猜測或傳聞，而是詢問布置在該國的國防、航空或戰爭部門內的秘密線人，以及直接竊取該國政府的相關秘密文件。[31]

（三）叛逃者的運用

幾乎擁有與潛伏間諜（agent-in-place）相同的效率，但是又比雙重間諜（double gent）更好管理，就是「有資訊的叛逃者」。在這種情況下，熟練的審訊和叛逃者的眞實誠意即成為挑戰。[32]例如美國中央情報局（CIA）在國外招募到的叛逃者，若是被認為具有相當重要的身分（即可以提供正在進行的寶貴訊息，或是已經提供了重要訊息，並且要求重新安置，以避免在自國遭到逮捕或執行死刑的人），偶爾會被帶回美國，並且重新安置。聯邦調查局（Federal Bureau of Investigation, FBI）則是在CIA審問完畢後，才會收到通知繼續執行訊問。但經由叛逃者自白所提供的情報，要特別注意其是否另有目的或欺騙，避免落入敵方的反間陷阱。[33]

此外，要在像蘇聯這樣的封閉社會進行人員情報蒐集難度極高，在

---

31 Alexander Orlov, “The Soviet Intelligence Community,” in Loch K. Johnson and James J. Wirtz, *Intelligence: The Secret World of Spies: An Anthology*, 3rd Edition, p. 522.

32 Loch K. Johnson and James J. Wirtz, *Intelligence: The Secret World of Spies: An Anthology*, 5th Edition, p. 254.

33 Loch K. Johnson and James J. Wirtz, *Intelligence: The Secret World of Spies: An Anthology*, 5th Edition, p. 251.

其情報機關內部招募並控制間諜尤其困難。故而過去美國和其他西方國家嚴重依賴蘇聯情報機關的叛逃者以獲取反間諜訊息。KGB負責美國和加拿大諜報活動的北美處副處長尤欽科（Vitaliy Yurchenko）就是一個典型的案例。他在1985年夏天叛變，提供蘇聯對美諜報活動的訊息。儘管他並不知道他們的眞實姓名，但他提供的人員情況和行動細節，使得國家安全局（National Security Agency, NSA）前雇員佩爾頓（Ronald Pelton）和中央情報局前雇員霍華德（Edward L. Howard）二位間諜遭到逮捕起訴。[34]然而，此作法面臨的一大挑戰是叛逃者爲了保護自己，或做爲未來的條件交換，不願供出所有實情。故而如欲獲取完整的情資，唯一有效的方法就是讓一位瞭解威嚇技巧，以及擁有良好人際關係技術的情報人員來執行審訊。[35]

（四）雙重間諜

另一種主要的反間諜手段就是運用雙重間諜。雙重間諜表面上爲情報機關從事間諜活動，實際上卻被目標國家情報機關控制。有些人在與敵方情報機關接觸後，向本國的相關機構彙報對方的企圖，隨即受命將計就計，這些類型的雙重間諜行動都以反情報爲目的。最簡單的運用是反情報組織透過雙重間諜滲透敵方的掩護機制，確定敵方情報機關負責控制間諜的情報官員身分，從而集中力量監視眞正的情報官員，而對那些眞正的外交官、經貿官員，只需給予較少的關注。除辨識敵方情報官員身分外，這些行動也能讓反情報官員瞭解對手的諜報手法。透過雙重間諜，可以瞭解他們的控制者如何將指令傳遞給線人，如何從線人處接受情報，確定會面

---

34 Abram N. Shulsky and Gary J. Schmitt, *Silent Warfare: Understanding the World of Intelligence*, 3rd Edition, p. 110.

35 Paul J. Redmond, "The Challenge of Counterintelligence," in Loch K. Johnson and James J. Wirtz, *Intelligence: The Secret World of Spies: An Anthology*, 3rd Edition, p. 263.

的地點與時間，避免被發現所採取的防範措施等。簡言之，透過瞭解敵方聯絡其線人的方式及時間，反情報機關可以瞭解敵方的情報手段，從而採取更好的反擊措施。另外，瞭解敵方的諜報手段及情報官員的活動方式，能提高辨識他們的反情報能力。如果敵方情報機關爲雙重間諜提供了某種特殊設備，如間諜專用的無線電發射器，即可加以實施檢查，並截收敵方情報官員與其線人之間的無線電通訊。而情報機關亦可從敵方情報機關給雙重間諜下達的指令中，瞭解其情報蒐集重點，從而瞭解敵方思考的重點與方向。[36]

（五）滲透

反間諜的操作方式，最重要的即是「滲透」，以常見的語言表達，就是發展所謂的內部奸細（mole）。由於反情報活動的主要目標是遏制敵人的情報服務和破壞，所以越早得知其組織的計畫細節越能成功，此即能透過滲透對手的服務機構或政府高層方式來完成。滲透至敵方服務單位的方法存在著多種形式。正常情況下，最有效的滲透方式就是招聘潛伏間諜。此人早已經服務於敵人情報機關當中。理想的情況是此潛伏人員身居高位，並且容易受到本國招聘。成功的滲透有如一個情報的金礦，如果招聘成功，潛伏間諜的操作往往可以得到卓越的成效，因爲此人早已經被其任職的組織所信任，進而可以無阻礙地獲取關鍵機密文件。例如1960年任職於美國國家安全局的鄧拉普（Jack E. Dunlap），就是蘇聯布局滲透的人員，其管理人是一位服務於華盛頓蘇聯大使館的武官。另外如蘇聯KGB安排滲透在英國軍情六處的菲爾比、美國中央情報局的艾姆斯（Aldrich H. Ames）、美國聯邦調查局的韓森（Robert P. Hanssen），以及美國中央

---

36 Abram N. Shulsky and Gary J. Schmitt, *Silent Warfare: Understanding the World of Intelligence*, 3rd Edition, pp. 110-111.

情報局吸收爲美國服務的蘇聯軍官彭可夫斯基（Oleg Penkovsky）等，均是著名的案例。[37]

（六）欺騙的操作

在情報領域，欺騙（deception）這個術語涵蓋了一方試圖誤導另一方，一般是某個潛在的或現實的敵手的很多種策略，主要是隱瞞自身實力和意圖的作法。戰爭時期或者戰爭爆發前夕是運用它的最佳時機，這種情況下，它的主要目標是將敵人的防守力量從計畫進攻地點調離，或者給對方根本不會有進攻的印象，或者僅僅是讓對手搞不清楚自己的計畫與目的。[38]欺騙以挫敗敵方情報行動爲主要目標，因此它也被當作一種反情報方式。此外，它也經常涉及反情報手段，如雙重間諜的運用。欺騙和情報失誤是相互關聯的兩個概念。一方欺騙成功就意味著對方的情報失誤。欺騙可用於戰時，也可用於平時，但在戰時更爲常見。欺騙的內容（一方希望其對手形成錯誤的觀點）顯然取決於當時的形勢，以及欺騙方希望敵方將如何作出反應。在戰時，一方如欲對敵方實施突襲，欺騙就是要讓敵方確信不會發生攻擊行動。欺騙者可能希望敵方確信其實力比實際強大，誘導敵方迫不得已作出政治讓步。另外，欺騙者也可能希望隱藏自己的軍事實力，使敵人產生自滿情緒，而忽略軍事力量的增強。如果其軍備受制於軍控條約，則欺騙的目標可能是隱瞞其違反條約的行動，以引導對方繼續遵守條約，限制自己的軍備。[39]

---

37 Loch K. Johnson and James J. Wirtz, *Intelligence: The Secret World of Spies: An Anthology*, 5th Edition, pp. 252-253.

38 Allen W. Dulles, *The Craft of Intelligence*, p. 145.

39 Abram N. Shulsky and Gary J. Schmitt, *Silent Warfare: Understanding the World of Intelligence*, 3rd Edition, pp. 117-118.

三、其他活動方式

（一）組織的聯繫合作

沒有任何一個反情報單位可以獨力完成其工作，因爲反情報具有複雜和欺騙的特性，都需要機構間密切的協調與情資共享。以美國爲例，特別是中央情報局（CIA）和聯邦調查局（FBI）反情報單位間的聯繫最爲需要，這兩者必須共同監控外國間諜在國內與境外的行動。至於和外國情報機關之間的聯繫雖相當重要，卻必須謹慎進行。各國都會擔心其盟國的情報部門已被敵對間諜滲透，因而不敢對盟國洩漏過多重要的機密訊息。然而，合作仍屬必要，因爲所有的情報機關都在尋求有效的情報訊息和防制措施。但有時這種協調會出現嚴重的失敗。例如在1970年，美國聯邦調查局局長胡佛（John E. Hoover），因在處理東歐叛逃者之間的意見分歧，正式終止與中央情報局及其他單位的聯繫。更可悲的是，FBI和CIA無法有效地在2001世界貿易中心和五角大廈的恐怖攻擊之前，共享有關基地組織（Al Qaeda）恐怖份子的情報，因而失去了幾周前就可得知的攻擊訊息。[40]

另外如美國在1991年時，聯邦調查局與中央情報局合作成立特別調查小組（Backroom Team），除分析1985年以後眾多的間諜案件，並詳列一份嫌疑人名單，該小組於1994年初，逮捕中情局前官員艾姆斯，1996年，逮捕中情局僱員尼柯爾森（Harold Nicholson）。然而，針對韓森的調查直至2000年才開始。調查人員吸收俄羅斯資深情報人員，從中獲取情報，並從一個黑色塑膠袋中找到韓森的指紋，之後獲得美國自KGB吸收的官員費費洛夫（Aleksander Fefelov）與韓森的對話紀錄，方得以確定韓森涉

---

40 Loch K. Johnson and James J. Wirtz, *Intelligence: The Secret World of Spies: An Anthology*, 5th Edition, p. 255.

案。2000年底，聯邦調查局取得法院授權，開始針對韓森進行跟監、監聽等積極作爲，破解其於轉手地點的使用方式與暗號，於2001年初將其調離原職，並於2001年2月將韓森逮捕。[41]此外，組織的聯繫合作亦可利用情報交流或交換，以及透過第三國管道等方式獲取有關對方的滲透行動與計畫。[42]

（二）反情報分析

不同的間諜可能以各種方式相互聯繫，如欲對敵方情報機關進行滲透和欺騙，便需要一個專門的反情報分析辦公室，負責機構儲存與分析各種具有關聯的案件。而如要確定情報機關是否被滲透，最好的方法是在敵方情報機關發展高層線人，即在敵方情報機關內安插臥底，或者策動叛變。但即使如此，要讓臥底線人在眾多人群辨識出間諜亦非常困難，只有當線人直接參與操控他們，或者他在敵方情報機關內部位居高位，此情況才有可能。但如果線人只能提供與間諜身分相關的線索，爲了讓這些線索產生結果，就必須進行分析。例如某人可能發現敵方已經接觸與某一主題有關的幾份機密文件，便可審查問題文件的分發名單，並注意那些官員可以接觸這些文件。另外，線人可能知道該情報人員曾在特定日期或地點與敵方聯絡人見面，審查旅行紀錄將顯示接觸訊息的情報官員當時的地點所在。[43]

而其他線索亦可顯示機構是否遭到滲透。如某次行動失敗（間諜被發現或技術蒐集被阻撓），即說明在行動開始之前，敵方就已經瞭解行動，

---

41 Johanna Mcgeary, “The FBI Spy,” *TIME*, May 3, 2001, <https://content.time.com/time/subscriber/article/0,33009,999348,00.html>（2024年6月9日查詢）。

42 Loch K. Johnson and James J. Wirtz, *Intelligence: The Secret World of Spies: An Anthology*, 5th Edition, pp. 251-255.

43 Abram N. Shulsky and Gary J. Schmitt, *Silent Warfare: Understanding the World of Intelligence*, 3rd Edition, p. 126.

因此有必要調查敵方是如何獲知。訊息洩漏有許多途徑，如某個能夠接觸情報的間諜的出賣行爲，或是情報機關自身的安全弱點或疏忽，但如果出現了一連串的疏失，即可將可能性縮小到一定範圍，例如只有某個特定個人有權接觸該情報。另外，一連串的疏失也說明通訊管道或系統已被洩漏破壞。例如在1960年代末至1980年代初，美國海軍經常驚訝地發現，在秘密選定的演習區域，蘇聯艦艇正在等待美國的戰艦。一位海軍上將說：「似乎他們已有我們的作戰計畫副本。」直到1985年沃克（John Walker）間諜案暴露後，美國才知道海軍的加密資料被定期送至蘇聯，使其得以閱讀海軍大量的加密通訊資料。這一連串事件提醒情報機關，敵方可能擁有一種有效的人員或科技情報蒐集能力，必須找出這一威脅並加以消除。[44]此外，若發現內部機密文件遭到洩漏，應分析叛逃者的相關細節，以確定遭到竊密的程度，這個過程被稱爲「損害評估」（damage assessment）。故而情報工作（尤其是反情報方面）必須有效地對其他組織（尤其是敵對方面）的人事、人物特性、過去的活動、成效、組織結構及其管理與運作等加以研究分析。惟有如此，情報（反情報）方可發揮功能，有效滲透、干擾並化解對方情報活動能力。[45]

（三）反情報研究

良好的研究可以讓反情報活動更有效率，這涉及到針對外國間諜案件的處理經驗與知識的累積，也包括瞭解本國公民與敵對的情報部門之間有意或無意的聯繫，但這種研究容易危害到公民自由，所以情報機關必

---

[44] Abram N. Shulsky and Gary J. Schmitt, *Silent Warfare: Understanding the World of Intelligence*, 3rd Edition, pp. 126-127.

[45] Loch K. Johnson and James J. Wirtz, *Intelligence: The Secret World of Spies: An Anthology*, 5th Edition, p. 255.

須注意法律規定和維護公民權利。[46]例如近代發生在美國的艾姆斯與韓森兩起間諜案件，對美國的情報工作與國家安全造成難以估計的傷害，在間諜行為的案例當中，深具指標作用與研究價值。其中任職於中央情報局（CIA）的艾姆斯個性外向好出鋒頭，從事間諜活動時甫離婚不久、孤獨、嗜酒如命。根據聯邦調查局（FBI）的研判，單獨金錢一項並不能解釋艾姆斯的不忠，他犯案的原因在於證明自己的聰明程度，並滿足他大作驚人之舉的心理需求，甚至從行為中得到「快感」。[47]艾姆斯顯示出對金錢慾望的渴求，與犯罪行為的合理化，無視於因其間諜行為而被犧牲的生命，酗酒與不拘小節的個性，加上婚姻的不穩定，已透露其犯罪的傾向。至於任職於聯邦調查局的韓森，經過背景清查的結果，韓森不揮霍金錢，紀錄中他滴酒不沾、不賭博，完全無異常，是位虔誠的羅馬天主教徒，是標準的好丈夫、好父親。這個人無爭議性，相當沈默，沒有跡象顯示他會出賣自己的國家。單純將其叛國動機歸因於金錢因素，似乎很難完全說明。他應該很清楚自己保守國家機密的價值，但他卻沒有對出賣這些情報造成國家利益受到重大傷害感到絲毫的擔憂，或許其意志中就有強烈的叛國動機。[48]

（四）法制研訂

根據學者泰勒和史諾（Tailor and Snow）的研究，美國從1945年至1977年破獲的間諜案件當中，有23%的間諜是在第一次嘗試作案時就被偵破，此也顯示出其他間諜從事活動的時間更為長久。然而，從1978年至

---

46 Loch K. Johnson and James J. Wirtz, *Intelligence: The Secret World of Spies: An Anthology*, 5th Edition, p. 254.

47 Peter Mass, *Killer Spy* (New York: Warner Books, 1995), pp. 240-241.

48 林明德，《從美國韓森間諜案探討反情報工作應有作為》（桃園：中央警察大學公共安全研究所碩士論文，2004年），頁62-67。

今，38%的間諜在首次犯案時即遭到逮捕。對於間諜逮捕效率的進步，除了反映出反間諜技術的提升，主要是因爲1978年通過的《外國情報監視法》（Foreign Intelligence Surveillance Act, FISA），讓美國能夠運用電子監控，更有效率地逮捕美國的叛國者。此法除了讓政府可以獲得由法院發出的電子監控授權之外，並可以在公共場所保護國家安全訊息和獲取情報的來源。這也讓美國公民不會隨時因爲「間諜」的理由，而受到政府的監控。爲了讓FISA更具嚇阻效果，美國國會最近通過立法，將「物理搜索」（physical search）納入FISA的程序之內。此乃由於1994年的艾姆斯間諜案件發生後，民眾、國會以及輿論都產生變化，並轉而支持此項作法。只要符合法令規範，政府即可經由法院的批准，取得通話紀錄、銀行資料以及其他個人資料。[49]而學者強生和維茲（Johnson and Wirtz）也指出，美國爲監視外國勢力與防範間諜行爲，在1978年通過的《外國情報監視法》對於間諜活動的防制發揮了顯著的效果。[50]

第二節　三級犯罪預防模式

犯罪預防（crime prevention）是犯罪學研究中最重要的部分，也是完成犯罪學目的（減少犯罪）的重要工作。犯罪預防是經過設計的活動，其目的在降低犯罪率或犯罪被害恐懼感。[51]以下就三級預防理論，以及該預防模式運用於間諜行爲的防制作法加以說明。

---

49 Stan A. Taylor and Daniel Snow, "Cold War Spies: Why They Spied and How They Got Caught," in Loch K. Johnson and James J. Wirtz, *Intelligence: The Secret World of Spies: An Anthology*, 5th Edition, pp. 274-275.

50 Loch K. Johnson and James J. Wirtz, *Intelligence: The Secret World of Spies: An Anthology*, 5th Edition, p. 256.

51 許春金，《犯罪學》（臺北市：三民書局，2017年），頁777-778。

壹、三級預防理論

預防犯罪主要目的在於消除促進犯罪之相關因素，有效發覺潛伏之犯罪，從而抑制犯罪之發生，增進社會安寧與和諧，因爲它是一種「防患於未然」的事前處置作爲，必須歷經一連串有計畫、有組織的作爲之後方能奏效。[52]犯罪預防由公共醫療模式角度可區分爲三個層次：初級、次級與三級預防。從公共醫療角度而言，初級預防乃針對整體民眾提供避免疾病之發展，如施打預防針及公共衛生治療；次級預防之焦點擺在風險較高獨立之個體以及事件所表現之徵兆，如肺結核病隔離檢疫或針對處理有毒原料之員工身體檢查等；三級預防則是針對立即之疾病問題，以避免疾病復發等。犯罪預防亦可採相同的策略如下：[53]

一、初級預防

初級預防是指：「找出提供或促使犯罪之物理或社會環境之因素，運用犯罪預防策略，加以清除。」初級預防並不針對特殊團體、個人或情境。其所採用的幾種方式如：

（一）環境設計包含了使犯罪更加困難之預防技巧、監控系統設置及普遍化安全感等。

（二）主建築規劃上如：增加能見度、亮度、採光、門鎖以及財物明顯標記等。

（三）鄰里守望相助以及社區巡邏加強社區監控以及增加潛在性犯罪者之風險。

（四）刑事司法體系的活動與初級預防關係。例如：警察的出現可降低一

52 鄧煌發、李修安，《犯罪預防》（臺北市：一品文化出版社，2022年），頁12-13。
53 許春金，《犯罪學》，頁780-781。

個地區之犯罪被害恐懼，法院及矯正處遇使犯罪者體會犯罪之風險。

（五）公共教育則著重在一般大眾對犯罪之認知。而私人保全亦可增加犯罪嚇阻力量。

初級犯罪預防有時亦包括廣泛的社會預防，包括：失業、缺乏教育、貧困及其他社會病症所導致的異常行爲等之預防；初級犯罪預防意圖降低初次之犯罪及受害，並降低犯罪所產生之恐懼感。

二、次級預防

其定義爲：「早期找出潛在性犯罪之危險因子，並加以干預，以避免犯罪之發生。」即：能正確地預測問題人員及情境的能力，並針對特殊團體、個人或情境。其中最常被採用的方法爲「情境犯罪預防」。

初級犯罪預防在使問題不會發生，係針對一般狀況而言，次級犯罪預防則針對已有症候發生之特殊人及情境。次級犯罪預防亦包含預防其他偏差行爲所導致之犯罪，例如酒精及藥物使用者所產生之異常偏差行爲，給予該類犯罪傾向者一個目標指引，以避免其犯罪。學校亦可扮演一個重要角色，以解決特殊青少年所遭遇的問題，例如舉辦研討會，提供干預模式等；同時，父母親、學者及鄰里亦可提供指導與幫助。

三、三級預防

三級犯罪預防爲：「處理眞正犯罪者，使其不再犯罪。」主要是刑事司法體系內之工作，如：逮捕、審判、監禁、處遇措施及教化輔導等。非刑事司法體系例如：民營矯治計畫、社區處遇等亦是。三級預防較少被提出討論，因爲其相關研究早已見諸各傳統文章中。但刑事司法的目的不是在預防犯罪嗎？如果不能成功，則該體系之功能宜重新檢討定位。犯罪預防途徑及技巧並非僅限於上述事項，而每一層級的犯罪預防模式都提供多樣化與嶄新的方法去解決犯罪問題。事實上，犯罪預防技巧唯一受限地方存於獨立個體對於降低犯罪及犯罪恐懼感的興趣之想像。

透過三個層次的犯罪預防對於防治犯罪具有關鍵的影響，首先透過環境設計以減少犯罪的聚合，再來是對那些可能產生偏差和犯罪的虞犯加以預測、鑑定和干預來防止進一步的惡化，而對於那些已經發生犯罪的行爲人則是加強輔導、矯治來避免再犯。[54]

貳、三級預防模式的運用

有關公共醫療模式角度的三級預防理論可提供間諜犯罪行爲防制策略的相關作法如下：

一、初級預防

初級預防的環境設計增加犯罪的困難、加強監控、公共宣導對間諜行爲造成危害的認知。對此除可透過各項機密文件、資訊的保密環境設計，加強各項物理監控機制，並可透過保防教育讓民眾瞭解防制間諜行爲對國家安全的重要。

二、次級預防

次級預防則在早期找出潛在性犯罪的因子，並加以干預，避免間諜行爲的發生，即針對已有症候發生之特殊人或情境，例如使用酒精或財務

---

54 蔡德輝、楊士隆，《犯罪學》（臺北市：五南圖書出版公司，2023年），頁361。

使用支出異常者，加以瞭解、輔導，並給予協助。例如前述的艾姆斯間諜案件，在知曉其有酗酒習慣且金錢支出顯與薪水不符時，即應加以輔導處置，並可暫時將其調離涉及機密的工作。

三、三級預防

至於三級預防則在刑事司法體系針對間諜被逮捕後進行司法或相關的處遇輔導等工作，使其不再犯罪。對此可透過刑罰制度的威嚇，對犯罪者產生嚇阻效果，亦可在監禁處所輔導訓練其具有謀生技能，使其順利復歸社會，不會再犯。

有關此犯罪預防模式作爲間諜犯罪行爲的防制策略運用，國內尚缺乏相關實證探討，但此模式強調的事前預防的環境設計與改善、針對有犯罪之虞的人及問題事件的干預，以及犯下間諜犯罪行爲者的司法處置，應可作爲防制策略擬定的理論基礎，並據以研擬相關的間諜行爲防制策略。

第三節　情境犯罪預防的理論與策略

根據犯罪學古典學派理論，假設犯罪是一種理性的結果，而人們也會「選擇」去犯罪，則我們可藉著說服潛在犯罪者，告訴他們犯罪是一種不好的選擇，會帶來痛苦、懲罰和不良後果，而使他們不去犯罪，並進而排除犯罪，根據這種原理，就有許多的犯罪預防策略產生：包括情境犯罪預防、一般威嚇主義、特殊威嚇策略，以及長期監禁策略等。其中的情境犯罪預防策略是要說服嫌疑犯（或有動機的犯罪者），讓他們無法接近（或侵入）某種特殊的標的。例如，有些商店或住家裝設保全措施，或雇用私人警衛，就是強化現場監控能力，使潛在的犯罪者難以入侵標的物，而「理性選擇」不犯罪。[55]情境預防策略係根據犯罪學的新機會理論發展而出，所謂的「新機會理論」（New Opportunity Theory）包括「日常活動理論」（Routine Activity Theory）、「犯罪型態理論」（Crime Pattern Theory）及「理性選擇理論」（Rational Choice Theory），三個理論認爲，犯罪機會促使犯罪發生，機會在每一種犯罪都扮演重要的角色，而「機會」是指有利於犯罪的一群環境。[56]以下就新機會理論、情境犯罪預防策略，以及間諜行爲的情境預防對策加以說明。

壹、新機會理論

所謂「新機會理論」（New Opportunity Theory）係學者費爾森和克拉克（Felson and Clarke）所提，包含「日常活動理論」、「犯罪型態理論」，以及「理性選擇理論」，因爲三個理論均含有「機會」的概念，或以機會的變化來解釋犯罪型態及數量的變化。[57]

一、日常活動理論

日常活動理論首先認爲犯罪之所以發生，係因有動機的犯罪者在沒有合適監控者的處所下，遇見適合的標的物，其次假定犯罪情況發生的機率，乃被日常活動所影響，包括生活中的工作、家庭、休閒和消費型態。該理論視有動機的犯罪者爲理所當然，即便出現有動機的犯罪者，仍須在犯罪機會存在前提下，犯罪事件才會發生，然如果沒有犯罪的機會

---

55 許春金，《犯罪學》，頁210。

56 許春金，《人本犯罪學—控制理論與修復式正義》（臺北市：三民書局，2010年），頁180、201。

57 Marcus Felson and Ronald V. Clarke, “Opportunity makes the thief: Practical theory for crime prevention,” *Policing and Reducing Crime Unit: Police Research Series*, November, 1998, <https://popcenter.asu.edu/sites/default/files/opportunity_makes_the_thief.pdf>（2024年6月9日查詢）。

時，犯罪就不會發生。[58]根據該理論的架構，一個犯罪事件的發生，包含以下三個必需要素：有動機的犯罪者（motivated offenders），必須與合適的標的物（suitable targets）有所接觸，在缺乏監控者（absence of capable guardians）的情況下，犯罪事件就會產生。

（一）有動機的犯罪者

非法活動的發生，在時間及空間方面必須與日常的合法活動相結合，社會中原本就有相當數量的潛在加害者存在，如果出現機會促其轉化犯罪的傾向而爲行動，則他們即變爲可能的加害者。而社會變遷的結果，導致人類活動型態產生變化，直接造成犯罪機會增加，被害機率大增。

（二）合適的標的物

標的物之所以會被潛在性犯罪人認爲合適，或謂被害人之所以成爲潛在性犯罪人鎖定的對象，與其存有VIVA特質有關。V是指物的價值性（Value），I是指標的物的慣性、可移動性（Inertia），V是指標的物的可見性（Visibility），A是指標的物的可接近性及是否易於逃脫性（Access）。

（三）欠缺監控者

指足以嚇阻犯罪發生的抑制者不在場或欠缺有能力的監控者，缺乏一般足以遏止犯罪發生的控制力，包含親近關係的監控者（如親友）、守衛（人或監視器）以及地點管理者。因此，除警察或警衛外，朋友、親戚、

---

58 Lawrence. E. Cohen and Marcus Felson, "Routine Activity Theory," in Francis T. Cullen, eds., *Criminological Theory: Past to Present: Essential Reading* (NY: Oxford University Press, 2014), pp. 469-470.

動物、監視器以及一般民眾，均可謂監控者。[59]

二、犯罪型態理論

犯罪型態理論主要探討犯罪人如何在一時空的移動中，發現目標，進一步犯案。該理論認為，犯罪人有日常活動與固定的休閒型態，在這些日常活動與休閒型態中，犯罪人會行走於節點（Nodes）之間，例如家、學校、公司、購物商城與一些休閒娛樂的地方。而一個人的日常活動會以兩種方式尋找犯罪機會：第一種稱為消極性日常行走方式，犯罪人如同一般人的日常行走，犯罪的機會總會很簡單地呈現出來。第二種稱為積極性日常行走方式，犯罪人會積極地、刻意地利用其日常行走的路線，尋找犯罪的機會與標的物，當犯罪人積極搜尋犯罪機會與標的物時，他們會希望降低所花費的功夫或被發現的風險。[60]即犯罪者大部分時間並未犯罪，如同其他人一般日常活動，並在日常活動過程中，遊走在家庭、學校、工作、購物商店及休閒娛樂場所等中心點，於期間發展認知地圖（cognitive maps）或自身環境影像，犯罪者亦同時察覺環境中的潛在被害標的。[61]

三、理性選擇理論

理性選擇觀點即視犯罪為現在取向，著重立即的情境因素，尤其重視犯罪的機會。而某些案件的犯罪機會是被尋找和創造出來的，如社會當中容易存在機會，將會吸引某些人一輩子去犯罪。[62]該理論主要在探討犯罪

---

59 Lawrence. E. Cohen and Marcus Felson, "Social Change and Crime Rate Trends: A Routine Activity Approach," *American Sociological Review*, Vol. 44, No. 4 (Aug., 1979), pp. 588-607.

60 林山田、林東茂、林燦璋、賴擁連，《犯罪學》（臺北市：三民書局，2020年），頁308-311。

61 Francis. T. Cullen; Robert Agnew and Pamela Wilcox, "Environmental Criminology," in Francis T. Cullen, eds., *Criminological Theory: Past to Present: Essential Reading* (NY: Oxford University Press, 2014), p. 456.

62 Ronald. V. Clarke and Derek. B. Cornish, "Rational Choice," in Raymond Paternoster and Ronet

者的決定過程及影響因素，其主要假設是認爲犯罪者的行爲具有目的性，主要在有利於己，並且極大化個人利益減少痛苦。但即使犯罪者的行爲爲目標導向，其目標的選擇仍爲短視，僅考慮當時的利益與風險，因此，是一種有限度的理性（limited rationality）。不僅如此，犯罪者的理性也會受到他做決定當時所擁有的時間、資訊所限制。他們並無法考慮犯罪所需的代價和可以獲得的全部利益。一個人會在評估這些所有的資訊後，再決定是否會犯罪，而該理論也與以降低犯罪機會爲主的「情境犯罪預防」密切相關。[63]

貳、情境犯罪預防策略

一、情境犯罪預防的概念

情境犯罪預防（Situational Crime Prevention）概念是1962年雅各布斯（Jane Jacobs）在英國倫敦出版《美國各大城市之生與死》（*The Death and Life of Great American Cities*）一書，特別提到城市的設計與改建，必須遵照一些原理原則，像有些街道的設計正確，就比較沒有治安上的顧慮。[64]1971年，美國犯罪學家傑佛利（Ray C. Jeffery）撰寫了《透過環境設計以預防犯罪》（*Crime Prevention Through Environmental Design, CPTED*）一書，提倡立即的環境（immediate environment）對於犯罪行爲扮演著重要的角色，進而提出要降低犯罪的發生，必須從立即的環境著手。1972年，學者紐曼（Oscar Newman）擴充CPTED的內涵，認爲

Bachman, eds., *Explaining Criminals and Crime: Essays in Contemporary Criminological Theory* (LA: Roxbury, 2001), p. 32.

63 許春金，《犯罪學》，頁477-478。

64 Jane Jacobs, *The Death and Life of Great American Cities* (London: Janathan Cape, 1962), p. 3；鄧煌發、李修安，《犯罪預防》，頁227。

犯罪預防可以透過都市設計，進而提出防衛空間的概念。[65]1997年，學者克拉克（Ronald V. Clarke）出版《情境犯罪預防》（*Situational Crime Prevention*）一書，統整了情境犯罪預防的策略與理論。[66]而所謂的情境預防係指對某些犯罪類型，以一種較有系統、完善的方法對犯罪環境加以管理、設計或操作，以阻絕犯罪發生的預防策略。[67]

二、情境犯罪預防的策略

情境犯罪預防策略認爲許多犯罪是機會性（opportunistic），當時情境的改變會降低發生的機率，而不改變個人人格特性或社會結構。人們會因爲認知到風險的變化而改變其行爲。[68]該策略的意義是：（一）針對特殊的犯罪型態；（二）儘可能地系統化（或制度化）、永久化之設計、操縱和管理最鄰近的環境；（三）以增加犯罪阻力、增加犯罪被發現的風險、減少犯罪誘因及刺激，最後並移除犯罪藉口，而達到降低犯罪或失序行爲之目的。主要的5項策略如下：[69]

（一）增加犯罪阻力

增加犯罪阻力的設計是最基本的情境犯罪預防措施，即開始於對標的物的強化。

65 林山田、林東茂、林燦璋、賴擁連，《犯罪學》，頁296-298。

66 Ronald V. Clarke, *Situational Crime Prevention* (Guilderland, New York: Harrow and Heston, 1997).

67 蔡德輝、楊士隆，《犯罪學》，頁364。

68 Derek. B. Cornish and Ronald. V. Clarke, “Opportunities, precipitators and criminal decisions: A Reply to Wortley’s Critique of Situational Crime Prevention,” *Crime Prevention Studies*, Vol. 16 (2003), pp. 60-61.

69 許春金，《犯罪學》，頁796-806。

（二）增加犯罪被發現的風險

根據對嫌犯的面談，他們比較擔心被逮捕的風險，更勝於他們被逮捕的後果。情境犯罪預防側重於增加逮捕的風險，而非試圖去操控懲罰的輕重。例如擴充並強化正式監控、增加自然監控等。

（三）減少犯罪誘因

嫌犯總是希望從他們的犯罪行爲中得到利益，這些利益不一定只是物質，尚有其他許多種類的犯罪利益。情境犯罪預防的主軸之一便是去瞭解每一種特殊犯罪類型的誘因，並尋找管道使其減低或移除。

（四）減少犯罪刺激

針對監獄和酒吧兩種場所的比較研究，發現擁擠、不舒服與粗魯的待遇將導致暴力的產生，因此情境犯罪預防的重要範疇之一便是降低犯罪的刺激來源。

（五）移除犯罪藉口

罪犯通常將他們的行爲「中立化」，而未感受到罪惡感或羞恥感。對一般人而言，這些藉口或許將會逐漸成爲他們接受其他日常生活誘因的因素。

情境犯罪預防概念的提出，對治安管理的規劃有許多的啓示，它讓治安管理處理犯罪的面向，由專業化時期只全力集中於進行抗制犯罪，進而同時重視犯罪預防的重要性；犯罪處理關注的焦點，亦由早期只聚焦於犯罪、犯罪人，漸至擴大到強調環境及周遭氛圍的重要性。[70]

---

70 孫義雄，〈由日常活動理論探討情境犯罪預防策略在觀光博弈地區治安管理中之應用〉，《執法新知論衡》，第10卷第2期（2014年12月），頁66。

根據學者歐森（James M. Olson）指出：間諜從事活動的地點主要是在工作場所。[71]而間諜行爲主要的行爲態樣爲本國政府機關內部人員的洩密罪行。[72]因此，容易接觸機密的政府機關人員，尤其是國家安全情報人員執行任務多屬機密性質，往往成爲敵對勢力收買的目標。[73]加上間諜行爲的主要目的在刺探、蒐集，竊取機密資訊，並進一步洩漏、交付，而機密資訊的接觸與獲得，機會因素即扮演著重要的角色。對於間諜行爲者而言，在相關的成因動機之下，遇有合適之時空機會條件配合，即可能產生間諜行爲。尤其是擔任公務、軍職等有機會接觸內部機密資訊的人員，因其工作職務容易接觸而產生機會，或是外來的間諜行爲者利用發展組織製造刺探、蒐集機密資訊的機會，以達到其犯行目的，此皆符合前述新機會理論主張行爲者容易接觸或產生犯罪機會的論點。

參、間諜行為的情境預防策略

根據前述新機會理論及情境犯罪預防策略，作者據以研擬間諜行爲情境預防對策，包含5項策略途徑以及25項策略。[74]

一、5項情境預防策略途徑

（一）增加阻力

增加犯罪阻力，強化機密資訊的防護，透過環境或設備的強化，增加

---

71 James M. Olson, *To Catch a Spy: The Art of Counterintelligence* (Washington, DC: Georgetown University Press, 2019), p. 71.

72 周奇東，《從共諜案探討我國保防工作之研究》（桃園：中央警察大學公共安全研究所碩士論文，2005年），頁83。

73 張家豪，《我國反情報工作實施之研究》（桃園：中央警察大學公共安全研究所碩士論文，2010年），頁98。

74 蕭銘慶，〈間諜行爲的情境預防對策—新機會理論的觀點〉，《安全與情報研究》第5卷第2期（2022年7月），頁26-33。

間諜行爲者實施的困難度。

（二）增加風險

加強監控力道，提高被逮捕的風險，擴充並強化正式監控，增加自然監控，提高間諜行爲者被逮捕的風險及必須付出的代價。

（三）減少誘因

減低機密資訊的價值以及可能獲得的酬賞，進而影響其對間諜行爲者的吸引力及決意。

（四）減少刺激

減少誘發因素，針對環境場域的設計以及輔導機制的設立，減少觸發或模仿學習的來源。

（五）移除藉口

透過法律與規範的制定，協助同仁遵守並激發其良心與責任感，避免不當生活接觸與活動，減少間諜行爲的理由與藉口。

二、25項情境預防策略

根據上述情境預防的5項策略途徑，具體的25項情境預防策略包含：

（一）增加阻力

指增加間諜行爲者必需付出的努力與困難度。

1. 強化標的

強化電腦設備以增加竊取機密的困難度。設置進入電腦相關系統驗證帳號及密碼。將機密文件資訊置於保險箱當中。設計隨身碟的科技防範，非業務指管不得下載。

2. 管制通道

針對機關入口設置警衛人員或電子感應設施以過濾檢查人車行李。外來訪客換發臨時通行證。機關周圍設置圍牆或電網圍籬，設置監控系統並派員巡邏。機關網站規劃安全阻絕設施，避免電腦機密資訊遭到竊取。特定區域進行宵禁和管制。

3. 過濾出口

機關出口設置警衛人員或電子感應設施以過濾檢查人車行李。外來訪客離開機關須將換發之臨時通行證繳回。

4. 轉移違常人員

針對機關規劃進用人員或現職同仁定期或不定期實施安全查核，未通過者不得承辦或接觸機密業務。依規定核列機關違常人員並加以掌控管制，避免其接觸相關機密資訊文件。

5. 管制器械

設定不可與外界網際網路連結之獨立網路系統。影印機設置影印機密文件的管制設備。參加機密會議不可攜帶電子產品或智慧型手機，並設置集中保管處所。

（二）增加風險

即增加犯間諜行爲者被逮捕的風險及必須付出的代價。

1. 擴充監控

結合政府相關情報機關或治安單位，建立聯繫管道並定期召開聯繫會議，交換相關情資，及早發現機關之違常人員或情事，擴大監控面向與網絡。定期或不定期針對工作區域進行檢查以檢測和排除竊聽裝置。

2. 增加自然監控

要求機關同仁如發現違常之人事物應立即通報。改善工作場域明亮之照明設備。工作場域空間或通道設計，以增加非正式監控的力道與效果。

3. 減少匿名

進入機關的外來人員須於大門登記、換證使得進入洽公。機關同仁配戴身分識別證件。承辦人員進入電腦資料庫查詢、列印或下載資料必須使用個人帳號密碼。機密公文簽辦、傳遞或使用必須登載承辦人或使用人資料。調閱機密資訊必須登記管制。

4. 職員助用

責成單位主管落實監督及通報違常或違法情事責任。鼓勵同仁如發現違常之人事物，立即通知主管或業管單位展開調查並依法處理。對於發現違常情事同仁及時給予獎勵。

5. 強化正式監控

機關出入口或機密區域設置監視錄影系統並即時監控。編排警衛人員針對機關及機密保護區域加強巡邏。進入機密資訊存放區域即自動感應燈光照明及警鈴設施。

（三）減少誘因

指降低間諜行爲獲得的酬賞，進而減低其吸引力並影響其決意。

1. 隱匿標的

機密文件資料設置管制保險箱。檔案室設置安全管制區域，與一般公文資料區隔，避免同仁可輕易接觸。機密資訊運用代碼以隱匿機敏內容。機密資訊限閱或讀取時需輸入密碼。

2. 移除標的

禁止同仁下班時將機密資訊帶離機關。機密資訊或其複製物如逾保存年限應依相關機密保護規定如《國家機密保護法》等予以銷毀。使用碎紙機應確認機密資訊毀損後無法辨識。機密資訊銷毀應委託合格認證業者銷毀並派員監督。

3. 財務識別

機密資訊應依相關機密保護規定如《國家機密保護法》等標記機密等級與保密年限。公文卷宗封面以顏色區別以辨識其機密等級。不同等級機密資訊應分別設置存放處所。機密文件簽辦、會辦、發文等流程依機密保護規定辦理。

4. 干亂市場

必要時針對具違常情事或交往複雜同仁進行監視或跟蹤，讓有意從事間諜行爲者有所警覺。設置檢舉專線電話，擴大監控網絡。立法提高間諜行爲刑責。偵破間諜行爲案件適時發布新聞，以產生嚇阻效果。

5. 否定利益

機密資訊標示防盜標籤或條碼。機密資訊文件被竊時即可感應警示，遭到非法影印時立即警示裝置。工作場域、電腦、影印機設備適當標示警語提醒同仁涉及間諜行爲刑責。

（四）減少刺激

指減少間諜行爲的誘發因素，以降低發生的機會。

1. 減緩挫折與壓力

避免因不滿情緒而導致間諜行爲發生。規劃舒適的工作場域、設備、柔和的光線、特定時段的音樂等友善舒適環境以減緩同仁工作或個人壓力。延聘專業心理輔導人員協助同仁調適與面對壓力。

2. 避免爭執

避免機關職場產生排擠或霸凌情事。暢通層級溝通管道。透過環境設計減少工作空間擁擠。針對相處產生問題同事進行調動隔離，避免工作場域發生爭執或不滿情事發生。

3. 減少情緒挑逗

避免對間諜行爲案件產生「美化或合理化」等不妥訊息，造成同仁情緒受到刺激或挑逗。違常人員將其調至加強監控的單位，由專責人員負責輔導監督，避免其有接觸機密機會。機關同仁避免與違常人員談及機密性質業務內容。

4. 減少同儕壓力

機關當中的同事或校友關係，易產生同儕壓力，加強宣導同仁必須有拒絕同儕壓力的勇氣，拒絕不當邀約，如有違常情事應立即反應。聚會餐敘避免談及工作事項或機密資訊。

5. 避免模仿

發生間諜行爲案件時立即進行損害控管，針對缺點部分進行改正，列爲案例教育檢討成因並研擬防制措施，避免再度發生類似案件。協調媒體避免報導間諜行爲案件的敏感細節或犯案手法，避免產生學習模仿效果。

（五）移除藉口

指運用方法以減少間諜行為的理由與藉口。

1. 訂定規範

研訂間諜行為防制與機密保護的法制規定。針對機關特性個別訂定相關辦法或作業規範。涉及機密資訊作業，必須簽訂保密契約。

2. 敬告守則

在機關工作場域明顯處所或位置，張貼布置「保密」、「注意違常情事」或「防範間諜行為」等警語。編印案例檢討或保密教育手冊，提醒機關同仁注意防範。個人工作處所或辦公桌周邊，標註警示字眼，提醒同仁保護機密。

3. 激發良心

對於保護機密或主動舉發破獲間諜案件的同仁與優良事蹟，於公開場合表揚獎勵。設置榮譽公布欄公開表揚。張貼布置激發良心與責任感的標語。發送宣導品，加強法治教育，宣導國家安全與機密保護的重要性，激發同仁國家責任與守法觀念。發行內部刊物加強宣導。

4. 協助遵守規則

發送機關同仁相關法律規定手冊俾隨時查詢並遵守。訂定工作手冊制定標準作業流程，如公務機密之簽辦流程使用手冊，讓機關同仁有所遵循，協助其有效保護機密資訊。召開業務宣導說明會並定期辦理教育訓練。

5. 管制活動

嚴格禁止機關同仁上班期間飲酒。提醒同仁下班勤餘避免不當邀宴。宣導勤餘宴會活動應節制飲酒。輔導鼓勵同仁從事正當休閒娛樂活動，避免交往複雜及作息不正常之生活方式。透過飲酒控制以及提倡正當休閒活動，避免有心人士藉由酒宴等活動獲得刺探機密資訊的機會。

有關上述的25項間諜行爲情境預防策略如表9-1：

表9-1　25項間諜行為情境預防策略

增加阻力	增加風險	減少誘因	減少刺激	移除藉口
1. 強化標的 ・設置電腦帳號密碼 ・機密資訊保險箱 ・隨身碟的科技防範	1. 擴充監控 ・結合相關機關建立聯繫管道及定期聯繫會議 ・檢測和排除竊聽裝置	1. 隱匿標的 ・機密資訊存置於保險箱或安全管制區域 ・機密資訊運用代碼 ・機密資訊限閱	1. 減緩挫折與壓力 ・舒適的工作環境與設備 ・柔和的光線與音樂 ・延聘專業輔導人員	1. 訂定規範 ・研訂間諜防制與機密保護法制 ・研訂機關內部相關作業規範 ・簽訂保密契約
2. 管制通道 ・設置入口柵欄與安全警衛 ・電子通行設備 ・機關周圍設置圍牆或電網圍籬 ・核發通行證	2. 增加自然監控 ・違常情事立即反應通報 ・改善辦公處所照明設備 ・工作場域空間及通道設計	2. 移除標的 ・禁止機密資訊帶離機關 ・機密資訊依規定銷毀並確認無法辨識 ・委託合格認證業者銷毀並派員監督	2. 避免爭執 ・避免職場霸凌 ・相處有問題同事的調動隔離 ・暢通溝通管道 ・環境設計減少工作空間擁擠	2. 敬告守則 ・張貼設置警語 ・編印案例與保密教育手冊 ・設備標註警示字眼
3. 過濾出口 ・設置出口柵欄與安全警衛 ・臨時通行證繳回	3. 減少匿名 ・外來訪客登記換證 ・身分識別證件 ・電腦個人帳號密碼 ・機密資訊調閱登記	3. 財物識別 ・標記機密等級與保密年限 ・公文卷宗顏色區別機密等級 ・不同等級的檔案存放區域	3. 減少情緒挑逗 ・避免合理化間諜行爲 ・調整違常人員業務單位 ・避免與違常人員談及機密	3. 激發良心 ・公開表揚獎勵同仁 ・設置榮譽公布欄 ・設置標語與文宣品 ・發行內部刊物

增加阻力	增加風險	減少誘因	減少刺激	移除藉口
4. **轉移違常人員** ・定期或不定期安全查核 ・核列違常人員並加以管制	4. **職員助用** ・單位主管落實監督及通報責任 ・鼓勵同仁及時反應違常情事 ・獎勵及時發現違常情事同仁	4. **搗亂市場** ・設置檢舉專線電話 ・必要時監視違常人員 ・立法提高間諜行爲刑責 ・發布破案新聞	4. **減少同儕壓力** ・避免不必要的邀宴 ・避免同儕餐敘時談及機密 ・拒絕的勇氣	4. **協助遵守規則** ・訂定工作手冊制定標準作業流程 ・召開業務宣導說明會 ・辦理教育訓練
5. **管制器械** ・獨立的機關網路作業系統 ・影印機管制設備 ・管制電子產品及智慧型手機	5. **強化正式監控** ・設置監控錄影設備 ・警衛巡邏 ・自動感應燈光照明及警鈴設施	5. **否定利益** ・防盜標籤或防盜條碼 ・機密資訊遭竊警示裝置 ・標示提醒間諜行爲刑責	5. **避免模仿** ・間諜案件案例教育檢討 ・針對缺點立即改正 ・媒體避免作案模式的報導	5. **管制活動** ・嚴格禁止上班期間飲酒 ・宣導勤餘宴會節制飲酒 ・鼓勵從事正當休閒活動

資料來源：蕭銘慶，〈間諜行爲的情境預防對策—新機會理論的觀點〉，《安全與情報研究》，第5卷第2期（2022年7月），頁34-35。

第四節　結語

傳統的間諜行爲防制係運用反情報策略的相關作爲，目的在確保機密的維護，防制來自國外政府、組織或個人針對本國進行的情報與間諜活動，以防範、打擊外國的間諜情報、顛覆、破壞活動。除了消極面落實安全防護工作，保護國家機密外，更以積極手段，反制各項間諜行動，防止各項破壞行爲。透過安全防護措施，藉由人事與物理安全方式，阻絕間諜在遇有適當的機會或情境之下進行竊密等間諜活動。而基於公共醫療模式角度的三級預防理論與策略，強調初級預防針對環境的改善與設計，次級預防將重點置於風險較高的個人與事件，三級預防針對則是針對犯罪者的矯治，使其不再犯罪等。至於根據新機會理論發展而出的情境犯罪預防策略指出，雖然個人和社會變項在犯罪原因中扮演著重要的角色，以此「機會」觀點作爲間諜行動的原因之一，也開啓了間諜行爲防制的新策略。間諜的行爲成因動機多元複雜，然而著重「機會」與「場域」的新策略，乃是針對與間諜活動更爲接近的立即環境的改善與防護，可以更立即地降低犯罪的機會，減少間諜行爲的發生。但由於目前尚缺乏有關間諜行爲的實證研究，此應可援引參考相關的犯罪預防理論與策略，結合傳統反情報的學理經驗作法，除提供未來實務單位進行間諜行爲防制的參考，並可作爲相關防制作法的理論依據，對於間諜行爲的防制應更能產生實際效益。

第十章　結論

綜觀本書各章的探討可以得知，間諜行爲是人類歷史上最古老傳統的情報蒐集方式，其對世局的演進產生舉足輕重的影響，對國家安全造成的危害亦極爲重大。不論在過去或現今的人類世界，從事情報蒐集或進行破壞的間諜活動一直持續地進行當中，儼然已成爲當前國際競爭的一種特殊形式，若無法有效加以遏止，對國家社會安全的傷害將極爲深遠。而隨著時代的演進，間諜活動的範圍已擴及科技或經濟等領域，並持續發揮其特有的影響力量。由於間諜行爲涉及諸多學科領域，具有複合性問題研究的特徵，欲完全瞭解其行爲全貌，必須結合行爲科學與實證方法進行研究，並就相關學科的知識與理論加以探索，方能更深入瞭解此一古老神秘又危害重大的行爲現象。經過前述相關章節內容的分析探討之後，以下提出研究結論以及研究建議。

第一節　研究結論

間諜是一項擁有悠久歷史的職業，作爲最傳統的情報蒐集方式，其活動亦深刻影響人類歷史的發展，相關行爲的瞭解與探討，可謂深具研究價值。以下提出本書相關章節分析探討後的八點結論。

壹、間諜犯罪研究的開啓

間諜行爲主要的目的在蒐集或竊取機密資訊，相關機密外洩後將對目標國的政治、經濟、軍事安全與競爭能力造成嚴重危害，並關係到國家的安全乃至存亡，在歷史上的案例不勝枚舉。現今世界各國爲創造國家競爭的利基，運用間諜刺探蒐集機密資訊已成爲情報工作重要的手段，並積極防範外國或組織對其施展的間諜活動，可謂此項犯行已是國際間普遍存在的現象。此外，間諜行爲是我國當前嚴重的國家安全威脅，亦是學術研究上受到忽略的一個領域，爲有效維護國家安全與利益，間諜犯罪行爲必須加以正視並積極探討。例如美國即曾針對近代對其情報工作與國家安全造成嚴重傷害且深具指標性的間諜案件——艾姆斯（Aldrich H. Ames）與韓森（Robert P. Hanssen）案，進行深入的研究，並據以作爲法制研訂與防制作爲的參考依據。鑒於層出不窮的間諜犯罪案件以及高度危害，加上目前國內相關研究的缺乏，本書的提出，期能讓吾人更加瞭解間諜行爲的現象與特性，並作爲未來學術研究與實務防制的參考，開啓未來犯罪學與間諜相關議題研究更大的視野。

貳、間諜犯罪嚴重危害國家安全

從古至今，間諜活動不斷在世界各個角落發生，可謂只要人類存在競爭，間諜的相關活動勢必繼續存在，並隨著時代的進步而有不同的運作方式。尤其現今的全球安全局勢已變得更加複雜，許多國家仍持續以間諜活動作爲手段，獲得相關的重要情資，以強化競爭優勢。即便時代不斷地演進，間諜在現今的國際互動競爭當中，仍扮演著極爲重要的角色。觀諸歷史上諸多的案例顯示，情報對於戰爭的影響甚鉅，對於國家安全的維護以及政策的制定亦至關重要，作爲情報蒐集最原始且具有無法取代地位的間諜及其從事的活動，更是攸關著政治、軍事等成敗，甚至影響世局與人類歷史的走向。從本書第二章探討的15個間諜案例可得，間諜活動對當代或後續的歷史發展產生一定的影響。而隨著人類科技文明的進展，間諜活動廣泛滲透到政治、軍事、經濟、文化和科學技術等領域，諜報技術也結合高科技進行情報蒐集。例如運用電腦網際網路技術的網路間諜等，也為間諜活動開拓更加寬廣的空間。可以確定的是，倘若無法有效遏止類似的間諜活動，勢必對一國的政治、軍事或經濟等國家安全造成極大的威脅與危害。

參、國內間諜犯罪多與對岸有關

根據本書第三章提列發生在國內的60件間諜案件，除1件涉及日諜與共諜案之外，其餘均為與對岸有關的共諜案件，可見目前兩岸在政治、軍事傳統安全領域仍處於互信不足的狀態。從這些破獲的間諜案件中亦可看出，外國或大陸滲透吸收的多為具有接觸機密機會或具備軍事、國防科技背景的在職或退役人員，包括現役、退役軍人、情報人員、公務員、調查員等，目的即在蒐集獲取相關的國家或公務機密，故而對於接觸此類機密人員的安全查核、機構設施的安全防護，以及查緝外諜或敵諜等防制作為，仍是未來必須落實加強的重點工作。相關案例亦顯示，中共人員往往針對設定對象初步積極建立「橋樑」關係，物色具接密條件人員，邀約其出國旅遊，期間安排餐敘或會晤，進而致贈禮金或貴重物品等，先解除心防建立關係之後，再要求此等人員進行相關間諜活動。此外，對岸進行滲透情蒐的手法除傳統的機密文件之外，亦可能針對「口語情報」進行蒐集，即透過被吸收的人員就其知情之機密以口語方式傳遞給對方情報機關人員，對於此種情報活動的蒐證極為困難，且其機密屬性與密等鑑定亦深具難度，可見其滲透方式及管道更趨多元化，也對間諜犯罪行為的防制造成更大的挑戰。

肆、間諜行為具有諸多特性

本書依據產生方式將間諜分爲三種類型，分別爲：外來型、內間型，以及雙重（或多重）型間諜，並根據相關學理與案例，歸納出外來型與內間型間諜的犯罪模式，以及雙重間諜的運作過程。而此三種類型間諜具有12項共同特性，諸如：普遍性、危險性、跨國性、智慧性、隱密性、重複性、金錢花費性、成因多元性、偵查困難性、犯罪爭議性、道德衝突性，以及評價兩極性等。此外，各類型間諜亦具有其個別的特性，如外來型間諜的外國發動、犯行否認；內間型間諜的職務身分、接觸機會；以及雙重型間諜的同時爲兩個國家服務、運作目的、保護措施、忠誠問題，以及運作不易等。至於常見的手段則有8項，分別爲：身分掩護、蒐集竊取、套取刺探、傳遞、滲透、策反、欺騙，以及發展組織等。可謂間諜行爲此項犯行，相較於傳統的街頭犯罪如強盜、殺人、搶奪、性侵、竊盜等，具有諸多不同的特性，偏向智慧性、跨國性、組織性、與職務（工作）高度相關，惟其遭逮捕定罪後，應無法再接觸相關職務或機密的機會，再犯率亦恐不高，在各類型犯罪當中，可爲相當獨特，由於其多運用於情報工作，深具秘密及欺騙特性，加上缺乏相關的研究，更讓此類犯行罩上一層神秘面紗。

伍、間諜行為成因多元複雜

根據文獻顯示，間諜的行爲成因多元複雜，相關成因可歸納爲金錢、意識形態、不滿情緒、個人的野心、權勢欲望以及奇特心態等原因。隨著國際局勢與安全威脅環境的改變，間諜的行爲成因動機也產生變化，意識形態的成因比例逐漸下降，金錢與不滿情緒的比例逐漸上升，而現今間諜的行爲動機已更加多樣，諸如意識形態、金錢與物質因素、性與感情及恐嚇勒索、友誼因素、民族和宗教因素以及特殊心態等。而對於間諜行爲成因動機的探討，可藉以運用於招募外國間諜爲我所用、避免我方人員遭到吸收、瞭解行爲成因動機趨勢，以及間諜行爲的研究與防制等，可謂在學術研究以及實務防制面向，均具有高度的重要性與研究價值。尤其隨著國際局勢的演進，間諜行爲的成因儼然已產生變化，出自金錢因素與不滿情緒的可能性逐漸升高，意識形態因素也已產生變化，此亦指出未來必須符應時代趨勢與間諜行爲成因演進，研擬相對應的間諜犯罪防制對策。

陸、評估研擬制訂相關法制

目前我國有關間諜行爲的法令規定散見於相關法制當中，並未制訂專法，此分散立法之嚇阻力量是否有效，有待進一步檢討驗證。然而檢視國內相關的間諜行爲相關法制，仍存在部分可檢討改進之空間。如依據《國家情報工作法》第7條第3項規定：「情報機關執行通訊監察蒐集資訊時，蒐集之對象於境內設有戶籍者，其範圍、程序、監督及應遵行事項，應以專法定之；專法未公布施行前，應遵守通訊保障及監察法等相關法令之規定。」故現行有關「間諜偵防作爲」係依據《通訊保障及監察法》的規定，而《情報通訊保障及監察法》之專法仍付之闕如，故而未來應就涉及間諜行爲防制的相關法令進行檢討修正，藉以完備各項法制規範。相對於西方國家以集中立法方式制訂專法如《間諜法》、《反間諜法》等，應是我國未來可參考之方向。尤其在面對現今國際安全環境的複雜，以及間諜行爲成因的變化趨勢，法制面更應保持彈性的作法，隨時檢討相關規定是否周延可行。而除了法制面的基礎建立之外，各項間諜防制工作亦必須恪遵依法行政原則，兼顧國家安全與人民權益。故而健全完備的法制規範，不僅可提供情報工作遵循的依據，並可有效保障人權，維護國家安全。

柒、建構全民安全防護網絡

在我國近20年發生的間諜案件當中，幾乎多為共諜案件，觀諸中共近年來進行間諜活動滲透的方式，多針對軍方現役、退役人員、眷屬，或運用軍中同袍、舊屬關係等加以吸收，進行威脅利誘要求發展組織或竊取相關公務機密。目前國內的安全防護工作有軍中、機關與社會安全防護等三大體系，除了軍中和機關的安全防護之外，如能做好社會安全防護工作，間諜將更難進行滲透與破壞。即民眾有足夠的防諜意識，對於間諜犯行將有更大的嚇阻作用，並能有效防制間諜犯罪。此外，應加強全民的安全防護教育，採以犯罪預防理論中的初級預防作法，透過教育宣導讓民眾瞭解防制間諜行為對國家安全的重要。尤其在承平時期，民眾往往認為間諜犯罪防制的工作是情治單位的任務，而非自身的義務。對此，如能促進全民的瞭解與共同參與，建構全民的安全防護網絡，嚴密社會的警覺與監控力道，當能產生更佳的預防效果，有效遏阻間諜犯罪活動，達成維護國家安全與社會安定的目標。

捌、強化間諜犯罪預防策略

傳統針對間諜行為的防制策略為反情報工作，目的在確保機密的維護，防制來自外國政府、組織或個人針對本國進行的情報與間諜活動。除落實安全防護工作，保護國家機密外，並積極反制各項間諜犯罪行為。此項防制作為係透過安全防護措施，藉由人事與物理安全方式，阻絕間諜在遇有適當的機會或情境之下進行竊密等間諜活動，加上透過完備的法制規範，期能藉以有效防制間諜行爲產生的危害。此外，亦可根據公共醫療模式角度的三級預防理論強調的事前預防的環境設計與改善，針對有犯罪之虞的人及問題事件的干預，以及犯下間諜犯罪行爲者的司法處置，作爲防制策略擬定的理論基礎。至於情境犯罪預防策略以「機會」觀點作爲間諜行動的原因，也開啓了間諜行爲防制的新策略。間諜的行爲成因動機多元複雜，然而著重「機會」與「場域」的新策略，乃是針對與間諜活動更爲接近的立即環境的改善與防護，當可有效減少犯罪的機會，避免間諜犯罪行爲的發生。

第二節　研究建議

間諜行爲是學術研究上被忽略的一個領域，也讓吾人對此犯行缺乏完整的認識。而相關議題的研究，具有重要性及迫切性，有待進一步積極開發探討。對於間諜犯罪行爲的後續研究，以下提出六點建議。

壹、現象實證研究

在犯罪問題的研究領域裡，街頭犯罪一直是國內學者研究的焦點。[1]然而，隨著時代的進展與科技文明的演進，已有諸多新型的犯罪類型如白領犯罪、電腦犯罪、跨國犯罪等引起學界的矚目與探討。尤其在犯罪防制實務工作時，往往要藉助於犯罪類型研究。[2]對於間諜此類犯罪行爲的探討，不僅讓吾人更加瞭解間諜行爲的現象與特質，也可充實犯罪學研究的

1　孟維德，《白領犯罪》（臺北市：亞太圖書出版社，2001年），頁iii。
2　許春金，《犯罪學》（臺北市：三民書局，2017年），頁38、505。

領域。此外，就犯罪學的研究而言，瞭解犯罪現象所運用的犯罪測量，其重要目的之一，即是要瞭解犯罪現象的分布、型態與趨向，以便作進一步分析、理論建構或犯罪預防的基礎。而犯罪現象的測量與實證研究是很重要的一件工作，藉著精確測量犯罪及偏差行爲，犯罪學家可以達成四項主要目的：提高犯罪學的科學性及精確性、評估刑事和犯罪預防政策的成效、協助刑事司法機構和人員的決定，以及原因論探討的依據。[3]故而對於未來對於間諜行爲的相關研究，建議可透過實證研究方式，運用相關的研究方法進行研究設計，除了現象面的瞭解與官方基礎統計資料的建立之外，另可針對發生案件與涉案人進行分析，瞭解其趨勢與變化，探究間諜的類型與行爲特性，以及間諜行爲的模式與特徵等，並透過實證研究所得結果，據以研擬相關防制對策。此外，亦可針對現職或退（離）職情報人員進行量化或質化的研究，瞭解其工作的經驗、問題或遭遇困難，相關研究結論可作爲防止我方人員遭到他國吸收運用的參考，並作爲人事等相關政策擬定的依據。透過相關議題的實證研究分析，當可更深入瞭解此類犯罪行爲，有助於間諜行爲的防制。

貳、行為成因研究

間諜必須隱藏於無形且工作危險性極高，其中的心理歷程與動機究竟爲何？值得進一步深入探討。惟目前有關間諜行爲成因的研究仍相當有限，國內亦缺乏此方面的實證研究。對此本書嘗試透過犯罪學理論加以解釋，但相關理論的解釋力，仍有待後續的實證研究加以驗證。建議未來可針對間諜案例對象進行量化的問卷施測，或進行深入的訪談等，深入瞭解

---

3 許春金，《犯罪學》，頁59、107。

間諜的相關行爲特性或成因動機。就實務工作面向而言，在現今的國際局勢下，各國都希望獲得相關預警情資，避免遭受攻擊，並獲得協助決策的相關情報。故而在維護國家安定與社會秩序的目標之前，情報機關必須採行各種方式蒐集準確且即時的情報，而對於間諜行爲成因動機的瞭解，即可加以運用，並爭取其爲我方效力。另就學術研究面向而言，可透過間諜行爲成因的探討與實證分析，建立相關的行爲理論，據以研擬防制對策。此外，由於間諜行爲的成因相當複雜多元，唯有透過成因動機的探討，方能瞭解行爲背後的驅動力量與變化趨勢，而此項議題顯然具有極大的研究空間。

參、防制對策研究

一件間諜案件的偵破，往往已造成損害，如能事先加以預防，或在發生後即時偵破，將損害減至最低，方能避免其對國家安全造成的危害，此即所謂的犯罪預防。犯罪預防是一種治本性的工作，包括廣泛之各種活動，即消除與犯罪有關之因素，增進刑事司法發覺犯罪，瞭解犯罪現象，判斷犯罪原因及健全犯罪人之社會環境能力，並進一步減少促進犯罪之情況。[4]傳統對於間諜行爲的防制，係以反情報的相關作法如安全防護與反間諜等方式，此部分的作法是否能達到有效的防制效果，目前亦尚缺乏實證研究的支持。此外，由於間諜行爲多經過縝密的策劃，進行相關人物的接觸吸收以及犯案情境的觀察，故而如何透過環境設計，針對人與物理環境進行有效的監控，使具有動機或能力的潛在間諜行爲者有所忌憚，並針對容易成爲間諜活動目標的國家或公務機密進行防護，避免其成爲間諜行

4　蔡德輝、楊士隆，《犯罪學》（臺北市：五南圖書出版公司，2023年），頁352。

爲者眼中合適的標的，或是制定具嚇阻效果的法律規範，藉以影響間諜犯罪者的決意等，相關的犯罪防制理論與策略，均可作爲未來間諜行爲防制的參考。即透過早期的預警作爲、機關洩密風險的評估、案件發生後的調查行動、相關法制的制訂，以及如何建立機關文化氛圍等進行質化或量化研究，在此基礎之上，研擬具有實證研究依據的防制作爲，方能有效防制間諜行爲的發生。

肆、科際整合研究

科學越發展就越分殊。「科學一個接著一個地從哲學的母體分離出來。」這種情形就表示這種分殊，如果不是出於理論的需要，就是出於實用的需要，或者既出於理論的需要又出於實用的需要。[5]以犯罪學爲例，其所研究的犯罪現象與犯罪人均同時涉及法律學、社會學、心理學或醫學方面的問題，故犯罪學對於犯罪現象與犯罪人等具有複合性問題的研究，自非任何一方單一學科所能勝任，而必須有如集合數種不同科別的醫師「會診」疑難病症般，採行科際整合的方法，整合與犯罪有關學科的理論與方法論，進而輻合使用這些相關學科與犯罪問題相關的部分，以科際整合觀，從事犯罪現象與犯罪人的研究。[6]而有關間諜行爲探討的領域亦相當廣泛，涉及情報學、國際關係、法律學、犯罪學、心理學及行爲科學等。故而間諜行爲研究是一門跨科際的學問，可就不同學術觀點加以研究探索。加上間諜行爲仍有諸多未知的領域，未來應採取科際整合研究的觀點與途徑，建立起間諜行爲的科學研究，除開拓學術研究的視野之外，並可作爲實務防制對策的參考依據。

5　殷海光，《思想與方法（三版）》（臺北市：水牛文化事業有限公司，2013年），頁314。
6　林山田、林東茂、林燦璋、賴擁連，《犯罪學》（臺北市：三民書局，2020年），頁63。

伍、科技間諜研究

在大部分的人類歷史裡，主要的情報蒐集都是透過間諜的努力，觀察敵人的活動和竊取文件等，但在過去的一百年當中，已經進步至運用科技方式進行蒐集，且往往能夠在相當遠的距離就能執行，此項情報蒐集方式稱之爲「技術蒐集」。[7]促成這種狀況的根本力量之一是科學技術的革命，由於科學和技術的不斷進步，對人類生活提供許多幫助與挑戰，也改變了間諜活動的形式。[8]技術情報蒐集包括運用電腦、衛星與無人機等。自網路誕生，世界各地的安全與情報機關，都將網路視爲一種工具，但同時也是一種威脅。[9]所謂的「網路間諜」即利用電腦複製拷貝或在連線作業中進行竊錄，進行刺探或蒐集情報。[10]而「間諜衛星」係運用衛星針對地球上任何地方進行拍攝並即時傳輸影像，並重建成圖像。多種類型的衛星可用於蒐集信號情報——包括與地球同步軌道的衛星和低軌道衛星。至於「無人機」係在無飛行員的操作下，配備電子光學系統和紅外線感應器，針對特定目標進行即時情資蒐集，例如恐怖份子訓練營或核實驗場等。[11]上述運用科技技術的間諜活動，儼然成爲現今科技時代的情報蒐集工具與新型的國家安全威脅來源。對於此類新穎的科技間諜活動，未來必須加以重視並持續關注研究。

---

7 Jeffrey T. Richelson, "The Technical Collection of Intelligence," in Loch K. Johnson and James J. Wirtz, *Intelligence: The Secret World of Spies: An Anthology*, 3rd Edition (New York: Oxford University Press, 2011), p. 78.

8 John E. McLaughlin, "Overview: Technology is Transforming the Intelligence Field," in Silvia Engdahl, *Espionage and Intelligence* (New York: Cengage Learning, 2012), p. 108.

9 Gabriel Weimann著，國防部譯，《新一代恐怖大軍：網路戰場》（*Terrorism in Cyberspace: The Next Generation*）（臺北市：中華民國國防部，2015年），頁21。

10 林山田、林東茂、林燦璋、賴擁連，《犯罪學》，頁664。

11 Jeffrey T. Richelson, "The Technical Collection of Intelligence," in Loch K. Johnson and James J. Wirtz, *Intelligence: The Secret World of Spies: An Anthology*, 3rd Edition, pp. 80-81.

陸、未來趨勢研究

間諜活動由於面臨安全觀以及國際安全局勢的轉變，間諜行爲的範圍與以往有更爲不同的面貌，並已結合現今的新興科技如網際網路等進行情報蒐集或破壞等目的，可謂間諜行爲正在不斷進化當中。而現今的間諜行爲除了傳統竊取國家或公務機密的間諜活動之外，並已擴及商業、工業、科技等領域，竊取國家核心關鍵技術或高科技機密的間諜行爲，此已成爲現今間諜行爲的另一個重心。鑒於經濟間諜活動的威脅越來越大，許多美國公司特別擇定涉足國防工業的民間公司，協助其防止公司員工遭到敵對情報機關吸收；另聯邦調查局（Federal Bureau of Investigation, FBI）亦成立專門的經濟間諜部門來協助民間公司人員防止其商業機密遭到竊取。[12] 在2020年時，美國認爲中國爲獲取技術和商業情報展開廣泛的間諜活動，已成爲美國最大的單一安全威脅來源。[13] 而我國的《國家安全法》第3條第1項條文當中，亦訂有爲避免我國產業核心關鍵技術遭非法外流至境外，造成對國家安全及產業利益的重大損害之「經濟間諜罪」。即防止任何人從事經濟間諜竊密，將國家核心關鍵技術洩漏給外國、大陸地區、港澳或境外敵對勢力的經濟間諜行爲。故而除了傳統的間諜之外，經濟領域竊取國家核心關鍵技術的間諜犯罪行爲儼然成爲間諜活動的另一重點。此外，間諜行爲除了蒐集或竊取機密資訊之外，其亦可能針對國家關鍵基礎設施如核電廠、交通樞紐、金融體系、科學園區或通訊系統等進行破壞，造成國家相關施政無法運作，引發社會動亂，甚至危害國家安全。未來有

---

12 Richard J. Kilroy Jr., "Counterintelligence," in Jonathan M. Acuff and LaMesha L. Craft, eds., *Introduction to intelligence: Institutions, Operations, and Analysis* (Washington, DC: CQ Press, 2022), p. 161.

13 Jonathan M. Acuff and LaMesha L. Craft, eds., *Introduction to intelligence: Institutions, Operations, and Analysis*, p. 145.

關間諜行爲的發展趨勢，如經濟間諜行爲以及可能針對國家關鍵基礎設施進行的破壞，均是重要且迫切的研究議題。

第三節　結語

間諜大師杜勒斯（Allen W. Dulles）曾說道：「小說家筆下的間諜英雄很少出現在現實生活當中。」[14]對於間諜這個神秘的行業，我們的瞭解仍是如此有限。但從古至今，間諜行爲從未消失，並以其特有的形式及力量，影響相關國家與人類歷史的走向，只要國際間存在競爭，爲爭取國家有利的條件，間諜犯罪行爲不會消失，並持續威脅危害國家安全與利益，而一旦國家安全遭到危害，受害的更是全體國民必須共同承擔。由於此種類型的犯罪主要目的在刺探、蒐集或竊取國家機密資訊，接觸對象多爲具有情報價值的現役或退役軍人、情報人員或公務人員等，加上情報工作秘密的特性，一般民眾比較無法感受到犯罪的直接被害感覺，也不易察覺此類犯行的存在與威脅，故而對間諜犯罪行爲缺乏認識與瞭解，也讓此類型犯行存在諸多的未知與想像，甚至只能在小說與電影當中窺探其身影。面對現今與冷戰截然不同的國際安全情勢，間諜活動的範圍與方式已與以往有更爲不同的面貌，已從傳統安全的政治、軍事領域，擴展到非傳統安全的經濟、科技、社會等範疇，並結合現今的新興科技如網際網路等來遂行其蒐集情報或破壞等目的，可謂在人類歷史的演進過程當中，間諜行爲也在不斷進化。鑒於此類犯行的高度危害，以及諸多有待研究探討的空間，吾人仍應持續努力探究並加以防制，方能有效保障國家安全與利益，提供民眾安全的生活環境，這也是犯罪學與情報學研究的宗旨與目標所在。

14 Allen W. Dulles, The Craft of Intelligence (New York: Harper and Row, Publishers, 1963), p. 199.

參考文獻

壹、中文部分

一、專書

于力人，1998年。《中央情報局50年》。北京：時事出版社。

于彥周，2005年。《間諜與戰爭—中國古代軍事間諜簡史》。北京：時事出版社。

王偉峰，2008年。《中外歷史戰爭之謎》。新北市：德威國際文化事業有限公司。

王政，2015年。《國家安全情報監督之研究》。桃園市：中央警察大學出版社。

中國法制出版社，2014年。《中華人民共和國反間諜法》。北京：中國法制出版社。

朱海峰編著，2012年。《史上被封殺的臥底事件》。北京：石油工業出版社。

江河，2007年。《間諜—歷史陰影下的神秘職業與幕後文化》。哈爾濱市：哈爾濱出版社。

杜陵，1996年。《情報學》。桃園：中央警官學校。

宋筱元，1999年。《國家情報問題之研究》。桃園：中央警察大學出版社。

李竹，2003年。《國家安全立法研究》。北京：中國法制出版社。

李鍌、蔡信發等，2016年。《中華語文大辭典》。臺北：中華文化總會。

宋濤主編，2007年。《百年經典間諜》。北京：時事出版社。

汪毓瑋，2003年。《新安全威脅下國家安全情報工作研究》。臺北：遠景基金會。

汪毓瑋，2018年。《情報、反情報與變革（下）》。臺北市：元照出版社。

果敢，2007年。《實用情報英文》。臺北市：書林出版有限公司。

孟維德，2001年。《白領犯罪》。臺北市：亞太圖書出版社。

孟維德、江世雄、張維容，2011年。《外事警察專業法規解析彙編》。桃園：中央警察大學。
孟維德，2017年。《跨國犯罪》。臺北市：五南圖書出版公司。
林孝庭，2015年。《臺海、冷戰、蔣介石：解密檔案中消失的臺灣史1949-1988》。臺北市：聯經出版公司。
林山田、林東茂、林燦璋、賴擁連，2020年。《犯罪學》。臺北市：三民書局。
胡文彬，1989年。《情報學》。臺北：世偉印刷有限公司。
施伯恩，2012年。《間諜的故事I》。新北市：新潮流文化事業出版社。
桂京山，1977年。《反情報工作概論》。桃園：中央警官學校。
翁榮昌、賈宗湘，1988年。《保防實務》。桃園：中央警官學校。
桑松森，1996年。《外國間諜情報戰》。北京：金城出版社。
高南軍，2012年。《中國間諜》。臺北市：領袖出版社。
殷海光，2013年。《思想與方法（三版）》。臺北市：水牛文化事業有限公司。
許春金，2010年。《人本犯罪學—控制理論與修復式正義》。臺北市：三民書局。
許春金，2017年。《犯罪學》。臺北市：三民書局。
陳渠蘭，2007年。《二次世界大戰間諜秘史》。臺北市：驛站文化事業有限公司。
陳小雷、張紅霞，2013年。《潛伏—國際間諜高手檔案解密》。新北市：新潮流文化事業有限公司。
陳儀深，2016年。《核彈！間諜？CIA：張憲義訪問紀錄》。新北市：遠足文化事業股份有限公司。
郭靜晃等著，1994年。《心理學》。臺北市：揚智文化。
許福生，2018年。《犯罪學與犯罪預防》。臺北市：元照出版社。
張殿清，2001年。《情報與反情報》。臺北市：時英出版社。
張殿清，2001年。《間諜與反間諜》。臺北市：時英出版社。
張殿清，2008年。《竊密與反竊密》。臺北市：時英出版社。
黃富源、范國勇、張平吾，2012年。《犯罪學新論》。臺北市：三民書局。
賀立維，2015年。《核彈MIT——個尚未結束的故事》。新北市：遠足文化事業股份有限公司。
朱逢甲著，楊易唯編譯，2006年。《間書》。臺北市：創智文化有限公司。

聞東平，2011年。《正在進行的諜戰》。紐約市：明鏡出版社。
楚淑慧主編，2011年。《世界諜戰和著名間諜大揭密》。北京：中國華僑出版社。
葉重新，2020年。《心理學（第五版）》。新北市：心理出版社。
鄧煌發、李修安，2015年。《犯罪預防》。臺北市：一品文化出版社。
閻晉中，2003年。《軍事情報學》。北京：時事出版社。
蔡德輝、楊士隆，2023年。《犯罪學》。臺北市：五南圖書出版公司。
歐廣南等合編，2017年。《間諜兵學理論與運用的現代意義之研究：以日本和我國的學說與理論實務為例》。臺北市：國防大學政治作戰學院。
蕭台福，2015年。《情報的藝術—新時代智慧之戰（上冊）》。臺北市：時英出版社。
蕭銘慶、鄒濬智，2017年。《中國古代情報活動案例研析》。桃園市：中央警察大學出版社。
羅塵，2010年。《聯邦調查局》。南京：江蘇人民出版社。
警政署，2021年。《警察實用法令》。臺北市：內政部警政署。

二、專書論文

黃壬聰、林信雄、林燦璋，2000年。〈犯罪模式分析〉，林茂雄、林燦璋合編，《警察百科全書（七）刑事警察》。臺北市：正中書局。頁36-51。

三、專書譯著

海野弘（Umino Hiroshi）著，蔡靜、熊葦渡譯，2011年。《世界間諜史》（*The History of Spy*）。北京：中國書籍出版社。
David Owen著，林載逸譯，2011年。《間諜—特務情報世界揭密全紀錄》（*Espionage: Fascinating Stories of Spies and Spying*）。臺中市：好讀出版有限公司。
Ernest Volkman著，劉彬、文智譯，2009年。《間諜的歷史》（*The History of Espionage*）。上海：文匯出版社。
Gabriel Weimann著，國防部譯，2015年。《新一代恐怖大軍：網路戰場》（*Terrorism in Cyberspace: The Next Generation*）。臺北市：中華民國國防

部。

Richard A. Clarke and Robert K. Knake著，國防部譯，2014年。《網路戰爭：下一個國安威脅及因應之道》（*Cyber War: The Next Threat to National Security and What to Do*）。臺北市：中華民國國防部。

Robert M. Clark著，吳奕俊譯，2021年。《情報搜集》（*Intelligence Collection*）。北京：金城出版社。

Sherman Kent著，國家安全局譯，1956年。《戰略情報學》（*Strategic Intelligence*）。臺北市：國家安全局譯印。

William E. Odom著，國防部史政編譯室編譯，2005年。《情報改革》（*Fixing Intelligence: For a More Secure America*）。臺北：國防部史政編譯室。

四、期刊論文

宋筱元，1998/9。〈情報研究——門新興的學科〉，《中央警察大學學報》，第33期，頁469-476。

林燦璋，1994/1。〈系統化的犯罪分析：程序、方式與自動化犯罪剖析之探討〉，《警政學報》，第24期，頁111-126。

林燦璋，2000/9。〈犯罪模式、犯罪手法及簽名特徵在犯罪偵查上的分析比較—以連續型性侵害案爲例〉，《警學叢刊》，第31卷2期，頁97-123。

周治平，2006/6。〈間諜活動在國際法上之定位—以偵查飛行爲研究對象〉，《軍法專刊》，第52期第3卷，頁64-77。

孫義雄，2014/12。〈由日常活動理論探討情境犯罪預防策略在觀光博弈地區治安管理中之應用〉，《執法新知論衡》，第10卷第2期，頁55-76。

黃富源，1992/12。〈明恥整合理論——個整合共通犯罪學理論之介紹與評估〉，《警學叢刊》，第23卷第2期，頁93-102。

歐廣南，2018/6。〈間諜行爲法制規範之現代意義探討（上）〉，《軍法專刊》，第64期第3卷，頁61-88。

歐廣南，2018/8。〈間諜行爲法制規範之現代意義探討（下）〉，《軍法專刊》，第64期第4卷，頁37-61。

蕭銘慶，2019/7。〈間諜行爲的犯罪模式建構〉，《安全與情報研究》，第2卷第2期，頁1-42。

蕭銘慶，2022/7。〈間諜行爲的情境預防對策—新機會理論的觀點〉，《安全與情報研究》，第5卷第2期，頁1-45。

蕭銘慶，2023/9。〈雙重間諜運作過程之探討〉，《警學叢刊》，第54卷第2期，頁53-74。

蕭銘慶，2024/6。〈間諜行爲的本質、思辨與對應—兼論國家情報工作法等相關規定〉，《憲兵半年刊》，第98期，頁48-61。

五、學位論文

李名盛，1997。《犯罪模式分析之研究—以臺灣海洛因及安非他命交易爲例》。桃園市：中央警察大學警政研究所碩士論文。

孟維德，2000。《公司犯罪影響因素及其防制策略之實證研究：以美國無線電公司（RCA）污染事件爲例》。桃園市：中央警察大學犯罪防治研究所博士論文。

林明德，2004。《從美國韓森間諜案探討反情報工作應有作爲》。桃園市：中央警察大學公共安全研究所碩士論文。

林瑞萍，2014。《從國內間諜案探討我國反情報法制》。桃園市：中央警察大學公共安全研究所碩士論文。

周奇東，2005。《從共諜案探討我國保防工作之研究》。桃園市：中央警察大學公共安全研究所碩士論文。

徐斌凱，2014。《論洩密罪之秘密》。臺北市：國防大學管理學院法律學系碩士班碩士論文。

張家豪，2010。《我國反情報工作實施之研究》。桃園市：中央警察大學公共安全研究所碩士論文。

趙明旭，2009。《新安全情勢下我國反情報工作之檢討與前瞻》。桃園市：中央警察大學公共安全研究所碩士論文。

六、研討會論文

蕭銘慶，2016/11/22。〈間諜類型與行爲特性之探討〉，「2016年安全研究與情報學術研討會」。桃園市：中央警察大學。頁91-106。

七、報紙

王文玲，2012/4/27。〈前少將共諜案羅賢哲無期刑定讞〉，《聯合報》，版A1。

王光慈、蕭白雪，2011/4/29。〈共諜案 羅奇正判無期〉，《聯合報》，版A15。

江元慶，2002/9/10。〈劉禎國洩密案 軍檢完成調查〉，《聯合晚報》，版5。

曹敏吉，2003/1/30。〈唆子竊軍機 劉禎國判無期徒刑〉，《聯合報》，版8。

曹敏吉、許正雄，2002/9/26。〈劉氏父子竊多少軍機？〉，《聯合報》，版2。

張宏業、王光慈，2010/11/2。〈兩岸雙面諜 軍情局上校收錢時被逮〉，《聯合報》，版A1。

程嘉文，2010/9/5。〈劉連昆位階最高臺諜〉，《聯合報》，版A5。

程嘉文，2011/2/9。〈化身共諜9年 陸軍少將羅賢哲收押〉，《聯合報》，版A1。

程嘉文，2015/12/1。〈10月假釋共諜有玄機〉，《聯合報》，版A2。

程嘉文，2016/4/4。〈因李總統「啞巴彈」說法遇害 軍情局忠烈堂供奉2共軍將校〉，《聯合報》，版A6。

劉福奎，2003/8/6。〈2年蒐證 2年跟監 共諜案收網〉，《聯合晚報》，版4。

蕭白雪、盧德允，2006/1/26。〈共諜案要犯 竟被放了〉，《聯合報》，版A1。

八、網際網路

呂昭隆，2015/11/25。〈上校當共諜，羅奇正判18年定讞〉，《自由時報》，<https://www.chinatimes.com/newspapers/20091218000402-260102?chdtv>（2024年5月25日查詢）。

李曉儒、謝其文，2015/11/30。〈兩岸首換俘 我被關10年情報員返臺〉，《公視新聞網》，<https://news.pts.org.tw/article/311612>（2024年5月25日查詢）。

林偉信，2015/9/2。〈史上最大共諜案 鎮小江判4年〉，《中時新聞網》，<http://www.chinatimes.com/newspapers/20150902000494-260106>（2024年5月25日查詢）。

林偉信，2016/7/21。〈前陸軍少將洩軍機 判2年10月〉，《中時新聞網》，

<https://www.chinatimes.com/newspapers/20160721000768-260106?chdtv>（2024年5月25日查詢）。

法源編輯室，2022/6/8。〈經濟間諜罪最重關12年罰1億 修正國家安全法〉，《法源法律網》，<https://www.lawbank.com.tw/news/NewsContent.aspx?NID=185001.00>（2024年5月16日查詢）。

陳志賢，2011/1/5。〈軍情局上校洩密案，雙羅諜對諜求刑1輕1重〉，《中國時報》，<https://www.chinatimes.com/newspapers/20110105000494-260106?chdtv>（2024年5月28日查詢）。

陳耀宗，2015/10/11。〈曾害多位臺灣特工被逮「雙面諜」李志豪近日可望假釋出獄〉，《風傳媒》，<https://www.storm.mg/article/68929>（2024年5月25日查詢）。

陳慰慈、張筱笛。2015/1/17，〈鎮小江共諜案 退役少將許乃權起訴〉，《自由時報》，<http://news.ltn.com.tw/news/focus/paper/848194>（2024年5月25日查詢）。

黃哲民，2015/11/24。〈情報員淪共諜，軍情局上校判18年定讞〉，《蘋果日報》，<https://tw.appledaily.com/local/20151124/4YKDT4ITHRQM2GXE2WO6LQ234Y/>（2024年5月28日查詢）。

項程鎮，2012/5/25。〈雙面諜臺商羅彬判刑3年半確定〉，《自由時報》，<https://news.ltn.com.tw/news/politics/paper/586536>（2024年5月28日查詢）。

楊國文、項程鎮，2010/11/3。〈中國反間計，雙羅諜對諜〉，《自由時報》，<https://news.ltn.com.tw/news/politics/paper/440587>（2024年5月28日查詢）。

楊國文，2016/7/20。〈共諜案 鎮小江判4年 許乃權判2年10月定讞〉，《自由時報》，<https://news.ltn.com.tw/news/society/breakingnews/1769182>（2024年5月25日查詢）。

蔡沛琪，2015/11/24。〈前上校羅奇正當共諜，判18年定讞〉，《中央社》，<https://www.cna.com.tw/news/firstnews/201511240145.aspx>（2024年5月28日查詢）。

樊冬寧，2015/12/7。〈海峽論壇：解密兩岸無間道，諜換諜有何內幕？〉，

《美國之音》，<https://www.voachinese.com/a/voa-strait-talk-china-taiwan-20151206/3091060.html>（2024年5月25日查詢）。

賴心瑩，2005/7/20。〈中科院員工洩軍機判刑〉，《蘋果日報》，<http://www.appledaily.com.tw/appledaily/article/adcontent/20050720/1921647/%E4%B8%AD%E7%A7%91%E9%99%A2%E5%93%A1%E5%B7%A5%E6%B4%A9%E8%BB%8D%E6%A9%9F%E5%88%A4%E5%88%91>（2024年5月23日查詢）。

羅添斌，2018/3/26，〈軍情局忠烈堂供奉共軍少將劉連昆靈位〉，《自由時報》，<https://news.ltn.com.tw/news/politics/paper/1187171>（2024年6月2日查詢）。

〈保防工作作業要點修正總說明〉，《法務部主管法規查詢系統》，<https://mojlaw.moj.gov.tw/NewsContent.aspx?id=9071>（2024年6月8日查詢）。

〈全國安全防護工作會報設置要點〉，《法務部主管法規查詢系統》，<https://mojlaw.moj.gov.tw/LawContent.aspx?LSID=FL041612>（2024年6月8日查詢）。

〈教育部重編國語辭典修訂本〉，《國家教育研究院》，<https://dict.revised.moe.edu.tw/?la=0&powerMode=0>（2024年5月30日查詢）。

〈華特・米提〉，《維基百科》，<http://en.wikipedia.org/wiki/Walts#Use_of_the_term>（2024年6月5日查詢）。

〈詹姆士・龐德〉，《維基百科》，<https://zh.wikipedia.org/zh-tw/%E5%8D%A0%E5%A3%AB%E9%82%A6>（2024年6月5日查詢）。

〈全文報紙資料庫〉，《聯合新聞資料庫》，<https://udndata.com/ndapp/Index?cp=udn>。

《全國法規資料庫》，<https://law.moj.gov.tw/>。

貳、日文部分

松本穎樹，1942。《防諜論》。東京：三省堂。

參、英文部分

一、專書

Acuff, Jonathan M. and LaMesha L. Craft, eds., 2011. *Introduction to intelligence: Institutions, Operations, and Analysis.* Washington, DC: CQ Press.

Bernard, Thomas J., Jeffrey B. Snipes, and Alexander L. Gerould, 1998. *Theoretical Criminology,* 4th Edition. Oxford University Press.

Boyle, Andrew, 1979. *The Fourth Man: The Definitive Account of Kim Philby, Guy Burgess and Donald Maclean and Who Recruited Them to Spy for Russia,* New York: The Dial Press.

Clarke, Ronald V., 1997. *Situational Crime Prevention.* Guilderland, New York: Harrow and Heston.

Crowdy, T., 2006. *The Enemy Within: A History of Spies, Spymasters and Espionage.* Oxford, UK: Osprey Publishing.

Dulles, Allen W., 1963. *The Craft of Intelligence.* New York: Harper and Row Publishers.

Ekman, P., 2001. *Telling Lies: Clues to Deceit in the Marketplace, Politics, and Marriage.* W. W. Norton and Company.

Godson, R., 1980. *Intelligence Requirements for the 1980's: Analysis and Estimates.* Washington, DC: National Strategy Center.

Gordievsky, O., 2018. *Next Stop Execution.* London: Endeavour Quill.

Goulden, Joseph C., 2012. *The Dictionary of Espionage.* New York: Dover Publications.

Hirschi, T., 1969. *Causes of Delinquency.* Transaction Publisher.

Hirschi, T., 2001. *Causes of Delinquency.* Transaction Publisher.

Hitz, Frederick P., 2008. *Why Spy ? Espionage in an Age of Uncertainty.* New York: St. Martin's Press.

Holt, Pat M., 1995. *Secret Intelligence and Public Policy: A Dilemma of Democracy.* Washington, DC: CQ Press.

Hulnick, Arthur S., 1999. *Fixing the Spy Machine*. US: Praeger Publishers.

Jacobs, J., 1962. *The Death and Life of Great American Cities*. London: Janathan Cape.

Jeffery, Clarence R., 1990. *Criminology- An Interdisciplinary Approach.* NJ: Prentice Hall.

Johnson, Loch K. and James J. Wirtz, 2011. *Intelligence: The Secret World of Spies: An Anthology,* 3rd Edition. Oxford University Press.

Johnson, Loch K. and James J. Wirtz, 2018. *Intelligence: The Secret World of Spies: An Anthology,* 5th Edition. Oxford University Press.

Lowenthal, Mark M., 2020. *Intelligence: From Secrets to Policy*, 8th Edition. Washington, DC: CQ Press.

Macintyre, B., 2019. *The Spy and the Traitor: The Greatest Espionage Story of the Cold War*. New York: Broadway Books.

Maltis, P. and Brazil M., 2022. *Chinese Communist Espionage: An Intelligence Primer*. Annapolis, Maryland: Naval Institute Press.

Martin, John M. and Anne T. Romano, 1992. *Multinational Crime: Terrorism, Espionage, Drug and Arms Trafficking (Studies in Crime, Law, and Criminal Justice).* New York: SAGE Publications.

Mass, P., 1995. *Killer Spy.* New York: Warner Books.

Masterman, John C., 1972. *The Double-Cross System in the War of 1939 to 1945.* New Haven, Conn.: Yale University Press.

Olson, James M., 2019. *To Catch a Spy: The Art of Counterintelligence.* Washington, DC: Georgetown University Press.

Omand, D. and Phythian M., 2018. *Principled Spying: The Ethics of Secret Intelligence*. Washington, DC: Georgetown University Press.

Shulsky, Abram N. and Gary J. Schmitt, 2002. *Silent Warfare: Understanding the World of Intelligence,* 3rd Edition. Washington, DC: Potomac Books.

Siegel, Larry J., 2017. *Criminology: The Core,* 6th Edition. Cengage Learning.

Sims, Jennifer E. and Gerber, B., 2009. *Transforming U.S. Intelligence*. Washington, DC: Georgetown University Press.

Trahair, Richard C.S. and Robert L. Miller, 2012. *Encyclopedia of Cold War Espionage.* New York: Enigma Books.

二、專書論文

Clarke, Ronald. V. and Derek. B. Cornish, 2001. "Rational Choice," in Raymond Paternoster and Ronet Bachman, eds., *Explaining Criminals and Crime: Essays in Contemporary Criminological Theory*. LA: Roxbury, pp. 23-42.

Cohen, Lawrence. E. and Marcus Felson, 2014. "Routine Activity Theory," in Francis T. Cullen and Robert Agnew, eds., *Criminological Theory: Past to Present: Essential Readings.* New York: Oxford University Press, pp. 469-479.

Cullen, Francis. T., Robert Agnew, and Pamela Wilcox, 2014. "Environmental Criminology," in Francis T. Cullen, Robert Agnew and Pamela Wilcox, eds., *Criminological Theory: Past to Present: Essential Readings*. New York: Oxford University Press, pp. 454-468.

Davis, Philip H. J. 2013. "The Original Surveillance State: Kautiya's Arthashastra and Government by Espionage in Classical India," in Philip H. J. Davies and Kristian C. Gustafson, eds., *Intelligence Elsewhere: Spies and Espionage outside the Anglosphere.* Washington, DC: Georgetown University Press, pp. 49-66.

Hulnick, Arthur S., 2018. "The Intelligence Cycle," in Loch K. Johnson and James J. Wirtz, *Intelligence: The Secret World of Spies: An Anthology,* 5th Edition. New York: Oxford University Press, pp. 53-64.

Jervis, Robert, 2011. "Counterintelligence, Perception, and Deception," in Loch K. Johnson and James J. Wirtz, *Intelligence: The Secret World of Spies,* 3rd Edition. New York: Oxford University Press, pp. 333-340.

Johnson, Loch K., 2009. "Sketches for a Theory of Strategic Intelligence," in Peter Gill, eds., *Intelligence Theory: Key Questions and Debates.* London, UK: Routledge, pp. 33-53.

Kilroy, Jr. Richard J., 2021. "Counterintelligence," in Jonathan M. Acuff and LaMesha L. Craft, eds., *Introduction to intelligence: Institutions, Operations, and Analysis*. Washington, DC: CQ Press, pp. 161-176.

McLaughlin, John E., 2012. "Overview: Technology is Transforming the Intelligence Field," in Silvia Engdahl, *Espionage and Intelligence*. New York: Cengage Learning, pp. 108-111.

Nation, Craig R., 2009. "Security in the West: History of a Concept," in Giacomello, Giampiero, eds., *Security in the West: Evolution of a Concept*. Milan, Italy: Litografia Solari Peschiera Borromeo, pp. 29-58.

Orlov, Alexander, 2011. "The Soviet Intelligence Community," in Loch K. Johnson and James J. Wirtz, *Intelligence: Intelligence: The Secret World of Spies: An Anthology,* 3rd Edition. New York: Oxford University Press, pp. 522-531.

Redmond, Paul J., 2018. "The Challenge of Counterintelligence," in Loch K. Johnson and James J. Wirtz, *Intelligence: Intelligence: The Secret World of Spies: An Anthology,* 5th Edition. New York: Oxford University Press, pp. 257-268.

Richelson, Jeffrey T., 2011. "The Technical Collection of Intelligence," in Loch K. Johnson and James J. Wirtz, *Intelligence: Intelligence: The Secret World of Spies: An Anthology,* 3rd Edition. New York: Oxford University Press, pp. 78-88.

Shulsky, Abram, 1995. "What is Intelligence ? Secret and Competition Among State," in Roy Godson, Ernest R. May, and Gary Schmitt. *U.S. Intelligence in the Crossroad: Agendas for Reform.* Washington, DC: Brassey's, pp. 17-27.

Sibley, Katherine A. S., 2007. "Catching Spies in the United States," in Loch K. Johnson, eds., *Strategic Intelligence 4-Counterintelligence and Counterterrorism: Defending the Nation Against Hostile Forces.* London: Greenwood Publishing Group Inc., pp. 27-51.

Taylor, Stan A. and Daniel Snow, 2018. "Cold War Spies: Why They Spied and How They Got Caught," in Loch K. Johnson and James J. Wirtz, *Intelligence: The Secret World of Spies: An Anthology,* 5th Edition. New York: Oxford University Press, pp. 269-279.

三、期刊論文

Braat, Eleni and Ben de Jong, 2023. "Between a Rock and a Hard Place: The Precarious State of a Double Agent during the Cold War," *International Journal of Intelligence and Counterintelligence*, Vol. 36, No. 1, pp. 78-108.

Cohen, Lawrence. E. and Marcus Felson, 1979. "Social Change and Crime Rate Trends: A Routine Activity Approach," *American Sociological Review*, Vol. 44, No. 4, pp. 588-607.

Cornish, Derek. B. and Ronald. V. Clarke, 2003. "Opportunities, precipitators and criminal decisions: A reply to Wortley's critique of situational crime prevention," *Crime Prevention Studies,* Vol. 16, pp. 41-96.

Hagan, Frank E., 1989. "Espionage as Political Crime? A Typology of Spies," *Journal of Security Administration*, Vol. 12, pp. 19-36.

Pun, D., 2017. "Rethinking Espionage in the Modern Era," *Chicago Journal of International Law*, Vol. 18, No. 1, pp. 355-391.

四、網際網路

Begoum, F. M., 1995/9/18. "Observations on the Double Agent," *Center for the Study of Intelligence*, <https://www.cia.gov/static/Observations-on-Double-Agent.pdf>（2024年5月15日查詢）。

Felson, Marcus and Ronald V. Clarke, 1998/11. "Opportunity makes the thief: Practical theory for crime prevention," *Policing and Reducing Crime Unit: Police Research Series*, <https://popcenter.asu.edu/sites/default/files/opportunity_makes_the_thief.pdf>（2024年6月9日查詢）。

Mascolo, John, 2023/10/23. "Espionage," *FindLaw*, <https://www.findlaw.com/criminal/criminal-charges/espionage.html>（2024年5月3日查詢）。

Mcgeary, Johanna, 2021/3/5. "The FBI Spy," *TIME*, <https://content.time.com/time/subscriber/article/0,33009,999348,00.html>（2024年6月9日查詢）。

"Understanding Espionage and National Security Crimes," *Defense Security Service*, <https://www.dni.gov/files/NCSC/documents/SafeguardingScience/Understanding_Espionage_and_National_Security_Crimes.pdf>（2024年5月3日查詢）。

國家圖書館出版品預行編目(CIP)資料

間諜犯罪：危害國家安全的罪行／蕭銘慶著.
-- 初版. -- 臺北市 ： 五南圖書出版股份有限公司, 2024.09
面 ； 公分
ISBN 978-626-393-726-0(平裝)

1.CST: 情報 2.CST: 國防
3.CST: 犯罪學 4.CST: 比較研究

599.72 113012808

1V75

間諜犯罪

危害國家安全的罪行

作　　者— 蕭銘慶（390.7）
企劃主編— 劉靜芬
文字校對— 楊婷竹
封面設計— 封怡彤
出 版 者— 五南圖書出版股份有限公司
發 行 人— 楊榮川
總 經 理— 楊士清
總 編 輯— 楊秀麗
地　　址：106台北市大安區和平東路二段339號4樓
電　　話：(02)2705-5066　傳　　真：(02)2706-6100
網　　址：https://www.wunan.com.tw
電子郵件：wunan@wunan.com.tw
劃撥帳號：01068953
戶　　名：五南圖書出版股份有限公司

法律顧問　林勝安律師

出版日期　2024年9月初版一刷
定　　價　新臺幣420元